25位名厨亲自示范×200道摆盘样式×65种技法拆解秘诀

超详解 实用料理摆盘大全

职人必修的观念、技法、食器运用指南

La Vie 编辑部 著

河南科学技术出版社
·郑州·

目录

1 总论

2 料理摆盘的拆解与分析

画盘

挤、滴

画、刷、刮

撒粉

配色

单一色系的运用

多色系的运用

塑形

模具

食材堆叠

刀工的修饰

比例与层次

混合食材的摆盘表现

3 食器选配

活用色彩的食器搭配法

主菜与配菜分开放置的食器搭配法

特殊材质的食器搭配法

全书主厨

1 总论

除了表现的技法，在摆盘之前，如何吸取经验并充实自己的观念也是一个重要的课题。

Part 1 Concept

亚都丽致集团｜总主厨

廖郁翔

摆盘的最高境界，勿忘料理本心

在思考摆盘时，许多厨师都会从“食物”与“器皿”开始出发，但除了食物、器皿、色彩、造型、布局……等形式表现，摆盘的重点其实应该是要先回归到厨师对于料理的基本态度。

不只是自我个性的展现

近年来，摆盘成为展现厨师个性的舞台，愈来愈多的厨师，在盘饰设计中加入自己的个性，试图传达料理精神。每位厨师的态度与个性大不相同，仔细观察每道摆盘，往往可以发现不同的趣味，也能看见各自的性格。话虽如此，从餐厅实务的经验来看，盘饰设计的个性化，有时候却也会与食用的方便性冲突，甚至不利于外场的上菜。举例来说，某些料理刻意堆叠出一定高度，但在食用时可能会崩塌，反而让其中的食材散落，不易食用；有些摆盘则加入精致繁复的布局，但却让外场同仁伤透脑筋，因为在送餐过程中，摆盘就被破坏了。

厨师在思考摆盘设计时，容易沉溺于个人表现，反而忽略了客人的感受，厨师应记住，摆盘不只是娱乐自己而已，外

摆盘之前的必备思考

① 味道、温度到位是基本要求。

② 考虑客人食用的方便性与体验。

③ 变化形式之余，也应思考如何兼顾文化底蕴。

场的伙伴并不是在递送艺术品。厨师们应该要意识到，展现个性之余，内外场的沟通其实非常重要，再华丽的摆盘，如果没有办法在顾客面前完整呈现，也是枉然。

消费者才是摆盘表现的大前提

在探索摆盘表现的创意之前，我建议厨师把重点回归到消费者，要让消费者感受到料理之美，并想要大快朵颐。拥有这样的思考，才能够跳脱器皿、色彩与食材的限制，以更全面的角度，去思考味道的搭配、食用与递送的可能性！

牢记消费者的需求，才能周全地发想摆盘创意。譬如：温度的改变，往往也是盘饰设计会遭遇的问题。应该维持温度的料理，刻意表现得冷调，虽有创意，但颠覆了口味，就不是消费者可以接受的摆盘；因为摆盘而延迟出餐时间，则更是顾此失彼。除了外在的形式，厨师们也应该要去思考我们的固有文化，比方鱼的料理，在年菜的概念，就是要完整的一条鱼（象征年年有余），如果因为摆盘，把年菜的鱼给去头去尾，某些消费者可能就会很难接受。

重点在于贴心的思考

摆盘就是一种讯息的传递，懂得照顾消费者的感受，才能判断应用的技法。以“西湖醋鱼”为例，中餐的表现可能是先有酱汁，在其中加入鱼肉；但西餐或许会是酱汁分开摆放。背后隐含的就是两种不同的态度，一个是“酱汁是必备的，所以鱼肉与酱汁被放在一起”，另一种则是“让客人自己选择有酱汁或没酱汁的不同口感”。

摆盘的技法并无对错，但当味道、温度都到位后，应思考如何让顾客体验到最完整的口味，接着再选择合适的技法应用，更能让料理滋味长驻于消费者的心里。摆盘的美学不一定要是孔雀开屏式的花枝招展，内敛的设计有时才是最正确的判断。如何找到最适合消费者、不干扰送餐流程，以及最适合该道料理的表现，其实需要厨师们的深刻观察，以及更多经验的累积！

Part 1 Concept

高雄餐旅大学 餐饮厨艺科｜专任副教授
屠国城

技法应用的基本观念，用视觉刺激食欲

摆盘的表现相当多元，不同国情、不同文化料理也各自拥有不同的思考。但一般最常见也最基础的技法，就是运用布局、对比、色彩以及食器应用进行表现。

构思与布局

布局就像构图，在摆盘前可先确立自己的构想，试画一张草图，模拟主菜与配菜的位置；在脑海中描绘轮廓之后，接着再实际地摆盘。愈复杂的布局，就会制造愈多比例与层次的变化；但布局并不是愈复杂愈好，只要搭配得宜，简约清爽的摆盘也能让人印象深刻，重点在于“平衡”与“对称”，譬如主体在中间的摆盘，可以集中摆放，或是堆叠加强立体感。而周围用酱汁或蔬菜进行装饰（酱汁朝向客人，以方便食用），也是一种很常见的表现形式。若料理不适合集中摆放，也可以将食材分开放置，可以是左右或对角线的摆放，最常见的就是借由前低后高的布局，引导视觉动线。

对比与主从关系

在经营布局的同时，可以带入对比的概

掌握摆盘基本技法

① **活用对比，增加质感与口感的变化。**

② **留白、立体感的布局，应掌握视觉平衡。**

③ **可先从三种色彩的组合入手，练习配色的应用与变化。**

④ **摆盘的色彩与布局顺应食器特色，表现上则可更为省力。**

念。也可以把对比当成一种互补，就像是前述所提到的前低后高。然而，对比的表现，范围非常广泛，比方说软嫩的食物，就可以搭配脆硬的食材，增加口感的变化。对比的思考也存在于造型的搭配，比如泡菜丸子，主体是圆形，这时就可以使用方盘进行对比。但要注意的是，主菜与配菜之间还是需要有主从关系，不可以因为主菜小，就刻意搭配过大的配菜，这样反而会破坏料理原本的主从关系。对比的技巧也常被应用于色彩与食器的搭配，最常见的就是在食器上留白，运用食器对比层次感。

色彩

料理最重要的就是食物的品质，让料理充满朝气及流动感，食用者才会安心。因此摆盘的色彩就非常重要，运用色彩呈现料理的鲜度与感觉，才是配色的重点。通常会让颜色缤纷鲜亮，初学者可先试着在三个颜色以内去做变化，不必太多；因为色彩多，口味就难以调和，视觉上也更难平衡。运用新鲜、色泽亮丽的蔬果，会是配色的好方法。色彩同时也是传达感觉的暗示，看见料理的多种色彩，就会带来不一样的心理感觉。比如红色与橙色，会直觉联想到温暖、健康，但如果红色太多，就会有种心跳加速的感觉，反而会减低食欲；绿色与黄色容易让人感觉清爽、自然，但盘中若出现大量绿色，很可能就会让人联想到酸味。

食器应用

白盘是一般认为最容易进行摆盘的食器，因为白色容易衬托食物色彩，红橙黄绿等色彩在白色食器上，都很容易被衬托出来。此外黑盘也很好运用，很容易就能做出色彩对比。除了考量色彩，在选用食器时，也应该要依照料理本身的特性，进行判断，像是陶制食器，就会带有温暖或热的感觉；金属器皿可以快速导热，但某些造型现代的金属食器，反而带有冷冽感；岩盘具有热烈的效果；玻璃食器则有沁凉感……。举例来说，作为主餐的热菲力牛排，装盛在岩盘与装盛在透明玻璃盘上就会带来截然不同的感受。如应用有纹饰的食器，摆盘的布局就可以顺应其纹路，顺应纹饰的脉动，视觉上才不会相互抵触。理解食器的特色，就可以因应料理，选择最合适的食器。

MUME | 主厨

Long Xiong、Richie Lin、Kai Ward
（图左至右）

摆盘的表情，用生活揉搓料理面孔

传统的法式料理，因为要求精准、标准化，所以每一道料理的风格可能都一模一样，但我们希望跳脱这样的规则，不要因为标准化而限制摆盘的可能。也因此 MUME 每次摆盘的表现都不一样，但皆呈现出自然、清新的气质，就像树上飘落的树叶般，简约宁静。

手艺淬炼风格

以西餐来说，基础就是法式料理，就算是现在成为话题的诺玛餐厅（NOMA），里面的主厨们也都懂法式料理，只是愿不愿意做而已。虽然其中又牵扯到文化与传统等不同因素，但重点是要先学会基础，之后才知道如何跳脱与超越。如果连基本知识都还不熟练，却一味想着

摆盘风格的养成与变化

① 勤练基本功，才能变化多种风格。

② 多观察各国料理，提升眼界。

③ 结合食材与文化背景，更能突显独特定位。

创新或改变，那也只是形式上的调整，发展到一个阶段后就会遇到撞墙期了。摆盘只是料理的其中一环，如果没有花时间去练习，就不可能提升境界。只能透过不断的练习，才能反复淬炼出料理的口味与美感。

有志成为主厨的人，可以先确认自己投入的方向，其次就是多加练习；如有机会前往国外，也可开拓自己的眼界。像是国外的高档餐厅，几乎都不会藏私，大部分的资料都很公开，也不会刻意保留一手。这些大厨们都不怕你学，反而乐于分享，只怕你学不完，因为他们懂得，重点在于不断练习。

从表现看趋势

现在是网络时代，手指动动便能轻易看见世界最新的料理表现，多观察世界知名主厨与餐厅的料理，便能发现时下最新趋势。而摆盘的表现，往往也会跟随流行改变，比如前几年很流行的分子料理，当时世界第一名的餐厅是斗牛犬餐厅（el Bulli），大家自然会去关注其料理，渐渐扩散成一种风格，而这几年的趋势则又回归到自然的意象。但不论风格如何改变，只要基本功足够，主厨就可以选择是要跟随趋势改变，或坚持自己希望的样子。这并无所谓对错，但前提是要有足以实践的能力。

文化挖掘新意

料理本身就是一种文化的体现，去观察各国料理的摆盘，会发现它们都带有不同的特色，这就是因为摆盘的呈现，有时候也关系到食材及背后的文化。从饮食文化的角度去思考摆盘的表现，盘饰设计就可以跳脱形式主义的禁锢，并赋予更深层的文化底蕴。像台湾就具有许多食材与料理的故事，我自己就对原住民的传统料理很有兴趣，某些传统食材或料理或许已经流传近百年了，这些食物背后都隐含了文化、医疗或者是民俗的脉络。如果可以把这些脉络与当代的料理相结合，或许也是一个可以尝试的方向（口述：Richie Lin）。

2 料理摆盘的拆解与分析

画盘

画盘的工具非常广泛，只要可以做出酱汁的点与画，各式工具都可使用。透过挤、画、滴洒，或是使用模具，变化各类不同的画盘表现。

见 P.36

画盘的工具

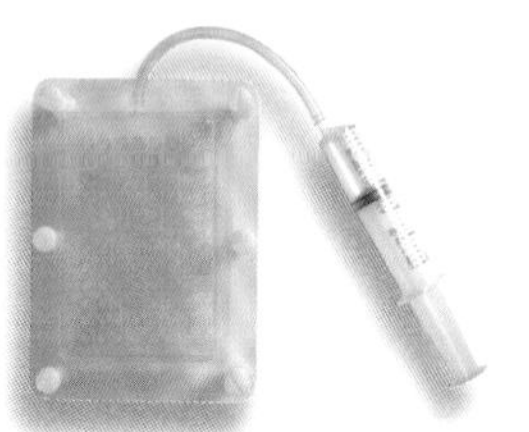
分子料理注射器

画盘笔

筛网

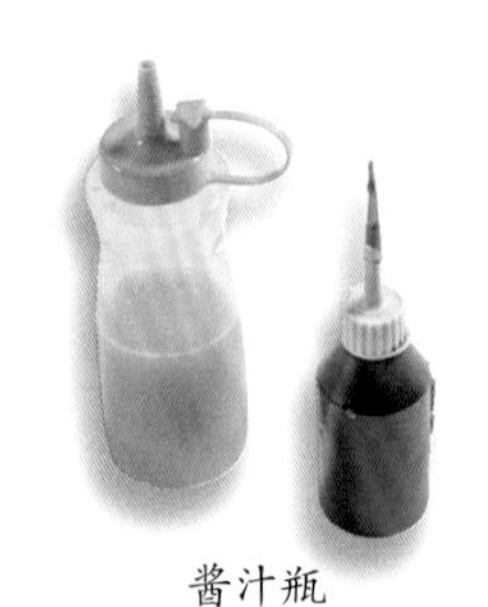
酱汁瓶

画盘的技巧

①分子料理注射器

在分子料理注射器的盛盘中放入欲使用的酱汁，并将分子料理注射器放置于盘面上。缓慢按压注射器，即可形成大量圆点画盘，如加入酱汁色彩或多寡深浅的变化，可创造出许多有趣的图形。

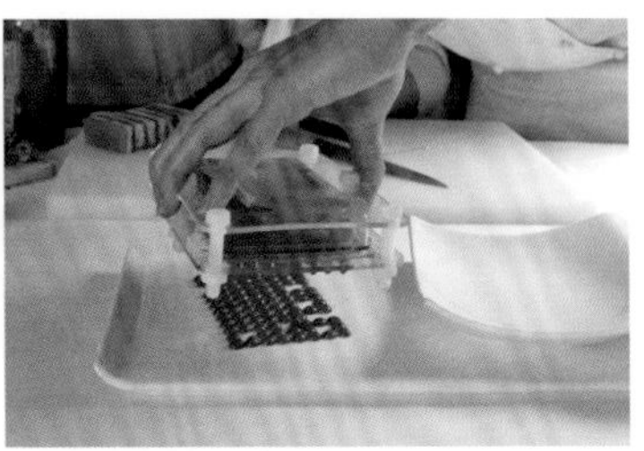

见 P.58
见 P.50

②手指画盘

先以橘红色装饰酱挤五点作为第一朵梅花，再以浅蓝色装饰酱挤五点作为第二朵梅花。以手指蘸取酱汁，并以点状晕开的方式，描绘梅花瓣的形貌。

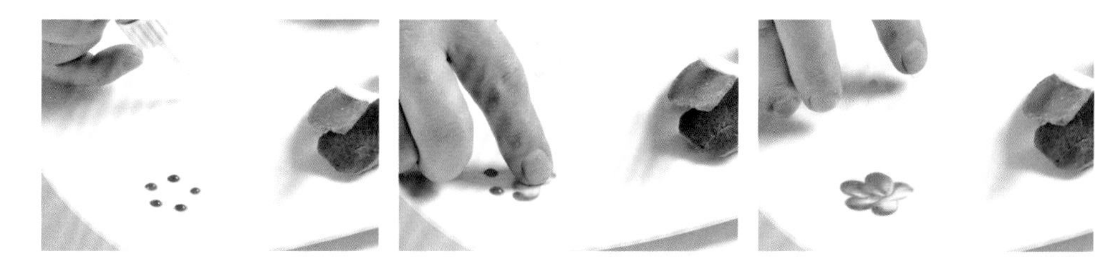

③挤花袋的做法

挤花袋可以用于画盘。可以自制挤花袋：将烘焙纸裁剪为直角三角形，将最长边的一个尖角向内卷，尾端手拿处多余的纸角向挤花袋内折压塑形，不会松开即可使用。

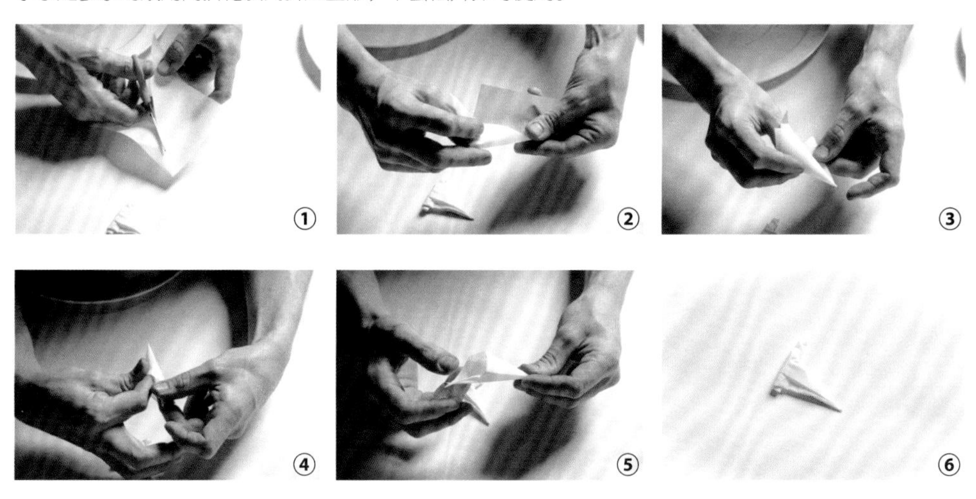

春樱画盘，弥漫清爽宜人的写意氛围

主厨　连武德
满穗台菜

芭乐虾松

摆盘中的画盘，常使用酱汁作为表现，除了作为装饰，也可与食材搭配食用，增加料理口味的变化。画盘时，建议最多占盘面 1/2 篇幅即可，以避免抢走主菜风采。此道芭乐虾松的“春樱画盘”以巧克力酱、奇异果酱、野莓酱，共同组成咖啡、绿、红三种色彩元素。由于圆盘的关系，枝叶围绕着盘面相依，描摹出半圆形优雅曲线，旁侧搭配美生菜包覆虾松，弥漫清爽宜人的写意氛围。

材料｜美生菜、虾仁、油条、芭乐、芹菜丁、葱花、野莓酱、巧克力酱、奇异果酱、柳橙汁等。

做法｜将芭乐去子切小丁，虾仁切小丁调味入锅，起锅后沥油。油条切小丁入锅炸酥，葱花与芹菜丁入锅爆香沥油与虾仁芭乐油条一起均匀搅拌即可。

摆盘方法

首先以手指蘸取野莓酱，以点状晕开的方式，描绘樱花瓣。

接着画出简洁利落的枝叶线条，使用蘸盛巧克力酱的尖形槽刀，画出深色的树枝与树叶的形貌。巧克力酱较为浓稠，描绘时注意酱汁的含量与使用工具的倾斜度，即能表现出线条的弯曲及粗细变化。

主厨在此使用的是尖形槽刀；由于槽刀中的下凹处能够装盛酱汁，故主厨以此进行画盘。在画盘时也可使用酱汁瓶、画盘笔，或是刮刀，工具不同所表现的线条亦有所差异。

在树叶的空缺处，挤上奇异果酱。在花瓣中心加入黄色柳橙汁。

美生菜放置时绿叶朝下，菜梗朝上，下方的鲜绿与上方的润白呈现渐层美感。

将虾仁、芭乐丁等放入美生菜内，摆盘即完成。

高低错落的波普艺术

西餐行政主厨 王辅立
君品酒店 云轩西餐厅

脆皮乳猪佐腌渍香草苹果

运用多色的点状画盘来衬托主食材，是常见的盘饰技法。点的表现又可分出不同形体的方式，使其平躺、带有高度，或与其他配菜结合，在缤纷的色点中加入活泼的变化，营造趣味俏皮的波普艺术气质。

材料｜乳猪、香草、红苹果、青苹果、青苹果酱、覆盆子酱、焦糖苹果酱、香菜苗等。

做法｜将乳猪煎至上色后，红苹果用香草腌制好，使用挖球器挖成小球备用，再将青苹果切成薄片，酱汁类装瓶后，即可进行摆盘。

摆盘方法

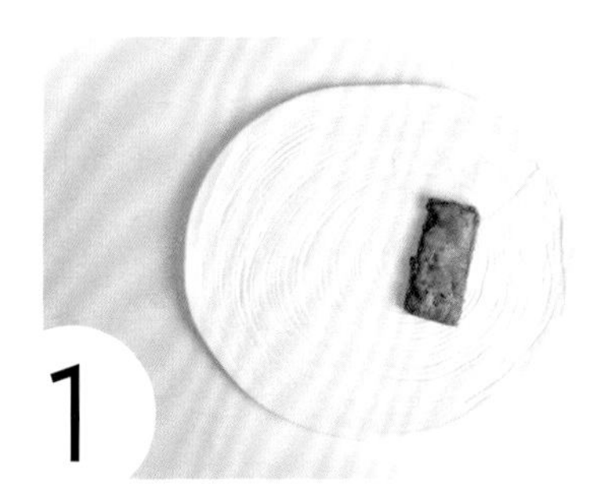

选用带有年轮纹样的椭圆盘，于盘右侧三分之一处放上脆皮乳猪。

在左侧留白处间隔地摆放苹果球，让苹果球上下交错摆放，做出双色的效果。

用酱汁瓶挤出青苹果酱，瓶身与盘面垂直挤出酱汁，最后收尾时，轻轻上扬，利用酱汁的浓稠度，让画盘带出霜淇淋般的尖。

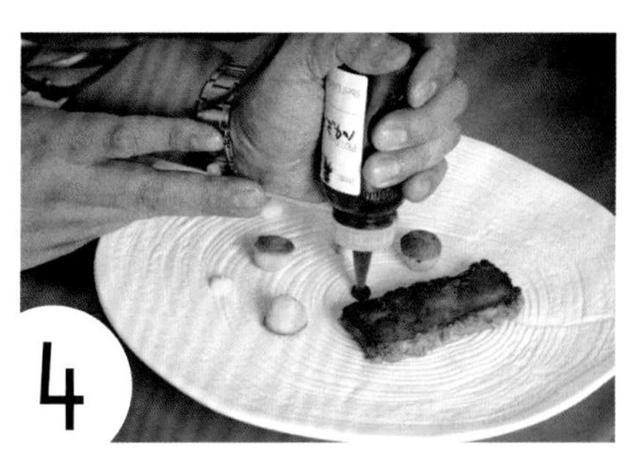

继续点入覆盆子酱，因浓稠度低，故让其以平躺方式呈现。

盘间持续间隔地点入焦糖苹果酱。加入青苹果薄片，使其卷曲成漏勺形，靠放在大小酱汁旁。

在盘间点缀香菜苗，强化线条感，即完成摆盘。

以线条均衡
单一主食材的分量感

副教授　屠国城
高雄餐旅大学餐饮厨艺科

蟹肉蔬菜塔

蟹肉蔬菜塔的色彩属于深沉的橘红色，这道料理选择洁白的长盘以搭配主菜，食器造型亦与主菜相呼应；然而，盘面上所留下的大片空白，摆盘时则使用鲜绿、黑色的画盘线条相互平衡，淡紫与鹅黄色的花瓣，也增添了盘面的色彩丰富度，整体视觉稳定，但又不抢走主菜的焦点。

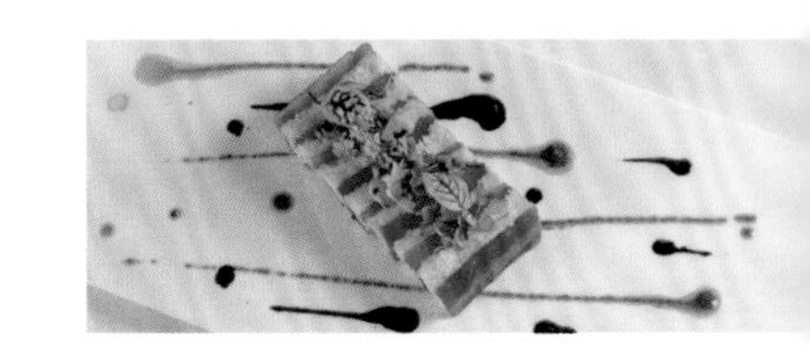

材料｜螃蟹、红椒、洋葱碎、西芹碎、美乃滋、盐、胡椒、红酸模、绿卷须、青酱、巴萨米克黑醋、紫苏花、紫高丽菜苗、三色堇等。

做法｜将螃蟹蒸熟，拆肉，拌入美乃滋、洋葱碎、西芹碎、盐及胡椒调味。红椒烤后去皮，与蟹肉一同放入长形模型堆叠，压模后取出。

摆盘方法

1

使用青酱在长盘上先画出 4 ～ 5 道长短不一的线条，画盘时，可在线条的起点挤较多酱汁，随着酱汁瓶的拖移，拉出由重到轻的线条，线条的轻重可以进行上下的变化。

用巴萨米克黑醋，在线条与线条的空隙，加入黑色的笔触。

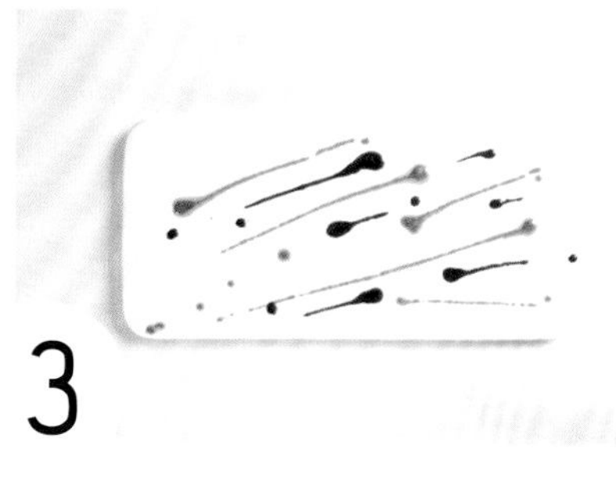

3

黑醋的画盘可以稍少，并使其线条相对较短，一方面是避免画面杂乱，另一方面则是因为主食材是橙色，故让画盘线条较多绿色，相互对比。

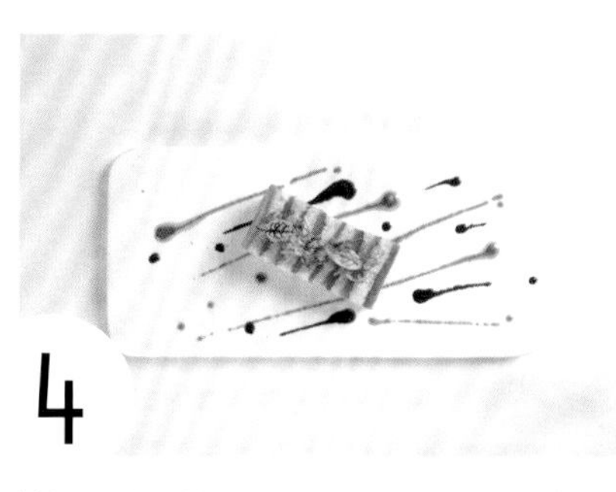

将蟹肉塔斜放于盘面中央，让蟹肉塔的白橙层次顺应黑绿线条，在蟹肉塔上加入紫苏花、紫高丽菜苗、红酸模与绿卷须，累积色彩的层次。

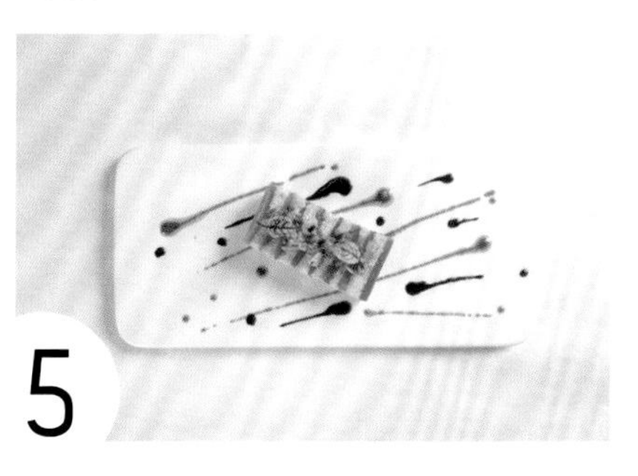

最后在蟹肉塔上放上食用花三色堇的花瓣，以最上层的黄色突显鲜美色泽。

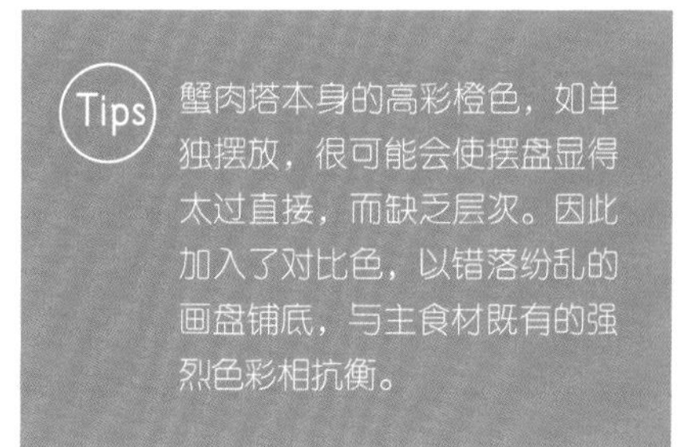

挤、滴 | 技法 3 **抽象的画盘表现**

律动画盘，衬映静物般的料理主体

主厨　徐正育
西华饭店 TOSCANA 意大利餐厅

巴罗洛酒桶木烟熏美国干式熟成老饕牛排

为让料理主角的灵魂——干式熟成牛排能呈现最完美的风貌，在牛排的处理上，依循其纹理切割、整理，让烧烤的技术能彻底展现于表皮及鲜嫩肉质中，不因形体不均而产生口感差异；而主食材之外的配菜节瓜也运用手工削切技巧，改造成小橄榄外形。主食材与配菜以静谧的方式呈现，但加入自由活泼的画盘，反而能让摆盘中加入动与静，原始与精致的反差。

材料｜美国干式熟成牛排、节瓜、山萝卜叶、牛肉酱汁、海盐、紫洋葱、紫萼等。

做法｜将经干式熟成的牛排顺着纹理切割为整齐的长矩形，经烧烤约三分熟后备用，将节瓜削如橄榄般的形状后与烤过的紫萼等一同进行摆盘。

摆盘方法

在盘中左边的三分之一处，以弧形的方式等距放上橄榄形的节瓜，绿皮朝上，瓜肉在下。

节瓜上交错堆叠上烤过的紫萼、紫洋葱及烘干的山萝卜叶。

于盘中右边的三分之一处，以滴洒的方式，淋上牛肉酱汁。需控制酱汁的量，过多的话反而会破坏摆盘的静谧感。

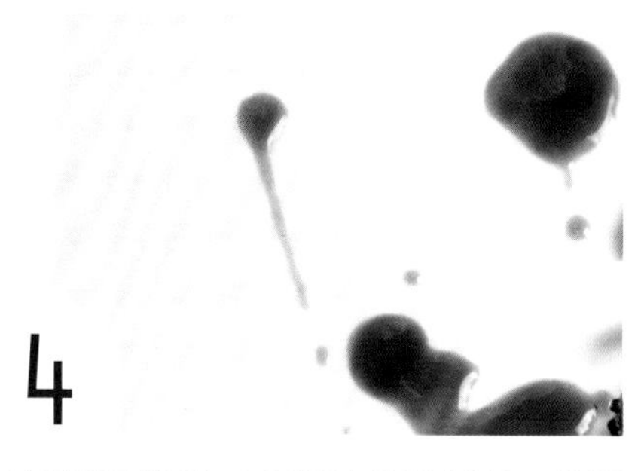

在滴洒画盘时，可采用水滴形的汤勺，运用汤勺的尖端汇聚酱汁，在点状酱汁中再带入一些利落线条感。如想加入拖曳的线条，建议画的方向可由下往上勾勒，由力度来控制所需线条的粗细与长度。

最后于酱汁上堆叠牛排，撒上海盐即可完成摆盘。

挤、滴 | 技法3 **抽象的画盘表现**

运用画盘，表现奔放泼墨意境

主厨 Long Xiong
MUME

花椰菜

爽朗的画盘采用抽象表现的方式，有着泼墨山水的自然意境。由于使用滴洒的技法，将浑厚的起始原点集中于盘面右侧，尾部拉长的线条则集中于左侧；在“右重左轻”的铺陈下，蔬菜的摆盘则运用“左下右上”的方式，平衡视觉感受。

材料｜罗马花椰菜、羽衣甘蓝、坚果、紫花椰菜、杏仁、乳酪、金枣酱、胡萝卜、鲜奶油、芥末等。

做法｜将罗马花椰菜烤至表面微焦，使口感更富层次感。将花椰菜梗心干燥一星期后，制成有酱油香味的风干花椰菜梗心。杏仁优格酱由杏仁与乳酪调配而成，而胡萝卜酱汁则是胡萝卜汁与鲜奶油调配而成。

摆盘方法

在盘中加入胡萝卜酱汁的画盘线条，以“倾倒再拖曳甩出”的方式，以滴洒的手法，用汤勺蘸酱汁滴出画盘后，再快速洒出，形成尾部的细线。

滴洒酱汁时，移动的速度与方向会大大影响画盘生成的造型，过慢可能会使酱汁的收尾不够利落，太快则会无法带出线条的粗细差异。

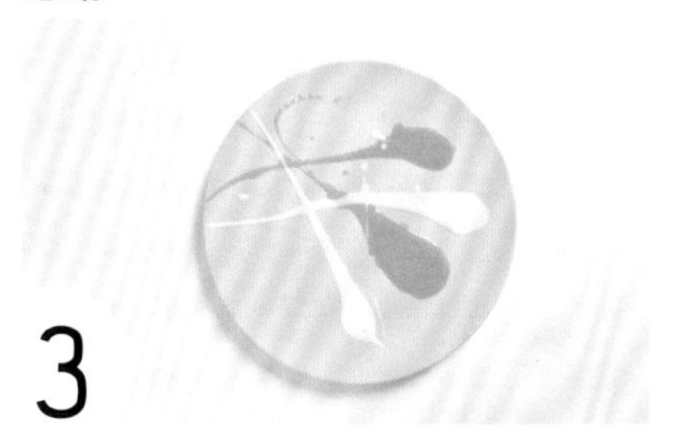

完成两道间隔交错的胡萝卜酱汁画盘后，再加入两道亮白的杏仁优格酱画盘，画盘尾部的细线可以带入些许变化。

确定画盘的布局后，在线条间放入花椰菜的梗心与烤过的罗马花椰菜。以大小错落的方式，排列为“左下右上”的斜线。

在斜线的空隙中填入风干花椰菜梗心、羽衣甘蓝、坚果与紫花椰菜，并点入金枣酱，丰富色彩。

最后在盘饰中磨上些许新鲜芥茉，摆盘即告完成。

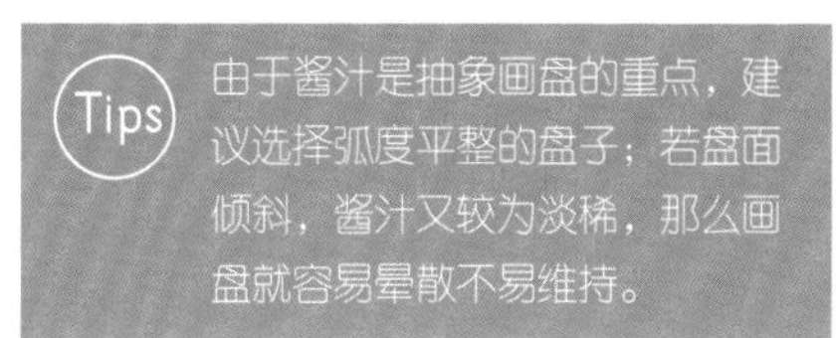

朦胧清淡的油点趣味

主厨 林显威
晶华酒店 azie grand cafe

农场番茄、番茄汤、罗勒油、干贝

此料理利用番茄本身的自然丰美，将其依大小及颜色相错放置，保留番茄的蒂头呈示新鲜原始，并以绿、黄、橘、紫、红等亮色营造田园气息。而摆盘中的画龙点睛之处，便在于鲜绿罗勒油的点状画盘，透过色点的加入，带出汤面上的视觉变化；此外，食材的集中摆盘，并浮出汤面，也表现出水边倒影的景象。

材料｜腌渍番茄、干贝、紫苏、雪豆苗、风干番茄、罗勒油、片状盐、绿葡萄番茄、罗马番茄、番茄汤等。

做法｜将各式番茄切好，即可进行摆盘。

摆盘方法

切番茄时可依照番茄的大小，大番茄可切成六片；小番茄可对切。

横切、纵切均可，透过各式不同的剖面，呈现番茄原始的纹理。

将多种番茄以堆叠的方式摆放于盘子的半边。

放上干贝片，注意颜色需错落开，再于空隙与表面装饰紫苏、风干番茄与雪豆苗。从旁倒入番茄汤，汤的高度约为食器深度的 1/4 即可。

以汤勺装盛罗勒油，缓缓滴入汤面中；滴油时需注意汤勺勿盛装过多液体，避免画盘时圆点过大而失去美感，圆点可大小相间，交错出丰富的视觉效果，以大小圆点变化汤面。

最后放上片状盐，即完成摆盘。

挤、滴 | 技法 3 **抽象的画盘表现**

模板制造画盘造型，交错几何与色彩新意

主厨　杨佑圣
南木町

低温分子樱桃鸭

为搭配食器原有的圆形及方形，以三角形的构想与食器一起玩几何，运用毛刷制造出颗粒感的三角画盘，再用食材摆放出三角形，配上水彩般的缤纷色彩，仿若画廊里的一幅漂亮的画。

材料｜鸭胸、马铃薯、胡萝卜、南瓜、意大利面、墨鱼汁、红椒粉、夏威夷火山盐、花椰菜、蕾丝饼、蔓越莓干等。

做法｜将鸭胸放置在 30 ~ 60℃的真空环境中，以低温烹调法熟成后，以小火将表皮煎至金黄酥脆，将鸭肉与鸭皮分开，鸭肉切薄片卷成肉卷，鸭皮切丁。胡萝卜、马铃薯、南瓜炒熟。意大利面油炸。

摆盘方法

在空盘中垫上两张纸巾，让纸巾间呈现 V 字形。

使用烤肉酱刷（或其他毛刷）蘸墨鱼汁后，以轻洒的方式，把墨鱼汁洒在纸巾间盘子的空白处，在盘中呈现出大小变化的点。

移除纸巾，可稍微擦拭画盘图案的边缘，使其线条更为利落整齐。

在 V 形画盘的下方，放上一个以圆形的空心模具（可在纸板上割出圆形），紧压纸板模具，避免纸板于盘间产生空隙，撒上夏威夷火山盐及红椒粉。

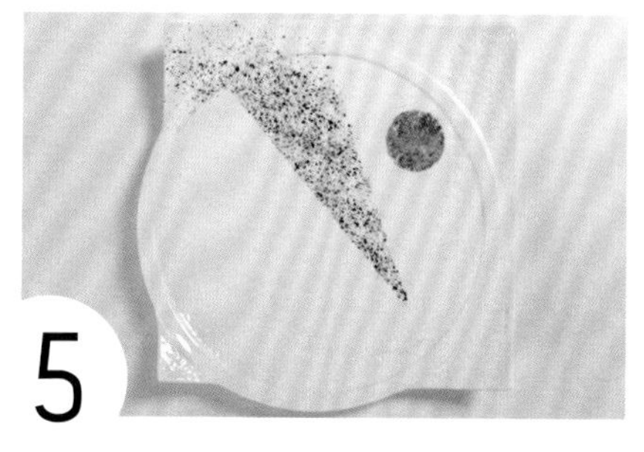

撒粉完毕，移开模具后，即完成一圆形画盘。

把胡萝卜、鸭胸、马铃薯及南瓜摆入盘中，让食材的摆放呈现三角形，并在食材空隙中点缀黄色的花椰菜、蓝色的蕾丝饼以及红色的蔓越莓干；交叉摆放上两根炸过的意大利面，拉出视觉变化即完成摆盘。

弧圆直线的画盘综合表现

西餐行政主厨　王辅立
君品酒店 云轩西餐厅

炭烤无骨牛小排

利用配菜的丰富色彩与堆叠手法，让整体视觉更具张力与立体效果，因食材形体多为条状，故加入多种造型的画盘表现，以平衡整体构图，最后用香料盐，加入圆圈状的画盘效果。透过盘饰细节中的圆，让锐利的线条显得圆润温和。

材料｜牛小排、马铃薯泥、青酱、洋葱泥、紫花椰菜、黄花椰菜、小胡萝卜、小红萝卜、芦笋、红葱头、香料盐等。

做法｜牛小排烤至五分熟，马铃薯泥与青酱调在一起，蔬菜皆烤熟后，红葱头切片成空心圆圈状，即可进行摆盘。

摆盘方法

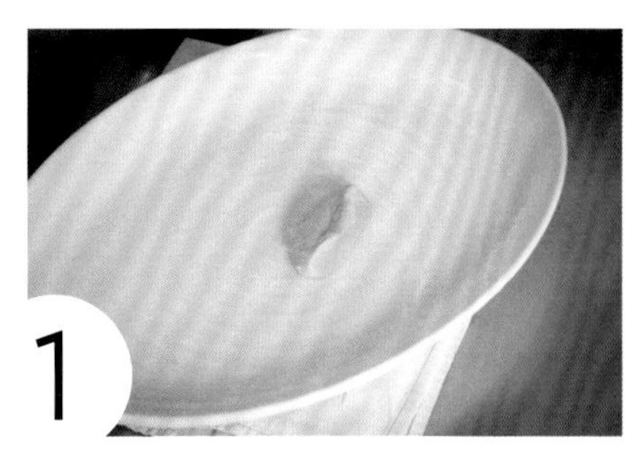

在盘子一侧 1/3 处，加入适量青酱马铃薯泥。

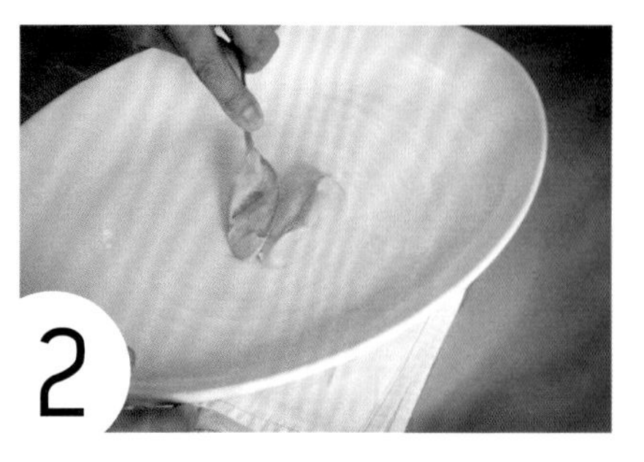

用汤勺的背面，逆时针画出弧形，汤勺背面可以形成有高低变化的画盘效果。

在弧形边上放入牛小排，牛小排的粉红切面朝上。以汤勺盛适量洋葱泥，缓缓置入盘子的另一侧。

当洋葱泥放入盘中时，利用汤勺的侧面，画出长条形的画盘，运用洋葱泥量的多寡，制造头粗尾细的线条感。

以立体堆叠的方式，堆上紫花椰菜、黄花椰菜、小胡萝卜、小红萝卜、芦笋与红葱头圈等食材。在盘中倒入一勺香料盐。

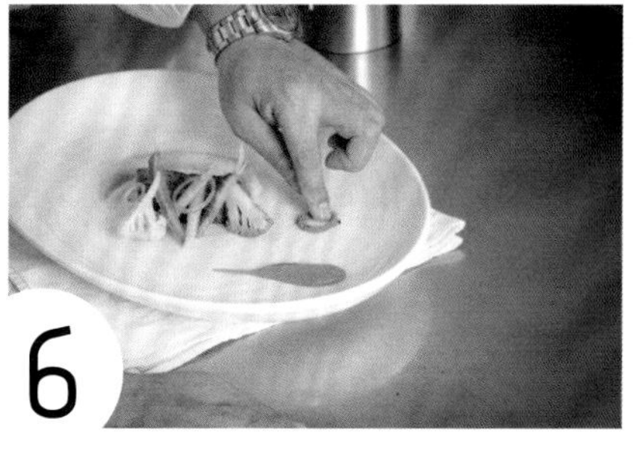

将手指插入盐中，慢慢向外扩张，做出圆圈状即完成摆盘。

运用画盘流线美感，填补盘面空间

主厨 Angelo Agliano
Angelo Agliano Restaurant

柠檬派佐巧克力冰沙

由于此道料理的主体为圆形，故在画盘时的线条，亦可以带有行云流水的流体线条，增添写意风采，让塔皮的圆弧形状与画盘流线角度巧妙吻合。而其所使用的圆形瓷盘，有着同心圆般逐渐向外围扩张的涟漪效果。加入塔皮上的巧克力片、绿色开心果和红色覆盆子，亦让整体摆盘在细节中增色视觉层次。

材料｜柠檬塔皮、柠檬蛋黄馅、优格奶油香缇、开心果碎、金箔、巧克力酱、巧克力片、覆盆子杏仁角、巧克力冰沙等。

做法｜将塔皮以圆模压成形后，冷藏定形。

摆盘方法

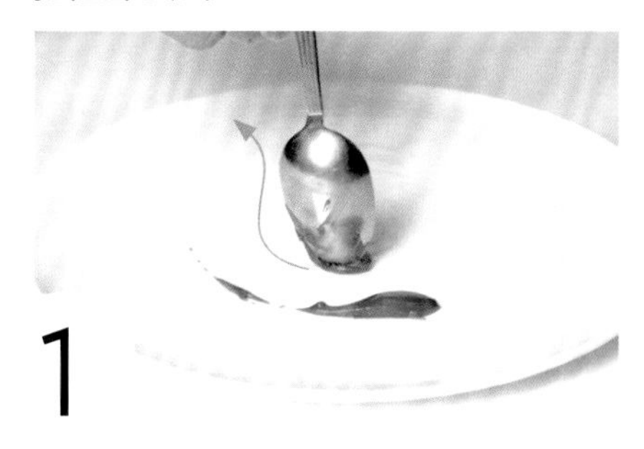

以汤勺取巧克力酱进行画盘，由于巧克力酱较为浓稠，在拖曳时可加入由重到轻的分量掌控。在最前段可画上较重的巧克力酱，后续再以汤勺边缘附着的酱汁拖画出尾部线条。

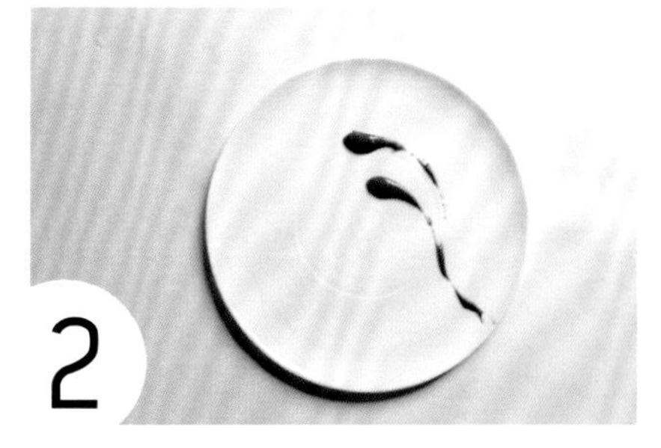

让画盘以流动弯曲的线条，随盘心圆弧拖曳而下；平行的两条流体线条，外侧稍短内侧较长，长短粗细的变化增添流动的韵律感。

柠檬圆形塔皮置于中心偏下，于塔内以圆心向外的方式先挤上柠檬蛋黄馅。

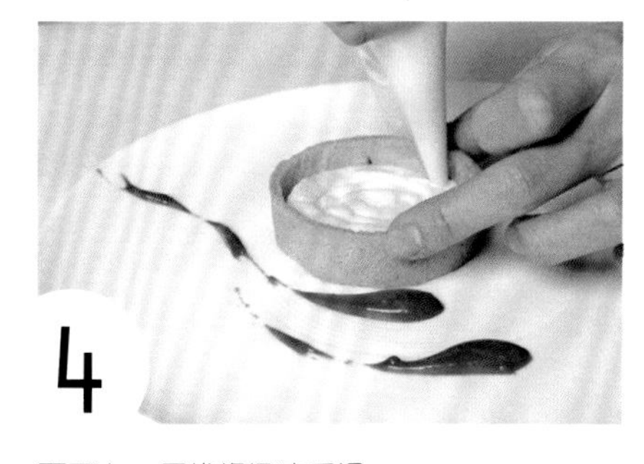

再覆上一层优格奶油香缇。

盖上巧克力片，撒上覆盆子杏仁角、开心果碎与金箔装饰。

于左侧轻撒些许覆盆子杏仁角，并将巧克力冰沙置于覆盆子杏仁角之上，使之不易滑动，即告完成。

轻重画盘
引导视觉前进方向

主厨　林秉宏
亚都丽致集团 丽致天香楼

西湖醋鱼

平整的长方形白盘看似单调，但于此道摆盘里加入酱汁画盘元素，波浪状造型跳脱四方框架的桎梏，摆盘时刻意让盘面有 30% ~ 40% 的留白；此外刻意将去骨草鱼斜放，呈现斜线与曲线的层次交错，并让整体摆盘呈现出重与轻、大与小的节奏律动感。

材料｜去骨草鱼中段、酱油、绍兴酒、白糖、镇江醋、香菜、姜丝等。

做法｜清水煮滚后离火，放入已去刺的去骨草鱼浸泡两三分钟后，即可捞起待摆盘使用。用酱油、白糖、绍兴酒与镇江醋调制成酸甜醋酱。

摆盘方法

1

用汤勺盛一勺酸甜醋酱，让酱汁满盛，以流畅地画下酱汁。

2

画盘时汤勺与盘面成 45° 拖曳画盘的线条。

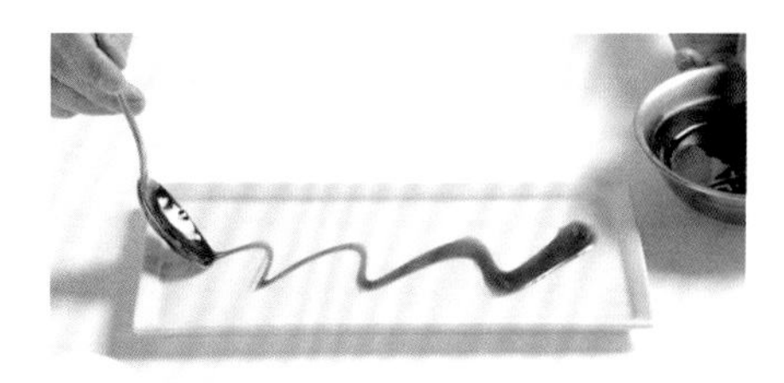

3

画盘时可拖曳出波浪状的律动线条，随着酱汁的拖曳，呈现出由重到轻的节奏。

4

在盘中央再加入一道横线收尾，令波浪状的酱汁造型头尾平衡。

5

将去骨草鱼斜放在盘中心，姜丝立起斜靠在去骨草鱼下方。

6

最后在去骨草鱼上点缀香菜，增加盘景的色彩亮点，即完成摆盘。

手指画盘展现朴直自然笔调

主厨　连武德
满穗台菜

水果斑鱼排

蓝斑鱼肉质扎实细密，炸过后外酥内软，金黄色的面衣将鱼肉包覆，表现出爽脆大方的情致，旁侧搭配夏荷画盘舒朗富有雅趣。在画盘时由于荷花瓣形较长，所以在一开始运用野莓酱点圆时，圆形轮廓范围要较广、较扁一些。另外描绘荷花茎梗时，弧线以荷花、荷叶各据一端，中间枝叶相连，表现临摹写生般的随兴风雅。

材料｜蓝斑鱼、水梨、苹果、西瓜、奇异果、锅巴、野莓酱、巧克力酱、奇异果酱、乳酪、牛奶、醋等。

做法｜将蓝斑鱼切片调味下锅，炸至金黄色。将锅巴切成四方形，炸酥。水梨、苹果、西瓜、奇异果切小丁。将乳酪、牛奶、醋制成酸甜酱料。

摆盘方法

取一白色圆盘，以野莓酱在盘中挤出九个圆状的色点，作为花瓣的轮廓。

以手指依序按压色点，往圆心内推移，透过手指的抹画，制造从深至浅的渐层花瓣的样貌。

用手指抹画时，线条不宜太过生硬，手指抹画的笔触可以带有一些弧度，让花瓣呈现放射状的形态，会更为美观。

花瓣描绘完成后，再以圆弧拖曳的方式，用巧克力酱绘出荷花梗，可以带入些许浓淡的变化，让画盘的线条虚实交错。

用奇异果酱，在盘中加入鲜绿色，为叶片及蕊心上色。

摆放上锅巴，并将斑鱼排置于锅巴上；顶端放置切丁的水梨、苹果、西瓜与奇异果后，淋上酸甜酱料，摆盘即完成。

巧用工具变化色线造型

主厨 杨佑圣
南木町

季节水果盘

在画盘的表现上，可利用不同工具与创意，堆叠出更丰富的视觉效果，或是以手指抹盘可做出大面积的基底盘色，无须工具新手也可尝试，再搭配毛刷重复刷绘，做出更具层次的晕染效果，最后来上一勺滴淋，多了几分随性与艺术感，以泼洒画面带出其自由奔放。

材料｜凤梨、芭乐、香蕉、奇异果、石榴、苹果、蓝莓日式沙拉酱、梅子沙拉酱、巴萨米克黑醋、蓝柑橘糖浆、覆盆子酱。

做法｜将苹果切薄片以手展开如扇子造型，将凤梨等水果切成块，即可进行摆盘。

摆盘方法

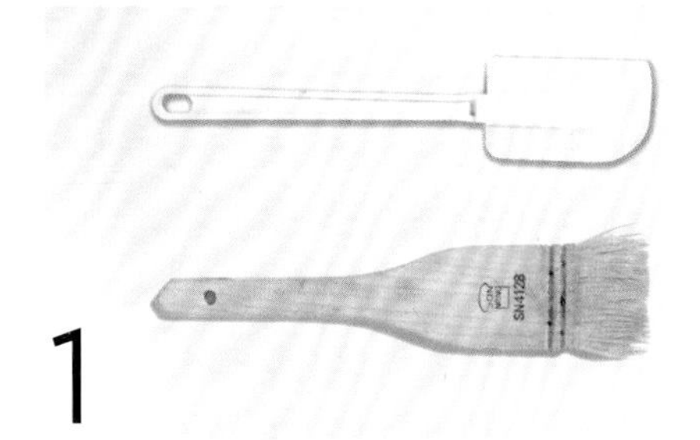

1

进行画盘表现时，有很多工具可以使用，比如手指、塑胶毛刷，以及塑胶刮刀，可以制造出来的效果各有差异，建议可依个人使用习惯选择。

2

为了试验不同的画盘效果，可在多个空盘中，加入蓝莓日式沙拉酱、梅子沙拉酱、巴萨米克黑醋、蓝柑橘糖浆、覆盆子酱，让酱汁集中画盘时就可以变化多色渐层效果。

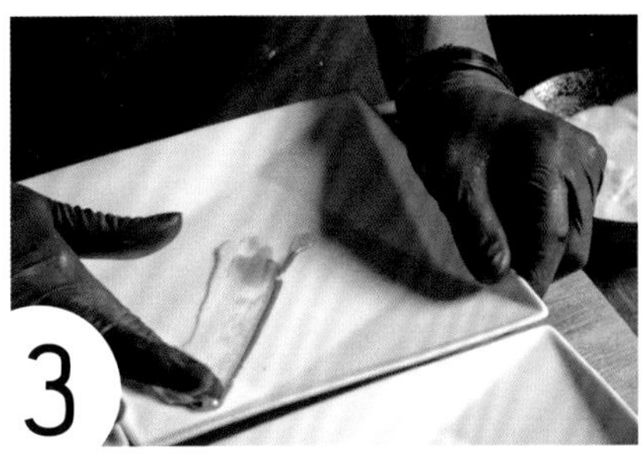

3

手指可以制造中间凹两侧高的效果，使用手指画盘时，手指拖画酱汁的速度与力道是关键，手指拖画的面积会影响画盘线段的宽度；此外手指拖画时酱汁较容易被堆积在前方，渐层的表现较不明显。

4

使用塑胶毛刷的画盘，色彩渐层的表现比手指均匀，画盘中则约略带有白色的细线效果，可以产生速度感的想象。

5

使用刮刀抹平酱汁时，酱汁同样容易被堆积在前后两端，但刮刀的效果则又比手指更为利落；推刮酱汁时，可带有弧度，也可结合刮刀与其他工具，在推平的酱汁上以毛刷重复刷开，做出晕染效果。

6

由于刮刀的画盘轻重较为明显，中央空缺处则加入汤勺滴淋的覆盆子酱做出自然泼洒感，并在酱汁上放入凤梨及芭乐，奇异果倚靠其边，最后空隙中插入立体的苹果扇，并点缀石榴子即完成摆盘。

造型色调相映成趣，酱汁画龙点睛

副教授 屠国城
高雄餐旅大学餐饮厨艺科

乡村猪肉冻

本道料理展现有趣的衬映与对比，在金色纹饰的蓝边圆盘上放置外皮为橘红色的猪肉冻，利用特殊的梯形切使主菜呈现三角造型，不仅橘红色与蓝色相互对照，连造型都相映成趣，对比趣味恰到好处。最后再以画盘为整道料理增添生动的意象，实为运用画盘得宜的料理。

材料｜盐霜降猪、高汤、菠菜叶、胡萝卜丁、西芹丁、节瓜丁、胡萝卜片、猪肉清汤、吉利丁片、莓果酱汁、生菜、虾夷葱、橄榄油醋、金莲花叶、香叶芹等。

做法｜盐霜降猪以高汤炖熟，切条包入烫熟菠菜叶备用。猪肉清汤煮滚，放入泡软的吉利丁片。依序将烫熟的胡萝卜片、猪肉菠菜卷、烫熟的各种蔬菜丁、猪肉清汤放入三角模型中，放入冰箱冷却凝固。将生菜拌入橄榄油醋。

摆盘方法

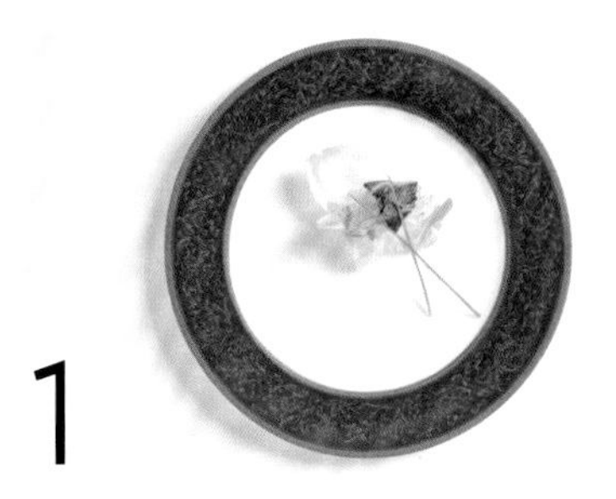

1

先将生菜放置在缀有金色纹饰的白底蓝边圆盘上，摆放于盘面上方，使盘面下方留白。生菜撕成小片，以便取食。放上金莲花叶、香叶芹、两株交叉摆放的虾夷葱，使整道配菜摆盘更显精致，也能产生视觉上的立体感。

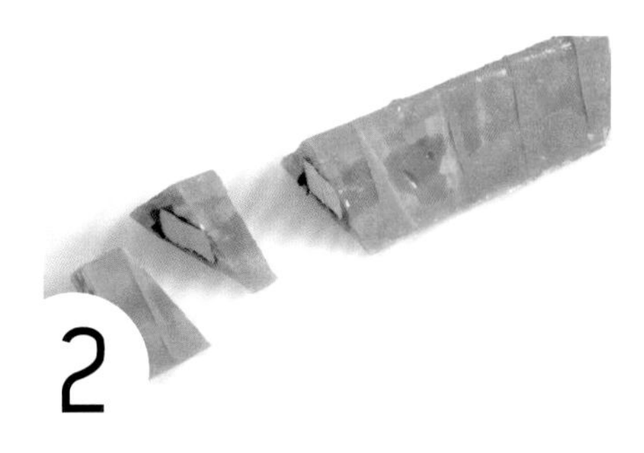

2

将三角造型猪肉冻切割成梯状，使其左右厚度不一，利用刀工的切割，制造口感与摆盘的变化。

3

将猪肉冻放入盘中，以橘红色的主菜表现与蓝边圆盘的对比印象。

4

画盘笔头如同汤勺，在使用时须注意笔的倾斜角度，倾斜角度愈大，酱汁流出愈多。

5

画盘时倾斜角度大，画出的笔触会稍粗；反之，倾斜角度小，画出的笔触则较细，可视料理整体风格变化画盘粗细。

6

用莓果酱汁画出线条后，最后点上一点，创造整体盘面的均衡感。

引申视觉导向，画龙点睛的色彩线条

主厨　林凯
汉来大饭店 东方楼

松露干贝佐鹅肝圆鳕

以堆叠方式摆放食材时，为让层次感更为明显，需以刀工修饰其形状。以画盘的深咖色酱汁呼应鹅肝，底部橘色圆鳕及绿色的菜叶做出跳色对比，让盘面更缤纷。

材料｜圆鳕、鹅肝、北海道干贝、松露片、巴萨米克黑醋、生菜、香叶芹、辣椒丝等。

做法｜将圆鳕、鹅肝及北海道干贝修整形状煎熟后，即可进行摆盘。

摆盘方法

在方盘上以刷子横画一笔巴萨米克黑醋，由于食材会往上堆叠，在此画盘的笔触，可以有效延伸摆盘的水平视线，如缺少了此笔画盘，整体表现便不均衡了。

将生菜放置正中间，与酱汁的方向垂直。

在生菜上方，叠放一块长方形的煎圆鳕。

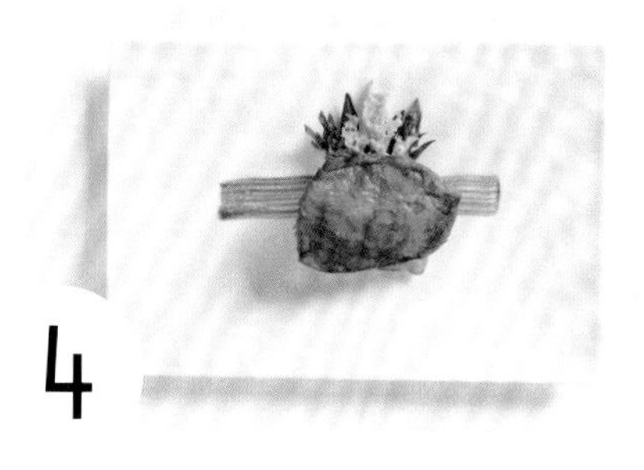

圆鳕上方，再叠上一块煎鹅肝。

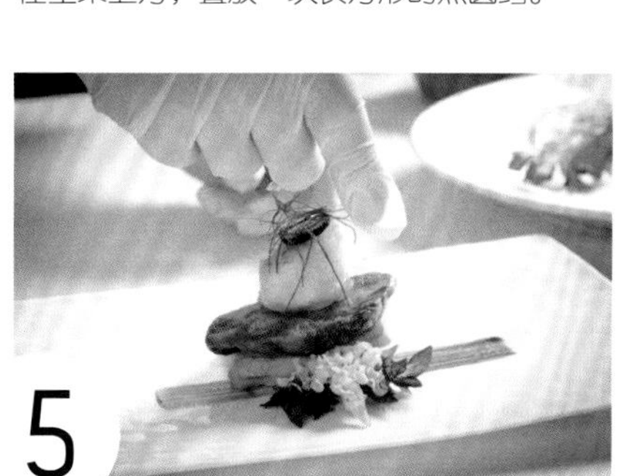

在鹅肝上，加入一块煎干贝及松露片并放上辣椒丝，加入向上延伸的立体感。

最后再放入香叶芹跳色点缀，摆盘即告完成。香叶芹可放在辣椒丝上，也可放在旁边。

山水丘壑般的动态表现

主厨　Long Xiong
MUME

牛小排

牛小排与烤胡萝卜和焦洋葱酱，以长方形、线条状与圆形描摹多元几何构图。焦洋葱酱抹酱时形成河流蜿蜒般的曲线，线条感会更加明晰突显，带有山水丘壑的流动感，为盘面增加动感。

材料 | 牛小排、金针花、金莲花叶、金莲花、蘑菇片、焦洋葱、腌制洋葱、烤胡萝卜、珍珠洋葱、焦洋葱酱等。

做法 | 牛小排经过 24 小时真空低温烹调后，再风干、炭烤。

摆盘方法

在盘面上，以刮刀平抹焦洋葱酱。

平抹时，可左右重复三至四次，从上至下刮出三至四层酱汁线条。

在酱汁上放上一个圆形模具。

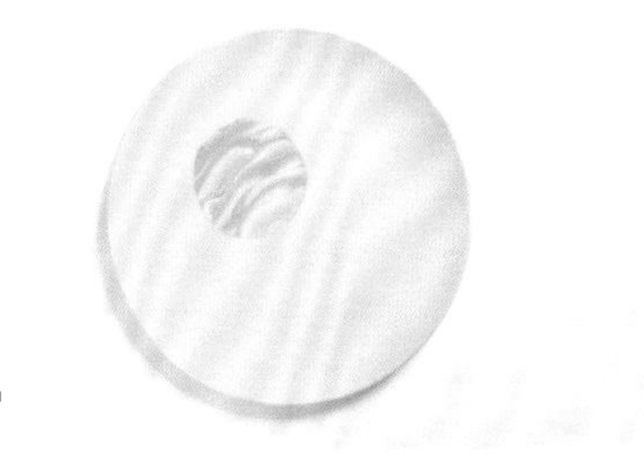

把模具以外的酱汁擦拭干净后，拿开模具，即可得到一个流线感十足的抽象圆形画盘。

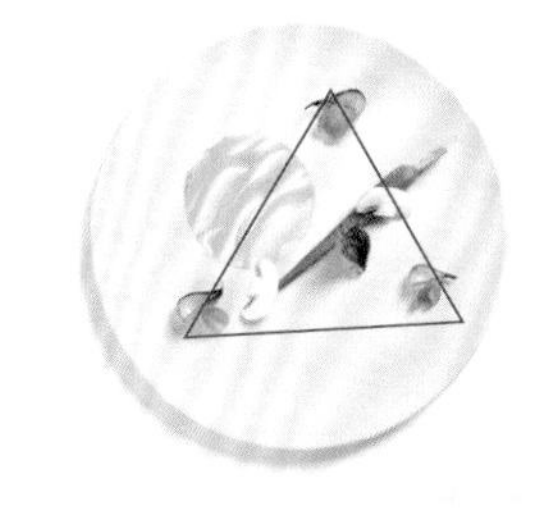

将烤胡萝卜斜放于盘面右侧，拉出盘中的方向性，与圆形焦洋葱酱呈“一圆一直”的线条对比。接着将珍珠洋葱和腌制洋葱交叠，形成色彩对比，以三角形的布局摆放。取两片蘑菇片叠于胡萝卜上下两端，焦洋葱则放在中间。

在盘中放入两块牛排肉，一块置于圆形画盘右侧，一块则置于胡萝卜下方，均为斜放，但角度略微不同。于盘面上、中、下三处放上金莲花瓣与金莲花叶，最后于下侧牛排上摆放一朵金针花做点缀，即完成摆盘。

涂抹焦洋葱酱时，尽量将涂抹范围拉广一些，再使用圆形模具将范围圈限，并将外围多余的酱汁擦拭掉，让圆弧形线条能更加突显。

撒粉 | 技法 10 **筛网的应用**

运用糖粉，撒画细致盘景

主厨　许汉家
台北喜来登大饭店 安东厅

草莓卡士达千层

法式料理经过主菜戏剧性的高潮后，便更迭进入令味蕾沉淀、回味香气余韵的甜点。岩质长方薄盘，由左下往右上划出一道星空般的糖粉，以海绵蛋糕、草莓、橘瓣为界，左上的草莓卡士达千层与右下的榛果冰淇淋相对，白色的糖粉在这缤纷色彩的食材里是点缀，也是突显深浅变化的要角之一。

材料｜当季大湖草莓、抹茶海绵蛋糕、杏仁饼、卡士达酱、草莓、橘子、榛果冰淇淋、糖粉等。

做法｜抹茶海绵蛋糕以氮气瓶制作，因此形成比一般海绵蛋糕多的空隙，吃起来的口感更为蓬松。

摆盘方法

在长方盘左上角置放一块杏仁饼，用挤花袋在饼上挤入一圈卡士达酱，间隔放上草莓块。再同样加上一层，盖上第三块杏仁饼。最上层只在中间挤上卡士达酱，放上草莓块即可。

在长方盘左下到右上的对角线中，放入不规则状的手撕抹茶海绵蛋糕、草莓块、橘瓣。

以汤勺挖塑榛果冰淇淋摆放于右下角。

利用筛网装盛少量糖粉，由左至右，在草莓卡士达千层顶端轻撒糖粉。

慢慢移动筛网，在盘中画出一道斜角分界线。

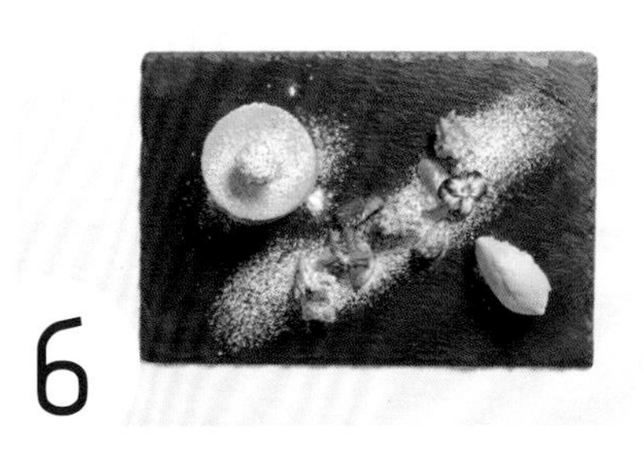

为强调中央的斜线，撒落量较多的糖粉，撒粉时可适时地以手指轻弹筛网，使其微微震动，加多粉量。

撒粉 | 技法 10 **筛网的应用**

浓淡糖粉，变化雪雾朦胧的优雅情调

主厨　李湘华
台北威斯汀六福皇宫 颐园北京料理

风花雪月糖醋排

粗犷的深色食盘，其不规则的边缘纹理与厚实质地，除了搭配排骨显得相得益彰外，亦充满意境菜般的写意氛围。精致的蜂巢式糖雕带有着甜蜜的焦糖色泽，另外以“红”作为主要色彩，亦极富节庆欢乐感。由于色彩深厚，此时加入细碎的白色糖粉，反而能巧妙地使盘景弥漫着雪雾朦胧的情调，并简单制造轻重对比差异，是种简易也耐用的操作技法。

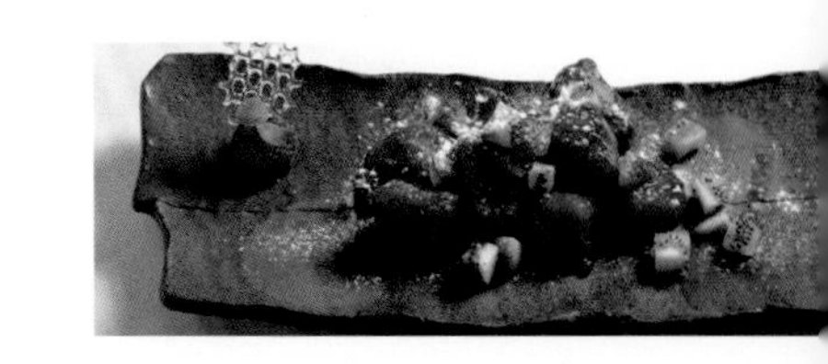

材料｜糖雕、腩排、酱油、鸡蛋、太白粉、番茄酱、白糖、白醋、草莓、奇异果、糖粉、豆苗等。

做法｜将腩排切块并以酱油、鸡蛋和太白粉腌制后，放入约 130℃的油中炸熟，再加入调番茄酱、白糖、白醋等拌炒均匀即可。将草莓、奇异果切成适当大小。

摆盘方法

把糖雕折成三角形镶于草莓之上，辅以豆苗做出红绿对比。

以夹子夹取排骨，将其集中堆叠，并加入草莓丁和少许奇异果丁。

以筛子撒上白色糖粉细末，透过加白衬出主食材色彩。

最后呈现的撒粉画盘虽是线性的，但撒粉可分多次进行，控制粉末的量，依照盘饰需要逐渐叠加，不必强求一次完成。

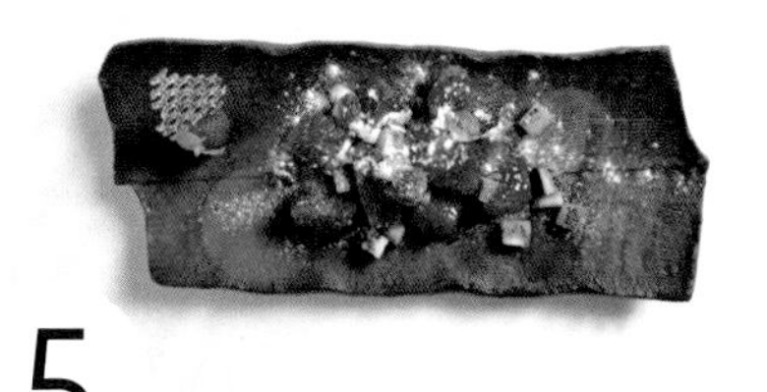

顺应食器的长盘造型，由左至右撒糖粉，由于主色在盘中，因此中央的粉量可稍多，左右两侧则自然淡化，形成轻——重——轻的线条韵律。

撒粉 | 技法 11 **撒粉的变化**

盐粒画盘，模拟日式造景风情

行政主厨　蔡明谷
宸料理

樱花和牛

以盐粒表现画盘，不同于撒落分布，而是先让盐粒堆聚，再以叉子做出凹痕。而为了突显盐田的质感，便可选用深色食器背景，并加入干燥树枝、鹅卵石等自然意味浓厚的元素。让盘景的经营带入造景的概念，料理更添禅味，并让蛋粉小理芋的跳色更明显。

材料｜澳洲和牛牛小排、樱花叶、小理芋、干燥蛋粉、盐、防风、木之芽等。

做法｜将小理芋削成横截面为成六角形，煮熟裹上蛋粉，并将牛小排烤至适当熟度。

摆盘方法

于盘中上下方倒入两勺盐，盐的颗粒可以稍细，这样做出高低变化时，效果会更为细腻。

使用叉子将盐堆刮划出内凹的线条感，来回刮划，让两处盐堆的厚度相近。

在两处盐粒旁各摆放一颗鹅卵石，并将干燥的树枝倚靠其上。

在石头上点缀防风，并于一旁放上裹好蛋粉的小理芋。

把烤熟的牛小排包裹樱花叶，切块。

在树枝间空隙处，顺应树枝与盐粒画盘，将切块牛小排以斜躺摆放，并在蛋粉小理芋等处点缀木之芽，即完成摆盘。

配色

颜色可以产生不同的感知作用，会影响人的食欲。善用色泽亮丽的新鲜蔬果与酱汁进行装饰，便能令人食指大动！

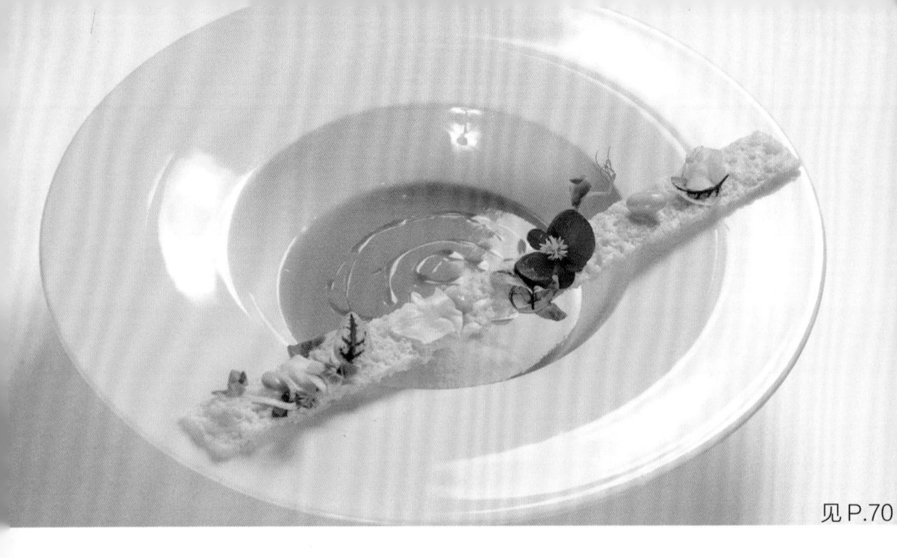

见 P.70

常见的配色材料

水果

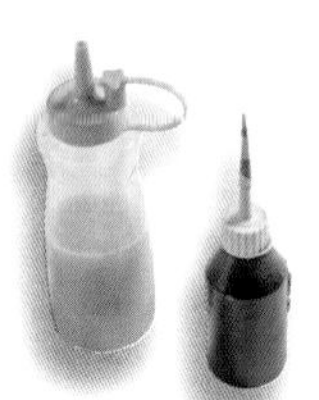

各色酱汁

各类生菜

食用花草

常用的配菜

配色的基本观念

① 色彩均衡

如料理的主题明确，摆盘时可统一整体料理的色系，找到视觉上的主要基调，再局部加入细微的色彩变化。有时候主色也不一定要以主食材为主，在不破坏料理口感的前提下，也可运用酱汁或佐料的比例，引导料理的色彩表现。

见 P.370

见 P.78

见 P.218

见 P.68

见 P.92

② 局部对比

有些料理，因食材限制，无法均衡地表现出色彩的印象，此时就可以利用局部对比的效果，把握轻与重、深与浅、亮与暗的原则，透过反差，让食用者留下深刻的色彩印象。

见 P.120

见 P.228

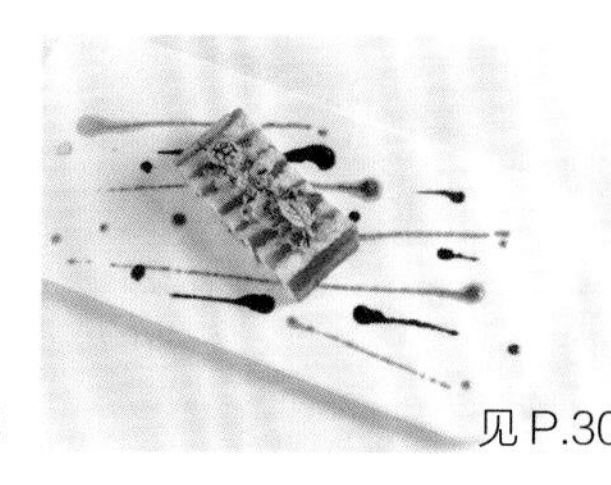

见 P.30

③ 与食器搭配

配色的设计除了考虑食材的组合，更重要的是食材与食器之间的搭配。食器可以强烈影响摆盘的整体形象，其中也包括色彩。可先思考料理中会出现的色彩元素，使用有图纹强化色彩的主色，或衬垫有底色的食器，借此对比色彩焦点。

见 P.56

见 P.342

见 P.98

配色 | 技法 12 **食材配色的效果**

轻重缤纷色彩，触动味觉想象

行政主厨　陈温仁
三二行馆

鹿野玉米鸡及鸭肝佐香葱红酒汁

当道地的中式食材加入了色彩缤纷的酱泥点缀后，盘里即能呈现出法式小花园般的盎然表情。可以改变料理既有的气质，这就是活用配色的优势所在！善用酱汁与食用花草的组合，仅需在细节处加入些许装饰，即能彻底改变料理的原有气质。活用配色的摆盘，也需考虑食器的搭配与应用，白盘的装盛，可以衬托出蔬菜与食材的自然原色；若以深色食器进行摆盘，则要着重对比的表现。

材料｜鹿野玉米鸡、鸭肝、红酒、香葱、大豆苗、甜菜泥、胡萝卜泥、南瓜泥、蘑菇泥、小红洋葱、食用花草等。

做法｜将鹿野玉米鸡去骨后，以真空低温烹调法加热至熟，保持鸡肉的鲜嫩口感；鸡骨则加入红酒与香葱熬成红酒酱汁；鸭肝微煎至表面酥脆后烤熟；大豆苗则爆炒后压模塑形。

摆盘方法

1

使用小汤勺将南瓜泥、甜菜泥、胡萝卜泥在盘子的一侧进行点缀，量不需太多，本道摆盘的色彩应用不必占据过大面积。

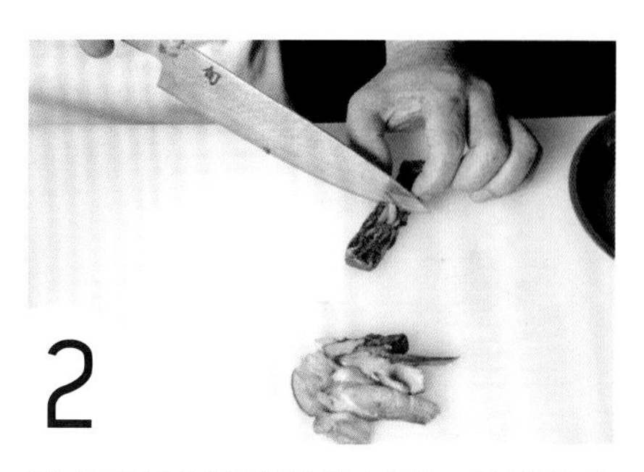

2

将大豆苗以模具塑形成四方形，切成适宜的大小，作为食材堆叠的基底。

3

摆放上豆苗砖后，缀以小红洋葱、蘑菇泥，并用汤勺点上红酒酱汁，增加色彩错落的层次感。食材与酱汁之间各自保留相当距离，避免混淆色彩，也保有视觉呼吸的空间。

4

放上玉米鸡，两块竖放，两块横放在豆苗砖上，其上再堆放煎好的鸭肝。置放主食材时需留意勿触碰到其他蔬菜泥或小红洋葱等，尽量使用镊子，比筷子容易掌控且稳定。

5

主食材布局完成后，即可加入最后的点缀，由于本道摆盘的食材皆是分开置放，食用花草的点缀，不须太多，与酱汁或主食材搭配画龙点睛即可。

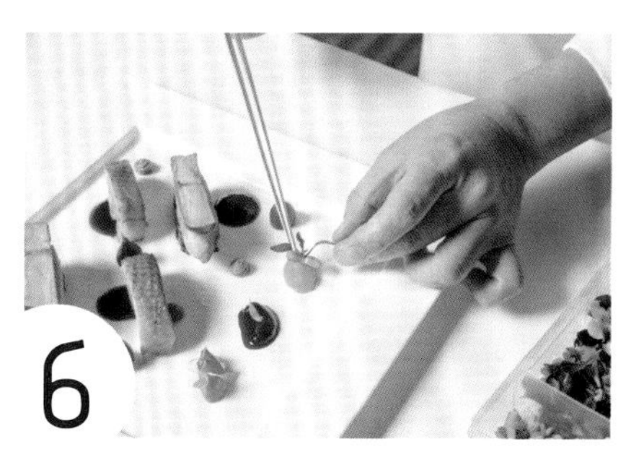

6

以镊子加入各色食用花草，南瓜泥与胡萝卜泥等橙色酱汁上，可搭配荞麦苗等绿色叶子，颜色较重的甜菜泥与鸭肝上，则可加入黄色菊花瓣提升彩度，营造出缤纷热闹的气氛！

单一色系的运用 | 技法 13 **深色系的配色应用**

呈现食材原貌，强化色彩存在感

主厨　蔡世上
寒舍艾丽酒店 La Farfalla 意式餐厅

清蒸黄金龙虾搭配意式手工面饺海鲜清汤

龙虾头本身是食材的象征，亦是具有磅礴气势的摆饰。相较于龙虾头较为雄伟的造型，略为圆润弯曲的龙虾尾，显得小巧珠圆，搭配米黄色的意大利面饺、淡雅绿色的节瓜球、浓黄色的南瓜球与紫红色的甜菜根，为汤品增添玲珑典雅的视觉感受。

材料｜龙虾、意大利面饺、海鲜清汤、南瓜球、节瓜球、甜菜根片、红酸模、百里香等。

做法｜龙虾以带壳蒸的方式锁住肉汁，加入用杜兰小麦粉及蛋黄等制成的手工意大利面饺等，最后淋上鲜香浓郁的海鲜清汤。

摆盘方法

将龙虾头放置于正中心前方，倚靠盘子宽幅弧度，塑造生动的立体感。龙虾尾则靠左侧斜放于盘心。

由于龙虾头是摆饰的焦点，因此在摆放时，可让龙虾头立起以显示视觉的张力；要让龙虾头立起，盘面要既深且宽，若龙虾头向后滑退，可于后方摆放食材，使其固定。

将意大利面饺置于龙虾尾右侧，再放上以挖球器挖成圆形的南瓜球、节瓜球。

放上不同纹样与色彩的紫红色甜菜根片，小配菜的细节如能愈细腻，相对之下主食材会显得愈精致。

淋上海鲜清汤，加上红酸模与百里香装饰，摆盘即完成。

同色系食材应用，拓展色彩深浅层次

主厨 蔡世上
寒舍艾丽酒店 La Farfalla 意式餐厅

栗子熏鸭浓汤佐帕玛森起司脆片

此道栗子熏鸭浓汤，以棕褐色为色彩主调，在设计摆盘时，主厨加入食材色系的层次感。透过与汤品颜色相近的起司脆片，延伸了料理色系的丰富度。另外，透过橄榄油的滴入，在汤品的表面加入画盘效果。将起司脆片横贯于盘面，使得料理中心除了汤品外，盘面上也带有食材演绎的俏丽风情。

材料 | 法国栗子、鸡汤、鲜奶油、奶油、洋葱、胡萝卜、马铃薯、熏鸭、帕玛森起司脆片、绿生菜、食用花、橄榄油、红酸模、雪豆等。

做法 | 先将洋葱、胡萝卜、马铃薯等以橄榄油低温拌炒，加入法国栗子及鸡汤慢火熬煮，将栗子炖烂后，再用果汁机打过，加入鲜奶油、奶油，制成栗子浓汤。

摆盘方法

料理主色是棕褐色，运用同色系，先取一浅色的帕玛森起司脆片，在其上放入绿生菜，进行点缀。

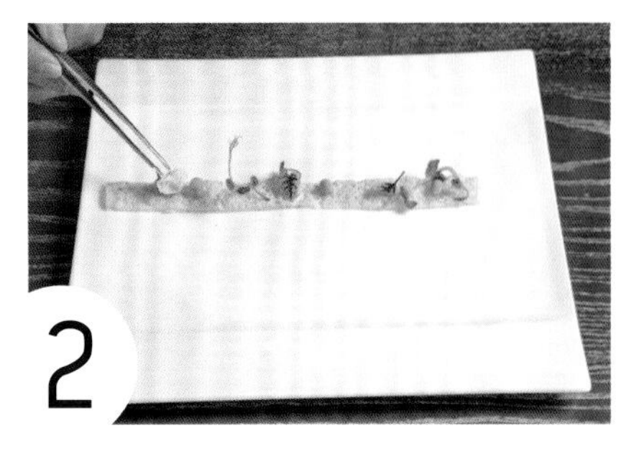

接着加入红酸模与雪豆，形成田园印象的气质。

再加入黄、红、紫等色彩的食用花，缀放于帕玛森起司脆片上，加入鲜艳亮彩的颜色，带出视觉焦点。

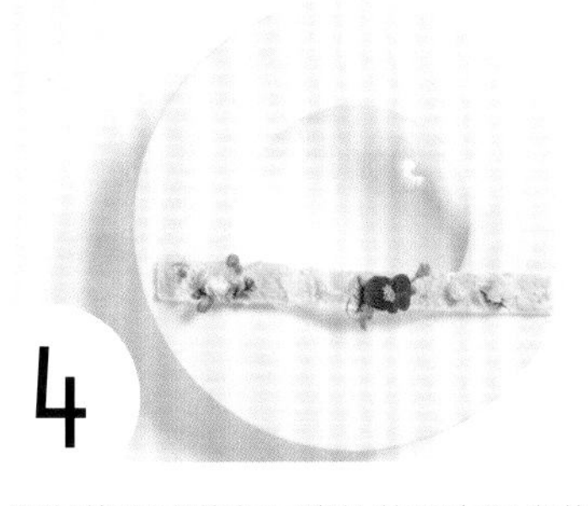

将装饰完成的起司脆片放置在汤盘的下方，使盘面呈现长条横跨的造型。

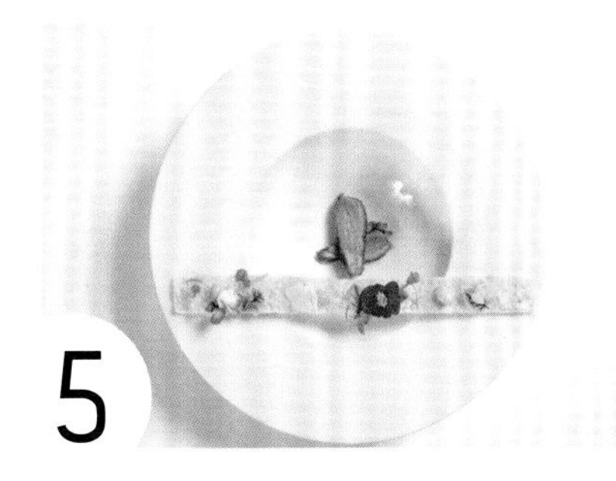

将熏鸭肉片以交叠的方式，置放在汤碗的中心。

以汤勺将栗子浓汤舀入碗中，再以绕圆的方式淋上橄榄油，即完成汤面与盘面上皆带有配色层次的摆盘。

三色面包做出艳丽花环，创造深反差的神秘料理

西餐行政主厨　王辅立
君品酒店 云轩西餐厅

北海道干贝与龙虾泡沫

以白色立体凹纹的食器作为深色料理的表现基础，其凹纹如同海里的岩石。潜入海中才能抓到新鲜的扇贝，因此在摆盘上，将干贝藏匿于最底下，选择以三色面包片配色，再以特殊的泡沫酱汁覆盖，营造海面拍打出的浅浅浪花，享用时让人充满惊奇与喜悦。

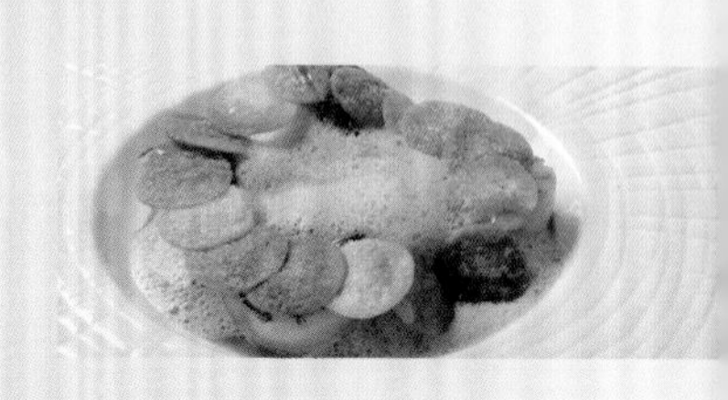

材料 | 干贝、龙虾壳、番茄、蔬菜料、龙虾汁、大豆卵磷脂、三色面包片等。

做法 | 将干贝煎上色后备用。将龙虾壳、番茄、蔬菜料熬煮为酱汁，再加龙虾汁与大豆卵磷脂，采用均质机打成泡沫，即可进行摆盘。

摆盘方法

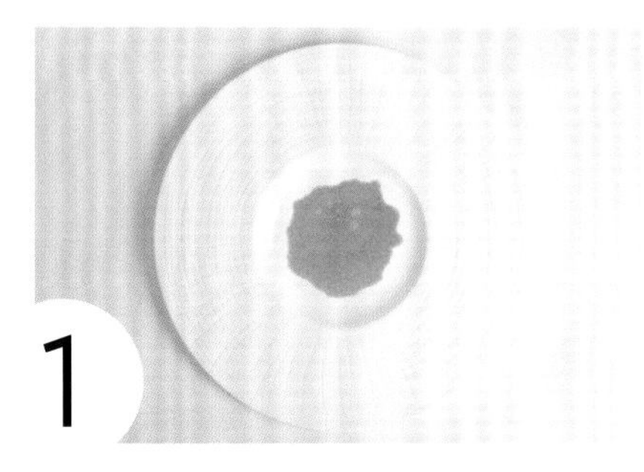

将龙虾汁倒入浅盘中。

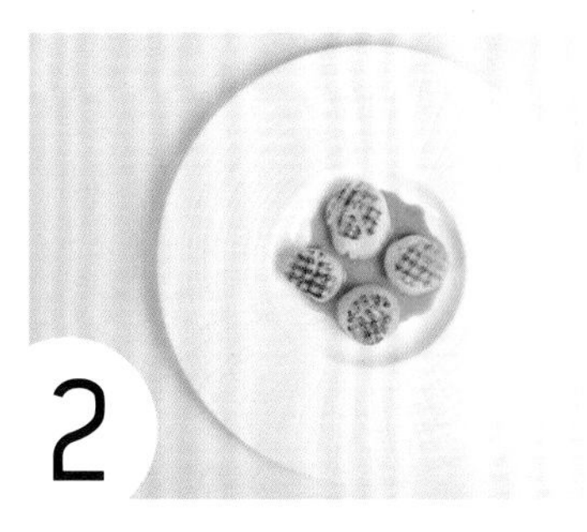

平铺上煎好的干贝。

以红、绿、白三色交错的方式，摆放烤面包片。三色面包主要为了让干贝的色彩跳脱出来，在摆放时可上下交叠，变化出面包片的层次感。

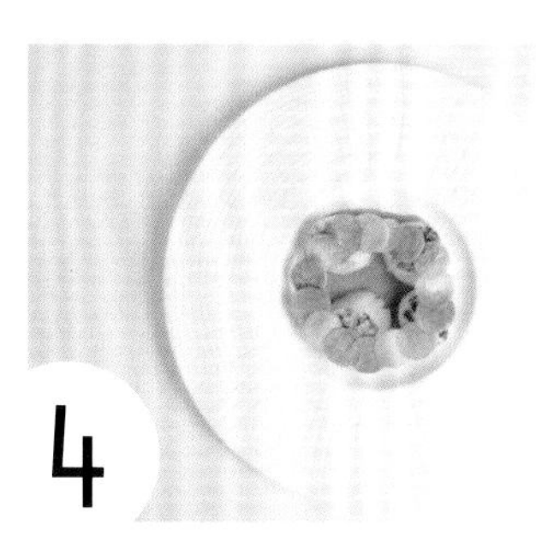

摆放三色面包片时，可顺应食器造型，重叠排列为圆环。

在盘中央填入龙虾泡沫，增加摆盘质感的变化。

泡沫的量，可加到其完全覆盖干贝为止，让干贝呈现出一种若隐若现的神秘感，即完成摆盘。

白色点缀，对比色彩轻重节奏

主厨　许雪莉
台北喜来登大饭店 Sukhothai

宫廷酸甜杨桃豆沙拉

本道料理的食材都混合在一起，且料理彩度高，颜色亦较深。此类料理摆盘即可应用色彩的对比，烘托出料理主体的色系。选用洁白纯净的浅盘为其展演舞台，将混合食材集中装盛于盘中，上方堆叠的暖阳橘黄水煮蛋与鲜红虾子，亦与深绿杨桃豆形成对比。跳脱食材摆放位置的经营布局，有效应用色彩亦可呈现出混合料理的鲜明朝气。

材料｜杨桃豆、鲜虾、猪肉末、洋葱、辣椒、柠檬汁、鱼露、特制葱酥、椰子粉、水煮蛋、椰奶、花生粉、酱汁等。

做法｜先将杨桃豆与鲜虾、猪肉末等材料汆烫，再将杨桃豆切片。

摆盘方法

将杨桃豆、鲜虾、猪肉末、洋葱拌入用辣椒、柠檬汁、鱼露特调的酱汁。

将拌后的食材，堆叠放入白色浅盘中心，并将鲜虾挑出摆在上面，带出视觉的满盛丰富感。

撒上花生粉、椰子粉、葱酥。放上一勺白色椰奶，加入色彩的焦点。

椰奶放置在顶端，量也不需太多，因为此类混合摆放的食材，料理的焦点已堆叠于盘中心，椰奶的加入可点出食材高度及分量感，并形成强烈对比，因此不宜过多，以免破坏口感与视觉均衡。

于盘周四角用酱汁勾勒画盘线条，加强配色的层次美感。

于食材四周，环状摆放切角的水煮蛋，呼应顶点的白色，并强化周边色彩轻重的对比，摆盘即告完成。

确立主色，深浅一线的色系延伸效果

西餐行政主厨　王辅立
君品酒店 云轩西餐厅

奶油起司甜菜饺

料理的主题是甜菜根，主厨在设计上使颜色由深红到浅白，呈现出单一色系、深浅层次变化的趣味。此外在食器的搭配上，选用带有圆形凹陷图案的长盘，原有的凹度做出立体层次，搭配各色不同的圆形；长盘则可线性排列出色彩层次，让视觉带有连续性。

材料 | 甜菜根、起司乳酪、吉利丁片、樱桃萝卜、糖霜片、羊乳酪、蛋白霜等。

做法 | 将甜菜根汁混合吉利丁片制成甜菜根冻后备用，将羊乳酪与蛋白霜做成立体造型乳酪蛋白，即可进行摆盘。

摆盘方法

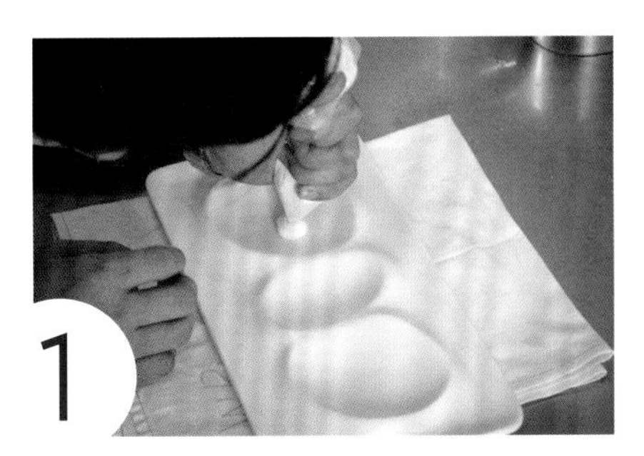

于盘中三大凹槽处，挤上三坨起司乳酪。

在三坨起司乳酪中间再挤入两坨小的起司乳酪。

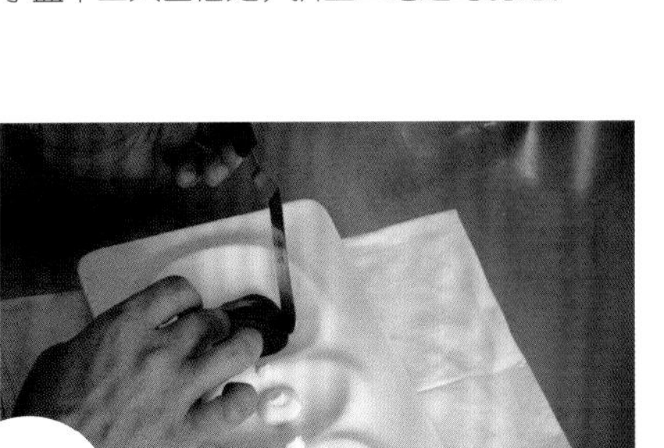

在最左边的乳酪上，盖上比乳酪尺寸大一圈的甜菜根冻。

由左至右，以上下些微交叠的方式，铺盖不同品种的甜菜根片、樱桃萝卜片，中间加入较厚的糖霜片，变化厚薄立体感。

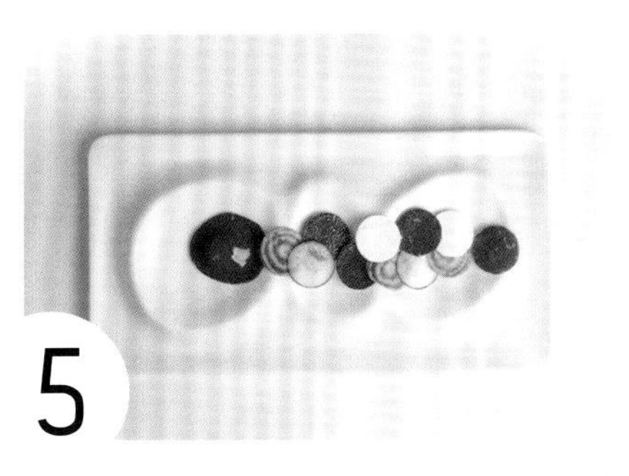

由左往右以直线方向叠放甜菜根片与樱桃萝卜片时，维持色彩轻重相隔的节奏，让红色系延伸至盘尾。

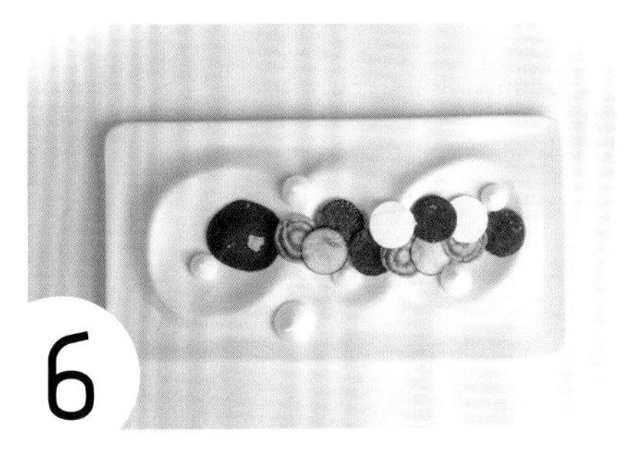

最后加入有立体高度的羊乳酪蛋白霜，即完成摆盘。

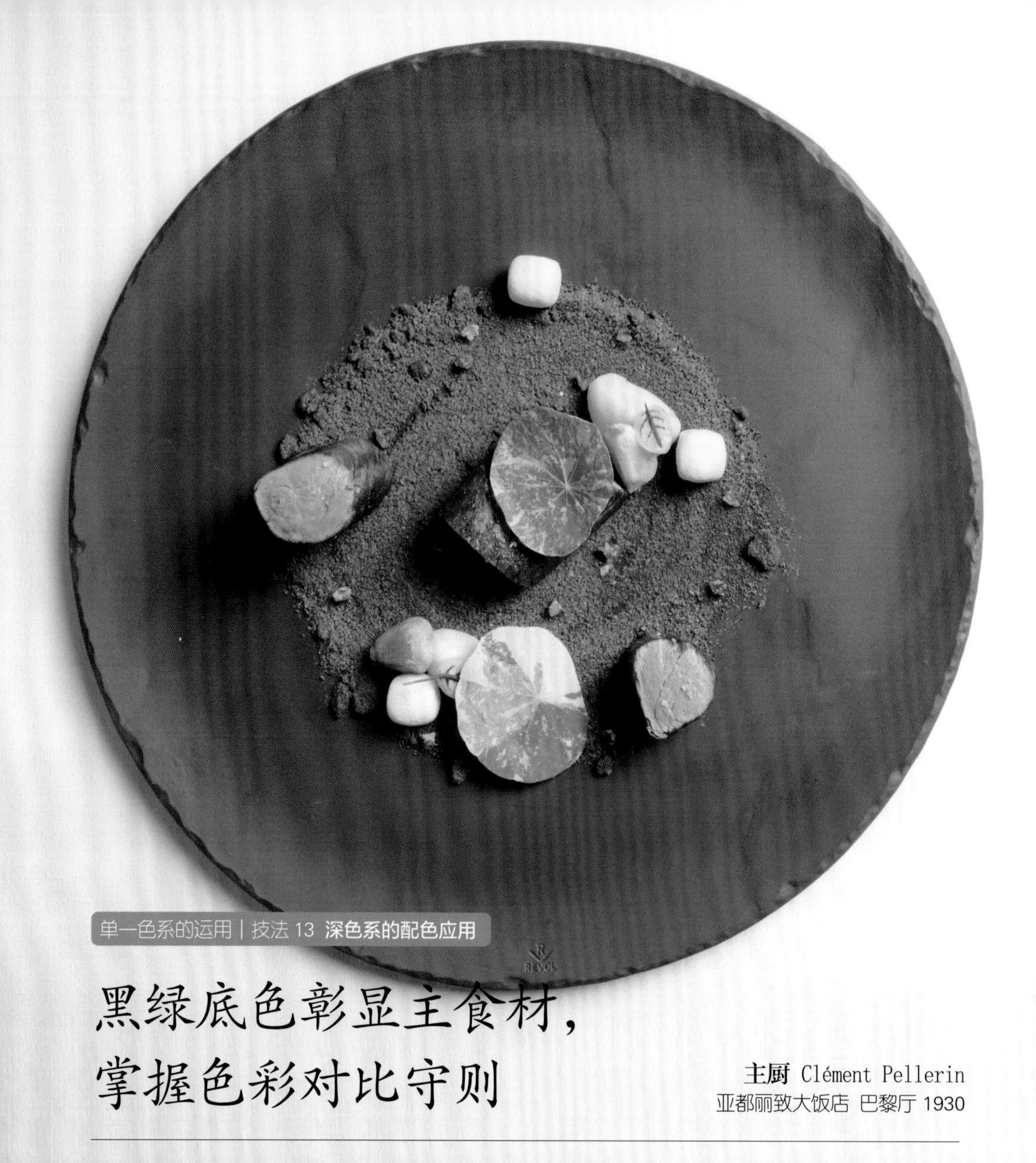

黑绿底色彰显主食材，掌握色彩对比守则

主厨 Clément Pellerin
亚都丽致大饭店 巴黎厅 1930

小麦草羔羊菲力搭新鲜羊乳酪

来自法国的克莱蒙主厨认为，日常生活里所见皆能成为摆盘时的灵感来源，而此道摆盘便应用了纯法式的料理想象，以羊儿在草原吃草的美妙意境为主题，运用小麦草绿，烘托羔羊菲力。主厨特意选用黑色圆盘与小麦草粉进行跳色，于盘中心将小麦草粉铺成圆形，临摹森林里的草地；羔羊菲力则切为三块，分别以立躺交错的形式，经营高低趣味，粉嫩的羔羊肉色与小麦草粉的绿带来第二层次的对比。

材料｜羔羊菲力、羊奶、小麦草粉、薰衣草、大蒜、羊乳酪、红酸模、金莲花叶、盐等。

做法｜将羔羊菲力用大火煎至三分熟，切为三块，待摆盘使用。新鲜小麦草经过急速冷冻后取出，打成粉末，待摆盘使用。酱汁则以新鲜羊奶与薰衣草混和调制而成。

摆盘方法

1

用汤勺挖出适量的小麦草粉放于黑盘中心。

2

以汤勺背面轻轻往外画圆，使小麦草粉面积延伸为黑盘的 1/2；小麦草粉由冷冻室取出时颜色较浅，铺画完毕后，可用加热灯回温，使其恢复较深的颜色。

3

在小麦草粉上加入三块羊乳酪，并在羊乳酪之间抓出圆形小麦草粉的内圈，在内圈直径的两端，放入两坨大蒜泥与两颗大蒜。

4

羔羊菲力切为大小相同的三块，在盘中央以横躺的方式摆放一块，棕色煎面朝上。

5

剩下的两块则以立站的方式摆放，让粉红色切面朝上。羊肉与羊乳酪的布局成两个交错的三角形。在羔羊菲力上撒少许盐。

6

在大蒜泥旁边点缀两片红酸模，在羔羊菲力与蒜泥旁点缀两片金莲花叶，并在盘面中加入少许紫色薰衣草花瓣，营造出小羊于草原吃草的奇幻意境。

依循食材既有色系，映衬料理主体

主厨　詹升霖
养心茶楼

豆酥白衣卷

在食器上衬垫叶片是摆盘常见的方式，倘若在食器与素材下点功夫，便能延伸料理的色彩意境。此道摆盘应用了弧形白盘的轻描水墨，加入常见的竹叶自然素材，简单的搭配观念，更突显了单一食材的清爽与自然感受。

材料｜豆酥、生豆皮、高丽菜、竹叶、盐、白糖、辣椒酱等。

做法｜将整颗高丽菜以热水烫熟后泡入冷水，一片片完整地拨下菜叶，包上生豆皮，加入少许盐蒸 4 分钟后切块待摆盘备用。豆酥以白糖和辣椒酱炒香备用。

摆盘方法

选择与弧形盘大小相同的竹叶正面朝上放入盘里。

将高丽菜叶包上生豆皮，蒸制，完成后即得高丽菜白衣卷。

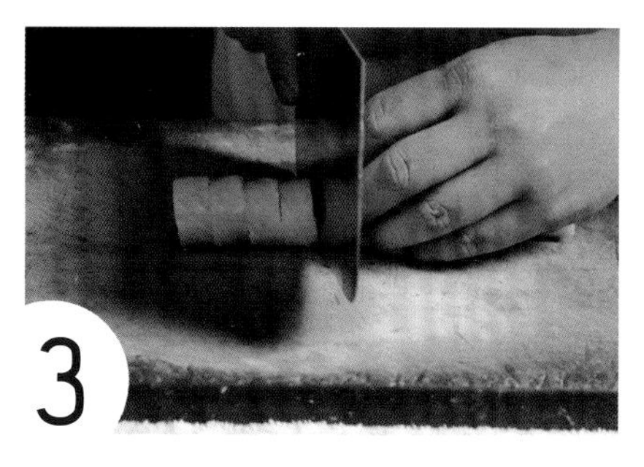

将高丽菜白衣卷切块，切块尽量大小一致。

以斜躺堆叠的方式，将高丽菜白衣卷放入弧形盘的竹叶上，顺应食器造型，形成视觉的流动感。

最后用汤勺撒上炒香的豆酥，摆盘即告完成。

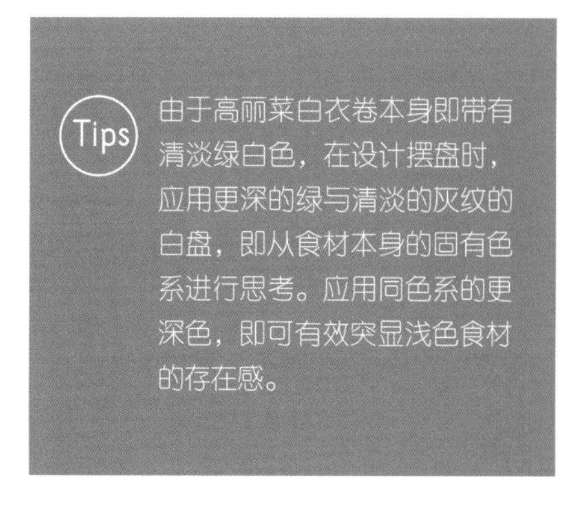

黄绿做出色彩对比，突显主体的洁白之美

品牌长　罗嵘
汉来大饭店 国际宴会厅

黄烩海皇蒸年糕蛋白

为了让主体的蛋白高汤更为显著，主厨先是选用了不规则边的汤碗突显碗中之物，接着再以明亮的金黄色泽的金汤海鲜，以及多种深浅层次的绿色蔬菜做出强烈对比，让白看起来更为洁白，最后撒上浅粉火腿末，让视觉移动集中，欣赏白的无瑕风雅。

材料 | 年糕、海鲜高汤、蛋白、明虾、干贝、南瓜、胡萝卜、鸭肉、青江菜、豌豆仁、切片芦笋、新鲜茴香、绿卷须、金华火腿等。

做法 | 将南瓜、胡萝卜、鸭肉熬煮成广东菜俗称的金汤，烩煮明虾及干贝。再将青江菜、豌豆仁、切片芦笋煮至微软的口感，金华火腿剁碎后，即可进行摆盘。

摆盘方法

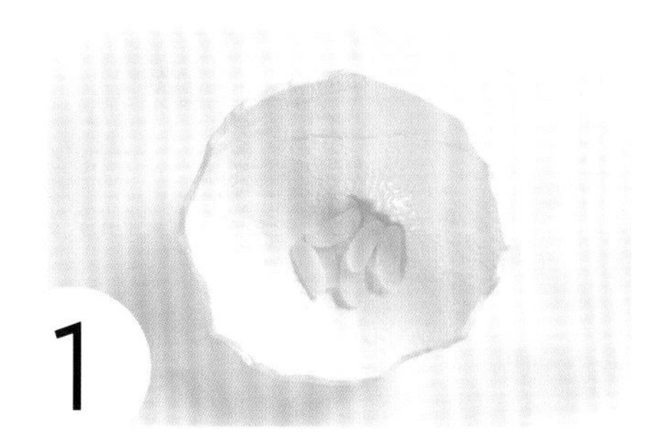

在造型特殊的蛋状汤碗内放入年糕。

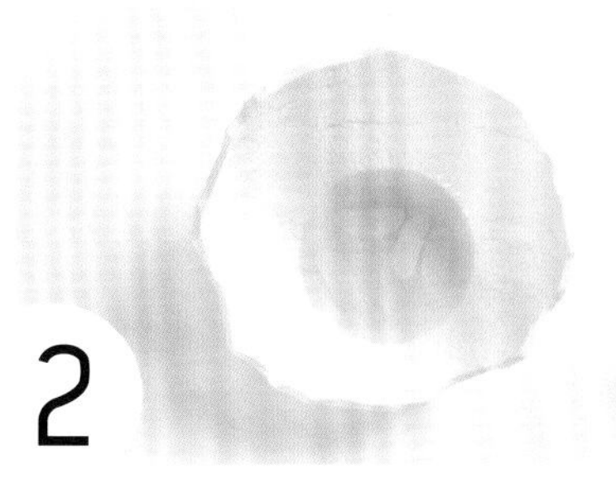

倒入海鲜高汤与蛋白后，蒸熟。

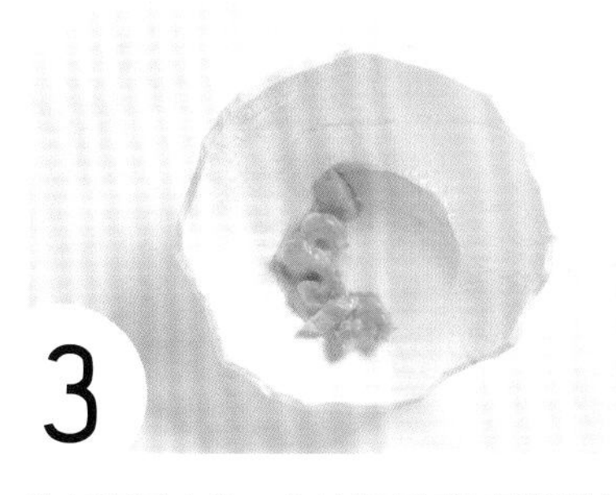

为了突显白色，食材的布局也刻意留白，弧状排列的食材与大面积留白，相互平衡，充满了东方思想中虚实相映的趣味。在碗内左侧摆放上以金汤烩煮好的明虾及干贝，沿着碗缘排列出一道弧线。

于金汤明虾干贝的空隙或周边，放上煮软的青江菜、豌豆仁、切片芦笋。

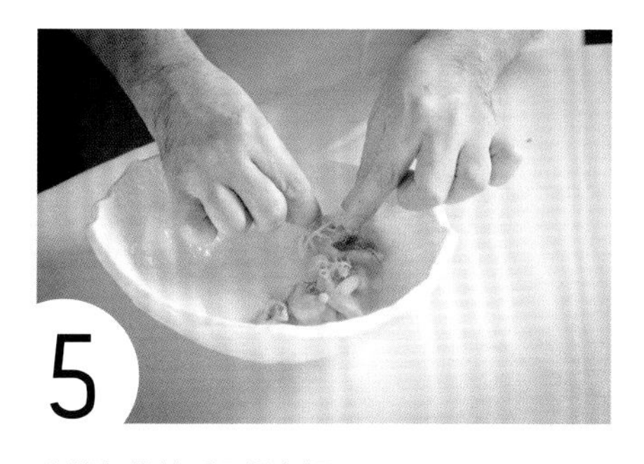

点缀新鲜茴香及绿卷须。

最后于蛋白部分撒上金华火腿末即完成摆盘。

白盘加白，覆盖后再露出的食材跳色

料理长　羽村敏哉
羽村创意怀石料理

牛肉

咖啡色的烤牛肉，切面后的粉红色则是摆盘的关键。摆盘时选用带有白刻花纹的圆盘，繁复的刻纹具有低调与收敛的美感，加入大量的白色酱汁，即便盘中取白色为主要基调，仍可区分出材质与光泽的不同，少部分粉红与鲜明翠绿的露出，便可让视觉跳出，衬托明确焦点。

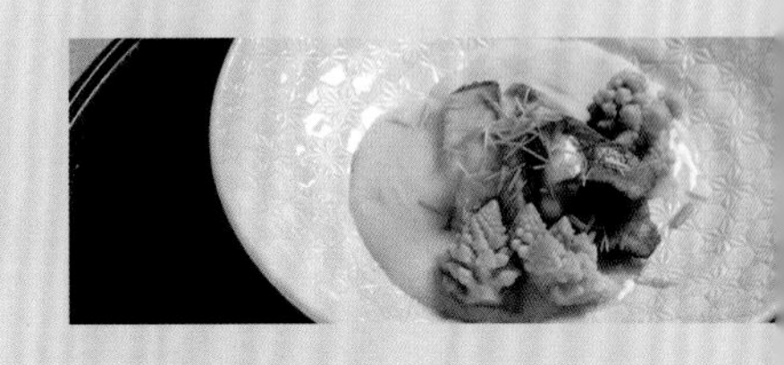

材料 | 牛肉、罗马花椰菜、芽葱、白子、高汤等。

做法 | 将牛肉烤至五分熟。

摆盘方法

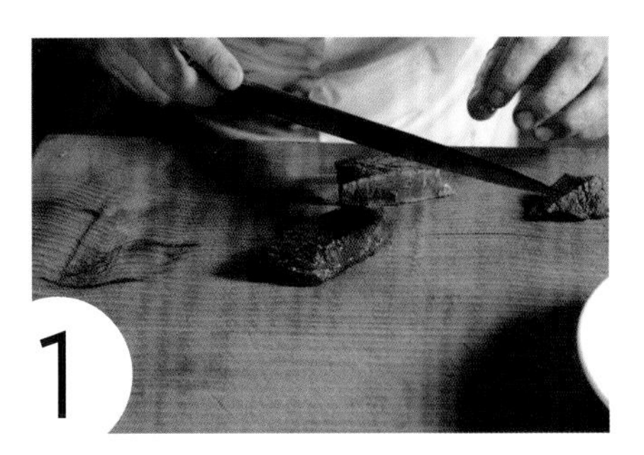

将烤好的牛肉切片，肉片的分量建议不需太多，让摆盘维持适当的比例为宜。

以高低堆叠的方式，把牛肉切片放入盘中，粉红剖面朝上，分为两层叠出高度。

淋上白子与高汤调配的酱汁，不要完全覆盖牛肉，保持部分原始肉色。

在牛肉的两侧放上罗马花椰菜，应用清鲜的绿色，带出料理的清爽感。

最后在酱汁表面撒上切成小段的芽葱即完成摆盘。

鲜嫩草莓夹心，诱发酸甜滋味

主厨 Fabien Vergé
La Cocotte

季节草莓佐青苹果橙酒酱汁

传统法国点心在主厨巧手改良下，于草莓和卡士达酱上层加入结冻状糖片，口感丰富，鲜嫩草莓与糖片结合出甜蜜滋味。此料理本身的色彩极为素雅，主厨选择将料理中色彩最重的红色，以半透明糖片遮掩住，让摆盘的色彩呈现出朦胧的浅淡印象，周围淋上青苹果橙酒酱汁，让淡色延伸，清爽简约。

材料｜草莓、卡士达酱、杏仁蛋糕、糖片、青苹果橙酒酱、蛋白等。

做法｜将蛋白打发至七分硬，放入低温烤箱烤至酥脆，即为蛋白霜饼。

摆盘方法

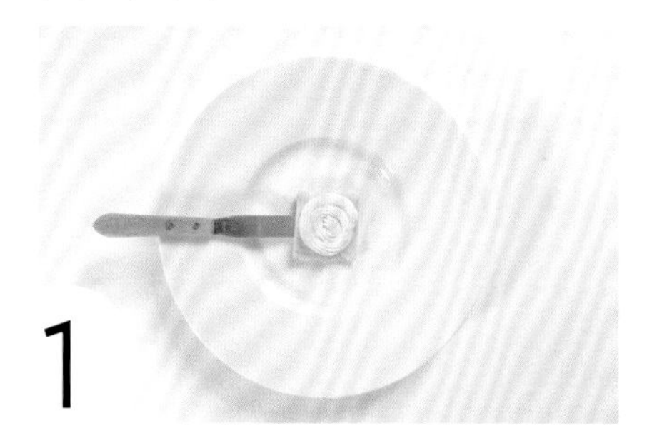

在白盘中央放入一片正方形的片状杏仁蛋糕，并于其上挤入一圈卡士达酱。

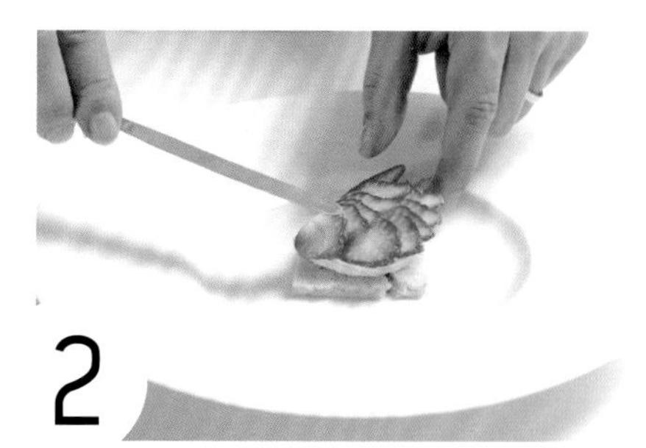

将草莓切薄片，并轻轻向旁滑开形成扇形后，在卡士达酱的上方放入两排。

利用刨丝器，刨切蛋白霜饼，式蛋白霜粉屑撒落于草莓扇的上方。

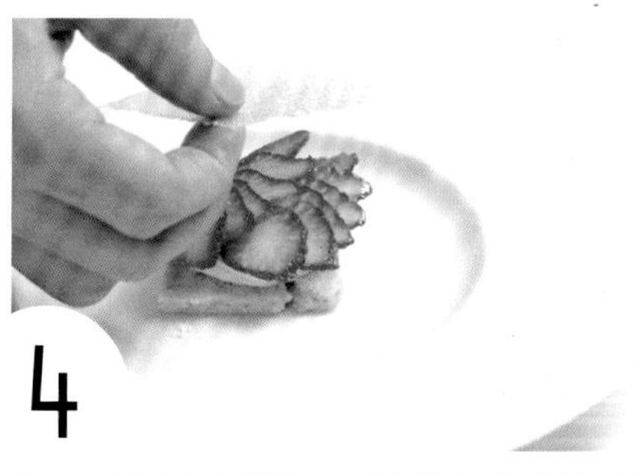

把一块与杏仁蛋糕相同尺寸的半透明糖片叠放上去，用半透明的糖片，遮掩料理中最重的红色。

由于此道甜点的色彩较为素雅，端上桌前，在甜点周围与上方淋上一圈青苹果橙酒酱汁，运用酱汁颜色，让色彩延伸到甜点主体的周边，即完成摆盘。

浅色置底，上方变化鲜亮佐饰

主厨 Richie Lin
MUME

红鲋鱼

由于红鲋鱼肉的色彩偏浅，因此在摆盘上刻意选用一个盘面宽大，弧度较浅的墨色圆盘，借此对比淳美肉色。摆盘的布局使其聚焦于中，运用圆形模具将半透明的生鱼薄片塑形，上层再以食用花铺设一层多色佐饰。粉嫩柔软的鱼肉纤维呈现细密线性分布，清爽配色与深色食器形成鲜明对比，最后透过大量的盘面留白，则可有效集中配色的效果。

材料｜红鲋鱼生鱼片、昆布、柠檬皮、腌小黄瓜片、柳丁块、芹菜末、芹菜叶、炸小米、芹菜花、油菜花、樱桃萝卜花、琉璃苣、韩国辣椒粉等。

做法｜红鲋鱼生鱼片加昆布、柠檬皮腌制。

摆盘方法

把圆形模具放置于黑色圆盘中心，将红鲋鱼生鱼片平铺于内。

再于模具中加入清透的绿色腌小黄瓜片，让小黄瓜片呈三角形摆放在周边。

同样以三角形的方式，在模具中放入柳丁块，与小黄瓜片位置交错，并于空隙处以小堆的方式，均匀而错落地撒上芹菜细末与炸小米。

小黄瓜片与柳丁块形成两个方向相反的三角形。

放上芹菜叶、芹菜花、油菜花、琉璃苣等点缀。

最后将圆形模具拿起，放上粉红色的樱桃萝卜花后，均匀撒上韩国辣椒粉，即完成摆盘。

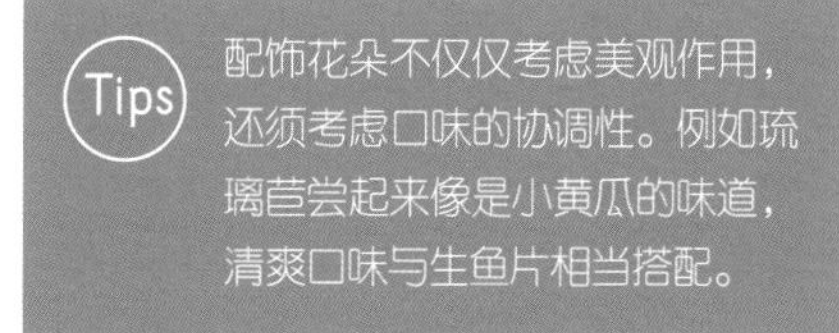

配饰花朵不仅仅考虑美观作用，还须考虑口味的协调性。例如琉璃苣尝起来像是小黄瓜的味道，清爽口味与生鱼片相当搭配。

三色变化，呈现蔬菜的清新气息

主厨　徐正育
西华饭店 TOSCANA 意大利餐厅

水牛乳酪衬樱桃番茄及腌渍节瓜

以红、绿、白三色作为配色主角，展现意式料理最纯净的自然三原色，并强调配色之美。掌握简单的配色原则，精简食材元素，以两两一组的方式，相互映衬。纯粹应用食材自身的色彩打开味蕾，带出深浅交错的漂亮层次。

材料｜水牛乳酪、樱桃番茄、节瓜、罗勒、芝麻叶、奥利岗、海盐、胡椒、橄榄油、陈年老酒醋等。
做法｜将节瓜切成薄片，樱桃番茄对切，水牛乳酪以手捏的方式捏成块后，即可开始进行摆盘。

摆盘方法

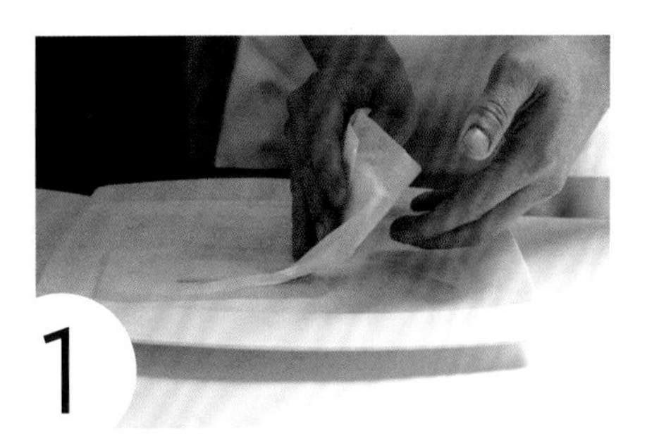

1

摆放节瓜时，可先把节瓜直接摆放在干净纸布上，再将放有节瓜的纸布倒扣于盘中，即可在不破坏节瓜外形的状态下，完美演绎节瓜垫底。

2

将节瓜置于盘中后，可用刮刀微调，使其排列整齐。

3

在节瓜片上摆放对切的樱桃番茄，摆放时可让番茄正反面交错，变化质感。

4

接着放上手捏的水牛乳酪，加入第三种色彩元素。

5

摆放水牛乳酪时可以倚靠在番茄上，让色彩聚集，两两一组，相互对比。

6

在盘中撒入海盐、胡椒、橄榄油、奥利岗提味，并于红白相间处，点缀芝麻叶及罗勒，并浇淋上数滴陈年老酒醋完成摆盘。

粉嫩浪漫的樱花之美

料理长　五味泽和实
汉来大饭店 弁庆日本料理

蒸物

以粉嫩色作为配色基底，呈现浪漫春意的樱花之美。由于此道料理食材多元，因此在进行摆盘布局时，也加入了许多不同的变化。在布局时，由于主要食材皆为浅色，因此先垫衬一片樱花叶，突显食材，做出粉绿相间的自然层次。食材摆放时，掌握深浅、亮暗之间的对比关系，让食物自然进行色彩对比，并与碗缘的浅浅粉红相互呼应。而在享用时掀开碗盖的刹那，香气鲜味涌出，色香并呈，令人陶醉。

材料｜樱花叶、百合根万十、樱鲷、高野豆腐、岩海苔、荞麦面、腌渍樱花、胡萝卜、麸、高汤等。

做法｜将各个食材依需塑形修饰，荞麦面微汆烫，即可进行摆盘。

摆盘方法

在食器上铺上樱花叶作为基底。

于樱花叶位置的下方三分之一处，交错摆放上高野豆腐与岩海苔，延伸视觉变化。

放入汆烫后的荞麦面，不需要一束摆放，可拉出流动的线条感。

放入樱花瓣造型的百合根万十，以及一枝轻巧的腌渍樱花，丰富浅色系的色彩变化。

加入麸、樱鲷肉，并点缀胡萝卜花瓣，确定摆盘的布局。

最后浇淋上高汤。摆盘布局虽复杂，但食材与食材之间其实具有色彩对比，食器与最后浇淋的高汤，更可统一整体料理的色调。

寒暖交错，
相互映衬的多彩花环

主厨　杨佑圣
南木町

低温熟成羔羊排

呼应盘子的内外圆圈，采用花环般的概念构思，以主食材的暖色为基底，搭配上跳色的亮蓝、翠绿与鲜红，交杂于生菜之中，如同春季大地盛开的繁花，各尽其职绽放自我光彩。此料理的摆盘并不刻意突显主食材，因此将其形体大小，切成与生菜相似的尺寸；尽管食材的大小相近，但透过暖寒色彩的并置，便可营造出丰富且带有强弱节奏的盘饰效果。

材料｜羔羊排、竹炭雪花盐、生菜、巴萨米克黑醋、食用樱花、红蓝蕾丝饼、炸意大利面条、蓝柑橘酒、蜂蜜黄芥末、蓝莓糖浆、覆盆子糖浆等。

做法｜将羔羊排放置在 30 ~ 60℃的真空环境中，以低温烹调法熟成后，以大火双面快煎。将蓝柑橘酒熬煮成糖浆。生菜剥成较小的叶片，即可进行摆盘。

摆盘方法

在圆盘的外缘，用巴萨米克黑醋先点上一个大点，在大点周围再点四个小点。

在四个小点上，使用牙签向外侧拉出画盘的线条，做出一个类似十字形的画盘表现后，在十字画盘左右两侧再加上数个画盘色点，让盘缘的重色延伸。

在盘中依序放入红绿相间的生菜，将生菜排列成圆环的造型，制造出一圈料理色彩。

把羔羊排切成小块，陆续放入生菜中间。

于羔羊排与生菜的空隙及上方，依序放上桃红色的食用樱花瓣、红色蕾丝饼，加强色彩与质感的变化，接着有间隔地放上蓝色蕾丝饼，用抢眼的寒蓝色，带出视觉的焦点。

在食材中加上炸意大利面条、竹炭雪花盐，用蓝柑橘酒糖浆、蜂蜜黄芥末、蓝莓糖浆、覆盆子糖浆的色点画盘，有间隔地加入寒色，平衡色彩的丰富性。

寒暖相对，
盘子与食材的色彩平衡

料理长　五味泽和实
汉来大饭店 弁庆日本料理

醋物

为呈现醋物料理的清爽开胃，以颜色为视觉导向。选用具有大量水蓝纹饰的小盘作为装盛食器，并加入鲜亮翠绿的小黄瓜、海带芽添色，做出带有层次感的深浅之绿，再佐以蛋黄色的醋酱增加色彩的分量感，让蓝食器与绿蔬的寒色，突显主食材橙黄的暖色，并达到配色上的完美平衡。

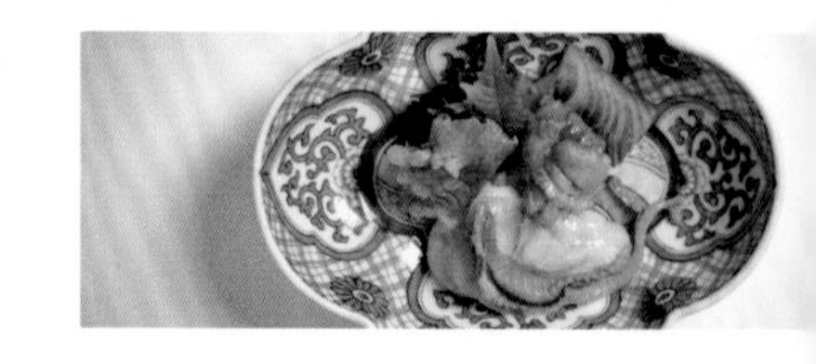

材料｜赤贝、黄味醋、小黄瓜、海带芽、紫苏等。

做法｜将小黄瓜及赤贝先经雕花处理，即可进行摆盘。

摆盘方法

将小黄瓜去头尾后，以斜刀方式划入瓜肉不切断，变化出繁复的线条。

将小黄瓜条切成段状进行摆盘。

在盘内右上放入两段小黄瓜，左侧放入海带芽，强化盘势气氛的冷调感。

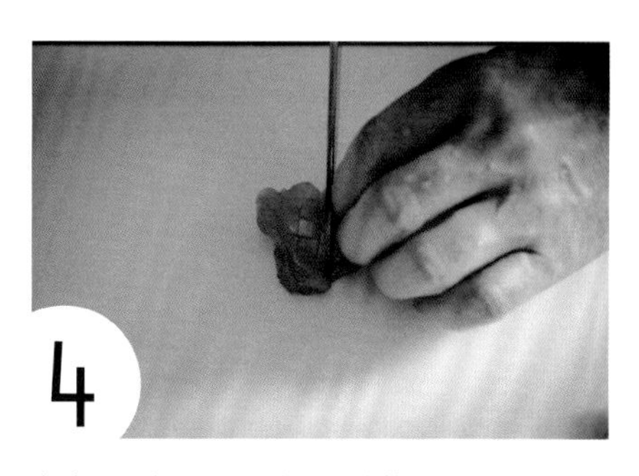

在赤贝上加入切花的刀工修饰。

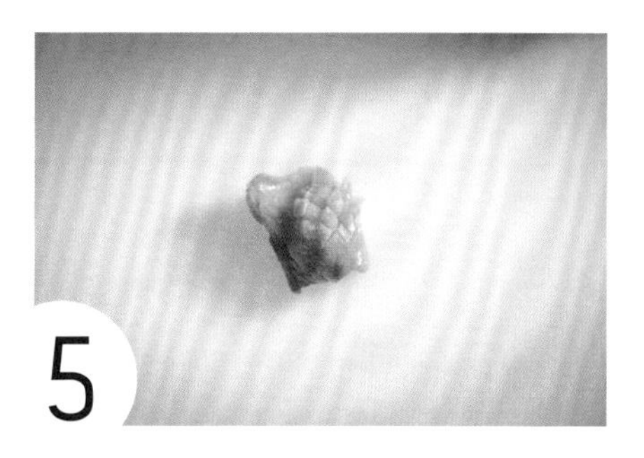

切割时采用十字刀的变化，制造细微的效果。

在小黄瓜与海带芽前方铺盖一片紫苏，放置赤贝后，在盘饰的最前堆挤入黄味醋，最后在黄味醋上摆放赤贝，摆盘即告完成。

运用食器图样，聚汇浅暖色系的视觉焦点

料理长　羽村敏哉
羽村创意怀石料理

鲜虾可乐球

小小的日本家常点心——可乐饼，金黄色泽令人口水直流，将其形状略改为圆球形。由于料理主体与酱汁皆为暖色，且仅有一单一料理主体，故在配色时可能会受到限制，此时便可以从对比的搭配进行思考，以可乐球的暖色作为色彩主调，搭配具有金边深绿色的圆盘，一方面可让料理跳脱出视觉的重色，同时盘缘的绿，亦可呼应表面撒缀的巴西里末，色彩的强烈感并未与料理相互抵触，同时也可确立摆盘的一致感。

材料 | 虾子、马铃薯、洋葱、牛奶、奶油、面粉、鸡蛋、特调酱汁、炸杏鲍菇片、巴西里末、芥末子酱等。

做法 | 将马铃薯、洋葱、牛奶、奶油、鸡蛋、虾子混合调理后，裹面粉捏揉成如棒球般大小的球体入锅油炸，即制成可乐球。

摆盘方法

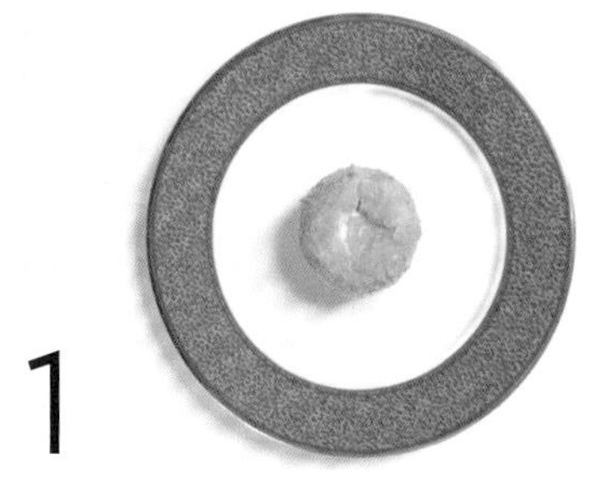

1

将炸好的可乐球放在盘中心，并在可乐球表面戳洞，以便浇淋酱汁。

2

在可乐球上淋上特调酱汁，让酱汁流入可乐球中，并让盘面填满酱汁颜色。

3

可乐球上放上炸杏鲍菇片，与金边圆盘相互呼应。

4

在表面点缀巴西里末，增添色彩，并在圆盘边缘的右下旁，放上小堆的芥末子酱，提供食用搭配，即完成摆盘。

浅色勾勒线条，深色收缩边线

行政主厨　蔡明谷
宸料理

酥炸鳕场蟹佐芒果酱汁

酥炸鳕场蟹的颜色橘红带淡黄，呼应料理的温热特质，故选用暖色系的芒果酱汁作为画盘基底，并勾勒出带有跳动感的弧线。但在酱汁画盘的周边，则加入了深色浓缩醋，为浅色食材外围进行点缀。这是为了使视觉达到收边与平衡的效果，不让盘中呈现过多的暖色，导致色彩无限扩散，适度地在摆盘的边缘加入少许深暗的色系，具有划出界线的效果，更能集中表现主食材的特色及盘面的留白。

材料｜鳕场蟹、无花果、芒果酱、甜菜根、白萝卜、水菜、浓缩醋等。

做法｜鳕场蟹裹薄面衣下油锅炸熟，将无花果去皮，把白萝卜及甜菜根切薄片以铁筷子卷起泡在冰水中定形，即可进行摆盘。

摆盘方法

选用左宽右窄的不规则长盘，于盘左的三分之一处，由下而上勾勒出芒果酱的画盘。

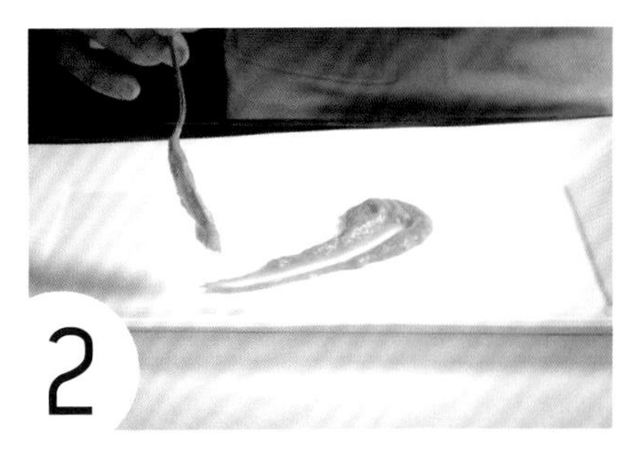

由于芒果酱稍稠，在画盘的起点放入较多酱汁，随着线条的拖曳，让汤勺尖与盘面维持约 90°，最后提起时，便可形成中央凹陷的酱汁画盘效果。

以交叉堆叠的方式，叠放长条状的鳕场蟹。由于鳕场蟹造型较不规则，叠放时可摆放较长的部位，较短的部位则可依照布局适时摆放。

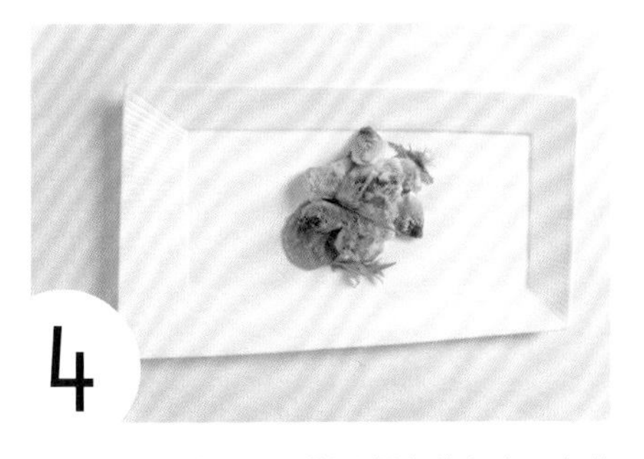

鳕场蟹位置确立后，则于摆盘的上中下方分别放入水菜，在整体盘势中变化色彩。

再于空隙中放上造型甜菜根及白萝卜卷。

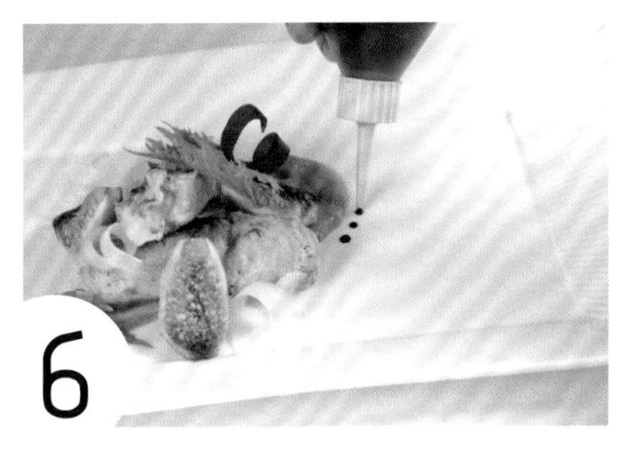

最后沿着芒果酱外围，点状滴入浓缩醋，成为左下及右上黄色酱汁的外框滚边。

镶填堆叠，变化色调交错意境

主厨　林凯
汉来大饭店 东方楼

黑蒜翠玉鲍鱼

素雅简单的料理，利用堆叠和镶填的方式即可加入色彩的交错变化。将不同颜色的食材填放在一起，即可做出色彩的交错变化。高汤的点缀，也使这道料理在整体配色上令人感到舒适，绿与黄的交错色调，和谐得恰到好处。

材料｜台湾丝瓜、大连鲍鱼、松露酱、蒜蓉、高汤、黑蒜、绿卷须、琵琶豆腐等。

做法｜将鲍鱼及丝瓜浸过高汤入味后蒸熟。

摆盘方法

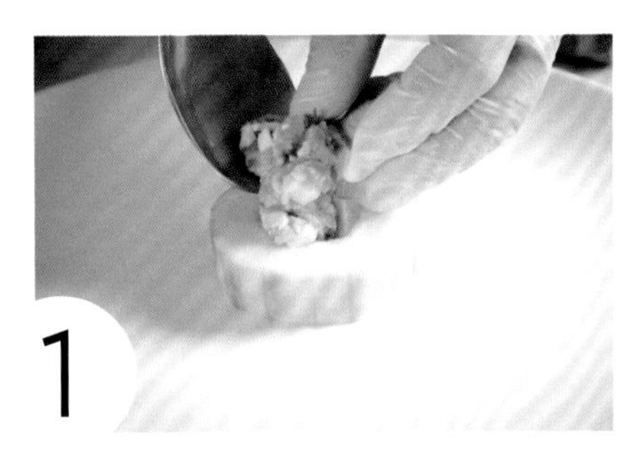

在挖空的丝瓜中间，装入琵琶豆腐，形成白绿相间的变化。

将琵琶豆腐丝瓜摆放于中央凹陷的圆盘中间。

将熬煮过的高汤以汤勺浇淋于丝瓜周围，注意汤汁不需过多，让丝瓜矗立于汤汁中，呈现静谧美感。

在丝瓜上摆放以松露酱与蒜蓉调味的大连鲍鱼。

大连鲍鱼上方再叠放一块黑蒜，加入重色。

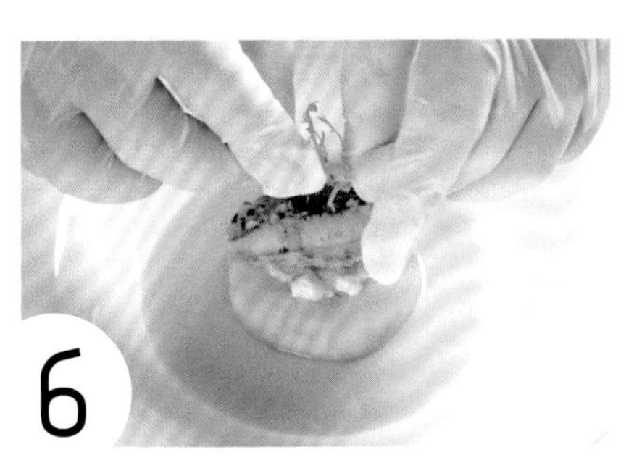

在黑蒜上方，摆放绿卷须，呼应丝瓜绿意，让整体色调统一。

简化料理色系，突显金箔奢华点缀

主厨　李湘华
台北威斯汀六福皇宫 颐园北京料理

芥末白菜墩

芥末白菜墩为传统北方料理，主厨保留白菜墩的口感与原味，但在摆盘上做出全新思考，将其创新为卷白菜的形式，置于勺中方便食用，另外加入金箔巧妙营造精致奢华感。摆盘先以奇异果片为底，除具有防滑效果外，在素白无华的食器上格外跳色，也与草莓形成对比效果。食材方面，若不习惯芥末酱的呛辣口味，可以加一些花生酱中和调味。

材料｜山东大白菜叶、芥末酱、金箔、奇异果、草莓、日本稻穗、薄荷叶等。

做法｜将山东大白菜烫熟后放入冰水冰镇后，卷成寿司状，切成适当大小，制成白菜墩。将奇异果切片。

摆盘方法

放上四片奇异果，主要作用为防止汤勺滑动，使用番茄亦可。

将已包卷好的白菜墩放入汤勺内，摆放于奇异果片上，摆放成 45° 。方便拿取之余，布局亦较有鲜活变化的感觉。

将草莓底部削平使草莓可站立，于顶端切割缝隙后，插入日本稻穗和薄荷叶。

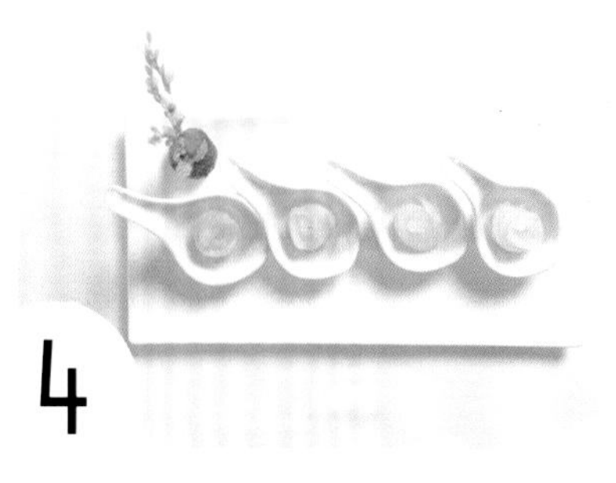

将插入日本稻穗和薄荷叶的草莓，放置在长盘的左上方进行装饰。

在白菜墩上淋上芥末酱后，再加入金箔提升料理精致度及奢华感。

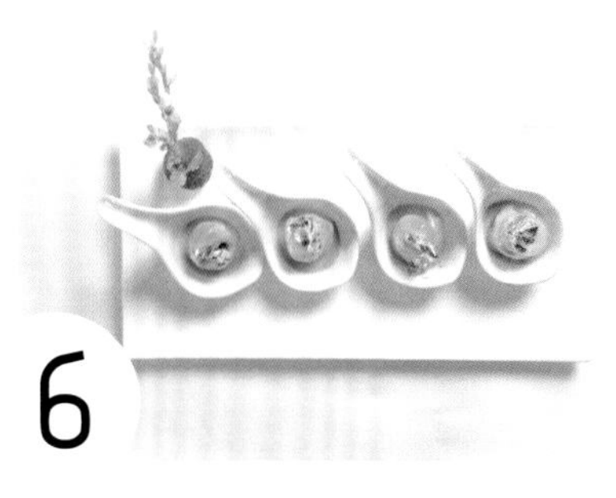

摆放金箔时，让金箔于料理上方处平铺展开，使之自然落下，会更具立体感，不须刻意让金箔伏贴在白菜墩上。

多色系的运用 | 技法 17 **水果丰富摆盘色彩**

单一食材，丰富多样的质地表情

主厨 Kai Ward
MUME

番茄

本道料理以番茄作为主体，运用不同种类与形态展现同一食材，丰富多样的质地表情。由于本道料理的色彩非常丰富，因此番茄上层加入花瓣与酸奶等轻亮色彩，则可点画出轻盈鲜爽的料理面貌。不同形态的表现包含番茄干与番茄果冻，盘景多彩之余，主厨希望营造出自然的生态意象，让人细细品味食物天然的美好。

材料｜圣女番茄干、多色番茄（日本金黄番茄、意大利金黄番茄、日本桃太郎番茄、荷兰芝麻绿番茄、圣女番茄、黑美人番茄）、番茄果冻、哈密瓜干、红酸模、紫罗兰、紫苏、枇杷、法式酸奶、黑胡椒末、芥蓝花等。

做法｜番茄切成块、片等不同形状。枇杷切片。

摆盘方法

先在碗内摆放上较大片的日本桃太郎番茄片。

接着放入荷兰芝麻绿番茄块、日本金黄番茄块，构成红、绿、橙三种颜色。

去皮圣女番茄放于三样衬底食材的中心，让盘面显得饱满。

周边加入意大利金黄番茄片，黑美人番茄切片并排摆放。

枇杷以片状立体的方式点缀摆放，再依序放入绿色哈密瓜干、圣女番茄干及番茄果冻，并轻撒上黑胡椒末。

在番茄表面，以镊子夹取红酸模、紫罗兰、紫苏和芥蓝花进行色彩装饰。添入法式酸奶后，即完成摆盘。

奇异果入菜，突显食材原色原味

主厨　连武德
满穗台菜

奇异果生蚝

以鲜黄柳丁铺底装饰，把生蚝壳放在苜蓿芽上，使生蚝壳不易滑动。生蚝壳是很出效果的食器。如以白虾仁与生蚝作为料理的色彩主体，摆盘的变化空间则较小。水果入菜的方式不仅有助味道的调和，色彩丰富度亦更为多元。除了奇异果，亦能以苹果代替，二者与生蚝搭配均有提鲜、提味的效果！

材料｜生蚝、奇异果、软丝、白虾仁、柳丁、苜蓿芽、特制泰式酸辣酱、胡萝卜雕花、海苔丝等。

做法｜生蚝、软丝、白虾分别烫熟。将软丝切片，白虾去壳、泥肠。奇异果切丁。

摆盘方法

将柳丁对半切，再切成半圆形的柳丁薄片。

将柳丁薄片分为相同的四份，以“阶梯状”摆放于盘面的上下左右，带出色彩的渐层感。

在柳丁切片的间隔处铺上苜蓿芽作为生蚝外壳底座，使壳面不易滑动，生蚝壳呈花瓣样式摆放，视觉层次感更加丰富。

于生蚝壳中放入白虾仁、生蚝，以及奇异果丁。

胡萝卜雕花以柳丁为基底，放在盘中央。雕花能与四周柳丁薄片呼应，俯瞰时可让整体摆盘带有花瓣状的放射效果与高度，但如缺乏中央摆放的雕花装饰，亦可直接摆放装饰用的小株花叶，带出中央的立体感即可。

在生蚝上淋上特制泰式酸辣酱，撒上海苔丝，色彩纷呈的摆盘即告完成。

运用花朵，演绎轻盈料理形象

主厨 Richie Lin
MUME

红鲋鱼

淡雅的盘面带有细格纹路，加入粉嫩色系红鲋鱼生鱼片，让摆盘呈现轻盈而温柔的气质。以生鱼片卷绕成花瓣形貌，加入柳丁块，粉与黄的映衬，增添了清新的情调。食用花与配饰则以芹菜作为主轴，芹菜末、芹菜花和芹菜叶均加以利用，不浪费食材各个部位，这是出自于北欧料理的简约初衷。

材料｜红鲋鱼生鱼片、昆布、柠檬皮、腌小黄瓜、柳丁块、金橘柠檬醋酱、芹菜末、芹菜叶、炸小米、芹菜花、油菜花、樱桃萝卜花、琉璃苣、韩国辣椒粉等。

做法｜红鲋鱼生鱼片加昆布、柠檬皮腌制。

摆盘方法

取 5 片红鲋鱼生鱼片，以侧边立起的方式，两侧往内圈卷绕，摆放在盘中。

排列时，将红鲋鱼肉模拟出梅花花瓣的样貌，形成摆盘的基本轮廓。

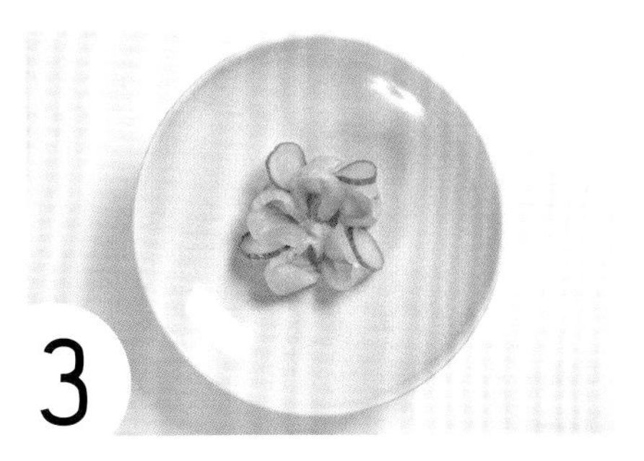

随着花瓣的弧度，在花瓣之间放上 4 片腌制的小黄瓜片，并在花瓣内侧与蕊心处塞入 6 小块柳丁块。

在盘中淋入金橘柠檬醋酱为生鱼片调味，并增加丰润感与光泽感；鱼肉上则加入青绿芹菜末、芹菜叶、鲜黄炸小米、油菜花等作为装饰，用鲜绿与亮黄呼应鱼肉的温润质感。

加入芹菜花、樱桃萝卜花和琉璃苣点缀，撒上韩国辣椒粉，即完成摆盘。

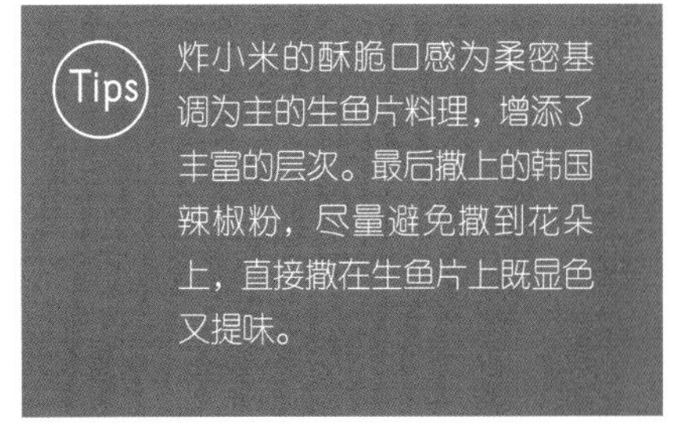

以亮色穿透摆盘，上下贯穿转化料理气质

行政主厨　蔡明谷
宸料理

慢火烤伊比利猪

肉品的摆盘，如在普遍运用的并排技巧中，再加入色彩的元素，就可以让整体摆盘的视觉张力更强、甚至可以改变料理的原有气质。以此摆盘为例，选用一个带有金边的圆盘，并使用黄节瓜、绿节瓜片与伊比利猪肉的组合变化，制造出如隔间般的效果。高低空间差，带出层次起伏，刻意将猪肉立体摆放，更有助于让宽度变窄，与薯泥做出区隔，形塑出轻盈多彩的摆盘气质！

材料｜黄节瓜、绿节瓜、马铃薯泥、伊比利猪肉、甜菜叶、紫芽、粉状白松露油、鱼子酱、樱桃萝卜片、酱汁等。

做法｜将黄节瓜及绿节瓜切薄片，过热水汆烫备用。把伊比利猪肉切成长方块，用大火煎过，放入烤箱以小火慢烤的方式烤熟，即可进行摆盘。

摆盘方法

在盘中，使用笔刷在盘子的左、中、右，直向刷出三道画盘，酱汁不须太多，主要是让它带有一些飞白效果即可。

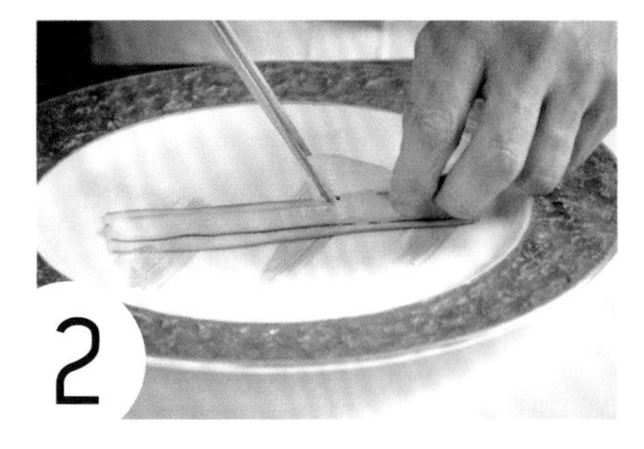

在三道画盘上，横向地叠放上两片略为重叠的长条绿节瓜片，接着再叠上一片长条黄节瓜片，黄节瓜片不需要整体摊平摆放；黄节瓜片的宽度需比绿节瓜窄，长度则比绿节瓜长，待摆盘后修饰，才可做出双色的层次感。

在黄节瓜片的最左端，放上一球卵状的马铃薯泥。

马铃薯泥旁放一块侧立的烤伊比利猪肉，用黄节瓜片盖住猪肉后，再把马铃薯泥放在黄节瓜片上，按这样的顺序接着摆放猪肉和马铃薯泥。最后将超出马铃薯泥外围的黄节瓜片切掉。

用紫芽点缀两侧，并以甜菜叶点缀马铃薯泥。

在伊比利猪肉上方的黄节瓜上，叠放粉状的白松露油及鱼子酱，并在侧边点缀樱桃萝卜片即完成摆盘。

铺陈酱汁基调，烘托蔬食配色

主厨　李湘华
台北威斯汀六福皇宫 颐园北京料理

官府浓汁四宝

无法从简约食材中确立色彩基调时，则可应用料理既有的酱汁，当作主调。反转思考，以汤品的概念去经营色彩的布局。如此摆盘运用浓黄南瓜酱汁铺陈底色，搭配有深度的瓷盘，呼应小舟造型的意象。其承装盘景以蔬菜为主要食材，浮立于亮黄汤色中的鲜绿芥菜与白梗黄叶，烘托出一股温柔而恬静的古典氛围。

材料｜娃娃菜、芥菜、圣女番茄、羊肚菌、枸杞、韭菜、鸡高汤、南瓜酱等。

做法｜将娃娃菜、韭菜、切成适当大小的芥菜烫熟备用。并将圣女番茄过油剥皮，将羊肚菌加入鸡高汤蒸至入味后取出，鸡高汤再加入南瓜酱煮匀后放入盘中。

摆盘方法

于盘面摆放 3 颗去皮圣女番茄。

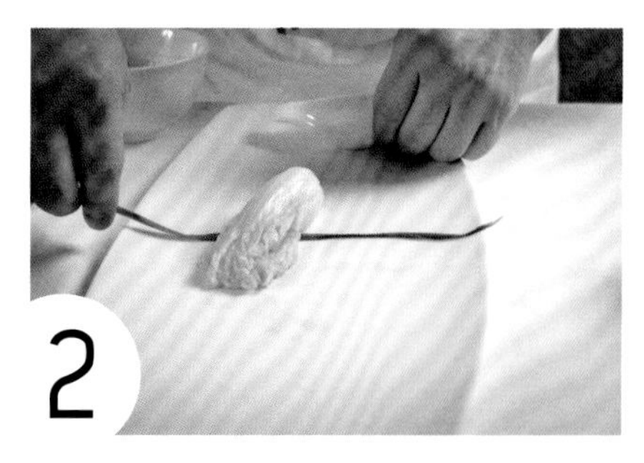

将汆烫过的、裁切为 V 字形的娃娃菜放在烫过的韭菜上。

利用韭菜将娃娃菜包裹绑结，多余的韭菜裁剪掉，使其利落；由于娃娃菜是白色菜梗，韭菜是亮绿色，加入绑结技法，可丰富色彩与盘饰变化。

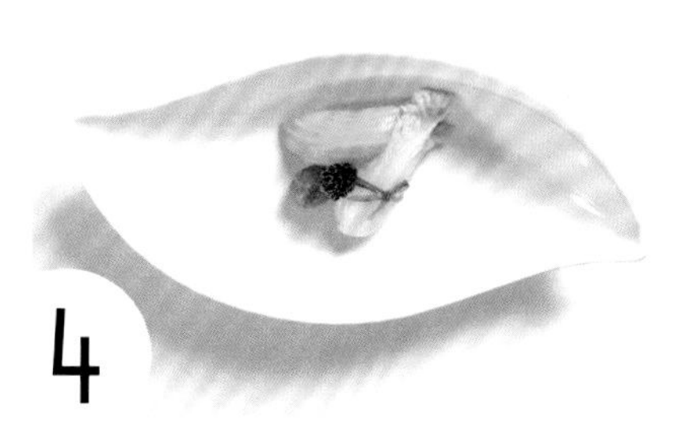

将娃娃菜与芥菜置于圣女番茄之上，集中堆放增加高度；在红色番茄、绿色芥菜、白色娃娃菜中间，摆上一朵深色的羊肚菌，带入盘景暗色。

由旁侧盘面空白处倒入南瓜酱汁，不要直接由蔬菜上方淋下，以免破坏蔬菜原色。

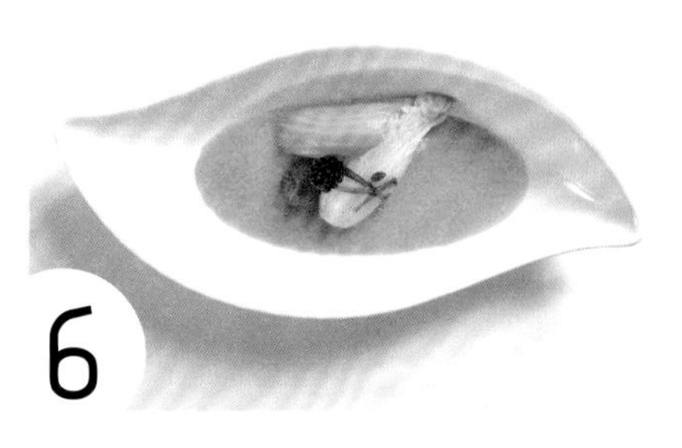

控制酱汁的量，使其微微盖过最底层的番茄即可，让主体食材浮出，兼顾口感维持，并形成凝塑之美，摆盘即告完成。

运用更强色彩，统合色彩重点

主厨　许雪莉
台北喜来登大饭店 Sukhothai

凤梨炒饭

运用凤梨，强调色彩的鲜黄感，凤梨是此道料理在视觉及味觉上的主角，因此选用搭配不抢色的白色长浅盘盛装，削弱食器的存在感。搭配炒饭内的红、绿、黄、白色彩，让焦点集中于黄色上，展现其鲜艳诱人的可口魅力。

材料｜白饭、泰式香料、番茄、凤梨、虾子、花枝、炒鸡蛋、毛豆、胡萝卜、芭蕉叶、腰果、肉松、柠檬、小黄瓜、辣椒、香菜等。

做法｜将凤梨挖洞，将白饭、毛豆与切成丁的番茄、凤梨、虾子、花枝、炒鸡蛋、胡萝卜等加入泰式香料一同拌炒后，填入凤梨中。

摆盘方法

选用一白色长盘，在盘右侧斜放上已挖洞的凤梨盅，内部衬上芭蕉叶。

左侧放上装碟的腰果、肉松、雕花小黄瓜片、辣椒以及切瓣的柠檬，作为配菜与装饰。

将凤梨炒饭填装入凤梨盅内，装填时不需刻意把炒饭压紧，但可使其满盛，表现丰富感。

由于料理的主体为炒饭，因此将炒饭装盛于凤梨中，运用凤梨的大体积，加倍地突出炒饭的明亮色彩形象。

最后在炒饭的上方点缀香菜，即告完成。

左右两侧烘托置中主色的多彩浮世绘

主厨　蔡世上
寒舍艾丽酒店 La Farfalla 意式餐厅

低温炉烤鸭胸搭鸭肝衬洋梨佐开心果酱

本道料理以烤鸭胸为料理主体，而在摆盘设计时，主厨以平面展开的布局，加入多元食材的陈列，以此展现个别食材的色彩与质地特性。鸭胸肉的红，为料理主要色彩，因此选用同为红色的番茄与甜菜根做搭配。主色置中，左右两边则取绿色开心果酱与亮黄南瓜泥衬底，在视觉上让中央的主色更为集中，而且鸭肉与坚果类食材，口感调味亦配搭得宜。

材料｜加拿大鸭胸、鸭肝、开心果酱汁、圣女番茄、甜菜根、南瓜泥、红酸模、开心果泥、橄榄油等。

做法｜将加拿大鸭胸低温烹调时让肉的中心维持 40℃，取出后先以烤箱稍微烤过，再用明火香煎至表皮酥脆，切斜片后摆盘，并将稍微煎过的鸭肝摆至其上。搭配洋梨及开心果酱，让丰润的鸭肉及鸭肝入口更为清爽。

摆盘方法

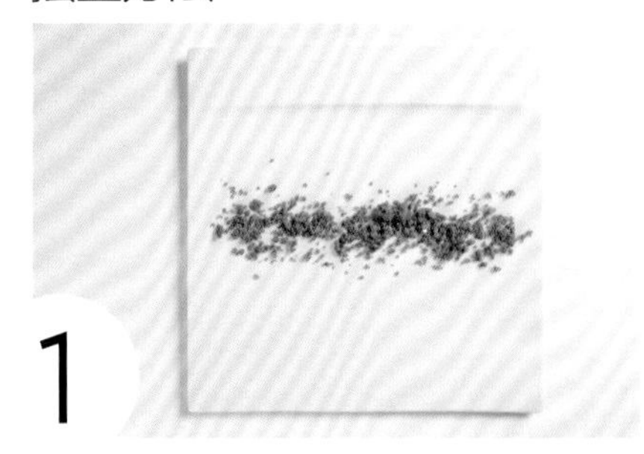

先将开心果泥均匀撒于盘子横向中线处，幅面与鸭胸长度等宽，画出盘景中央的摆盘主线。

取 6 片鸭胸并列倾斜着交叠摆放，制造阶梯状的线性流动感。

将鸭肝横摆于鸭胸上方，让主菜集聚于中心，两侧留下开心果泥作为衬底。

甜菜根与圣女番茄交叉对放于鸭胸的 4 个角落，圣女番茄的造型极富巧思，烫过以后，剥皮翻开往上塑形，轻松营造出立体雕花的效果；此外再加入点状的南瓜泥，让中央呈现稍重的红色，两侧则以绿黄对比。

放上红酸模以及甜菜根圆形薄片，并在鸭胸肉的旁侧加入小堆开心果酱，加强主食材周边色彩的对比感。

此道摆盘看似随意，食材混合摆放，但在色彩的运用与食材的摆放布局上，透过两侧的色彩对比，便能有效让焦点集中于中央的主食材。最后淋上橄榄油增添光泽感后，摆盘即完成。

左右对应的色彩连接

主厨 李湘华
台北威斯汀六福皇宫 颐园北京料理

康熙鸡里蹦

本道料理为海陆双鲜同盘，既有虾的脆嫩，又有鸡的鲜香。主厨采取左右平衡的摆盘方式，将两样主食材分列两侧。鸡丁的部分，由料理名称“康熙鸡里蹦”发想，延伸出从鸡蛋里蹦出来的“蛋生鸡”概念，以鲜黄米粉炸成“孵巢”的意象，并将鸡丁置于蛋白内，这是主厨对北方传统料理的崭新诠释。

材料｜明虾、鸡丁、鸡蛋、金箔、米粉、吉士粉、黑白芝麻、糖醋酱、樱桃酱、甜面酱、白豆沙、圣女番茄、香草、红酸模等。

做法｜将米粉泡热水沥干，加吉士粉拌匀备用。将米粉卷成螺旋状放入约120℃的油中炸制定形取出。接着将鸡丁炸熟，加甜面酱拌炒均匀。将明虾去壳和泥肠，裹面粉放入约130℃的油中炸熟，与糖醋酱拌炒均匀。

摆盘方法

盘子左侧以白豆沙垫底，上方放置油炸定形后的米粉。

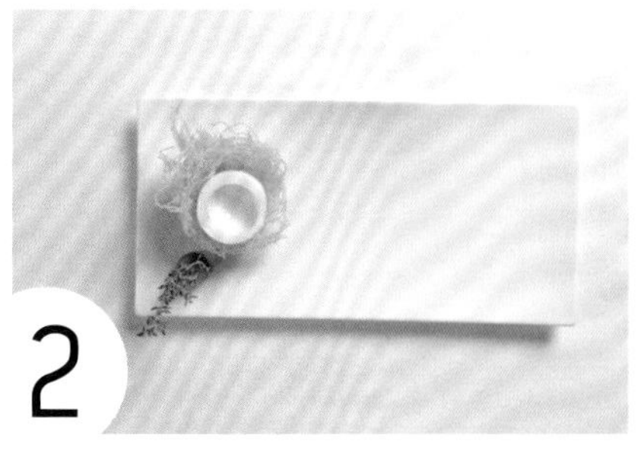

米粉内凹处加入剖半水煮蛋白，并于盘面左下角放上顶部挖洞的圣女番茄，镶上香草装饰。

将鸡丁放入蛋白内，右侧盘面则将明虾倾斜摆放。

在鸡丁上撒上黑白芝麻，明虾旁放上樱桃酱。

由于明虾属红色系，建议装饰的水果也以红色为主，营造出对称之美。鸡丁颜色较深，对立的明虾旁则放上同属深色系的樱桃酱，让色彩轻重互为平衡。

在明虾顶端放上金箔与红酸模。把一片红酸模的梗部插于浓稠的樱桃酱汁上，使装饰更为立体，摆盘即告完成。

运用色彩连接多个分散食材

主厨 Angelo Agli
Angelo Agliano Resta

杏仁香橙风味蛋糕佐草莓冰沙

外方内圆的食器便于聚焦构图之余，端拿亦相当方便，在内里圆心处主要以草莓冰沙、香橙蛋糕、茂谷柑、薄荷油谱写成红、橙、黄、绿四色欢快序曲。而茂谷柑与草莓冰沙交错相织，酸酸甜甜的滋味融于一炉，一端绵密香橙小蛋糕与柑橘果泥相佐，松柔口感带有馥郁香气，悠扬不腻口。深浅浓淡的四色散落式配搭，以不拘一格，错落摆盘重点的方法，让盘面风景更为丰富。

材料 | 茂谷柑、柑橘果泥、薄荷油、糖粉、吉利丁、无糖原味优格、鲜奶油、蛋糕、薄荷叶、草莓冰沙、覆盆子杏仁角等。

做法 | 将柑橘果泥、糖粉加热融化后加入吉利丁拌匀，制成柑橘酱。将优格和鲜奶油一起打发，再拌入降温后的柑橘酱即制成蛋糕馅。将蛋糕馅夹在蛋糕中，即制成香橙蛋糕。

摆盘方法

以薄荷油于左下方画出青绿色竹叶枝节线条。

将柑橘果泥于以挤点的方式，置于盘右上方，作为蛋糕的基座。

将香橙蛋糕置于柑橘果泥上。蛋糕表皮烤得鲜黄可口，中间与周围微隐透红的焦泽带出井然的深浅秩序，与绿色画盘一圆一直，一焦黄一青绿相互辉映。

在蛋糕的上端与下方薄撒覆盆子杏仁角，增添轻盈舞动美感。接着以镊子夹取茂谷柑放于两处杏仁角之上方处，与香橙蛋糕的色泽相呼应。

将草莓冰沙放在杏仁角上，并放上薄荷叶点缀增色。

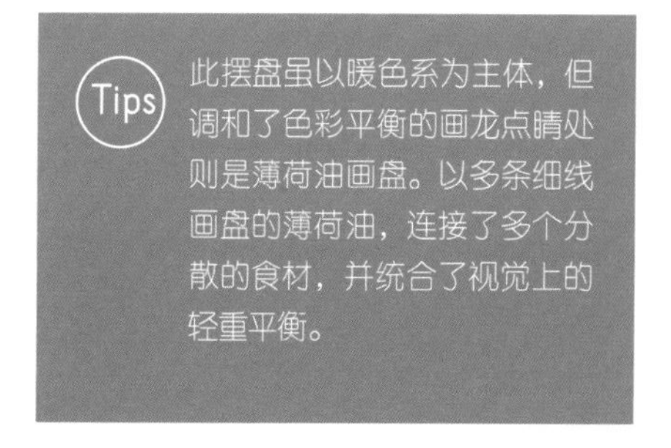

Tips 此摆盘虽以暖色系为主体，但调和了色彩平衡的画龙点睛处则是薄荷油画盘。以多条细线画盘的薄荷油，连接了多个分散的食材，并统合了视觉上的轻重平衡。

塑形

运用模具、卷曲或压切食材，可以改变食物的外形。没有固定形体的食材，也可借此突出料理主体，变化出摆盘的立体效果与布局造型！

见P.140

常见的塑形工具

圆形模具

圆形模具

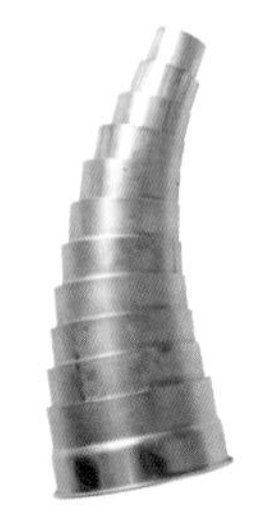
不同大小的圆形模具

挖球器

常见的塑形方法

① 挖球

在蔬果切雕中，挖球器也是经常被使用的工具，挖球器可以轻松制造出半圆的球体造型，而将挖球器嵌入蔬果后，再旋转360°，可挖出正圆的造型！

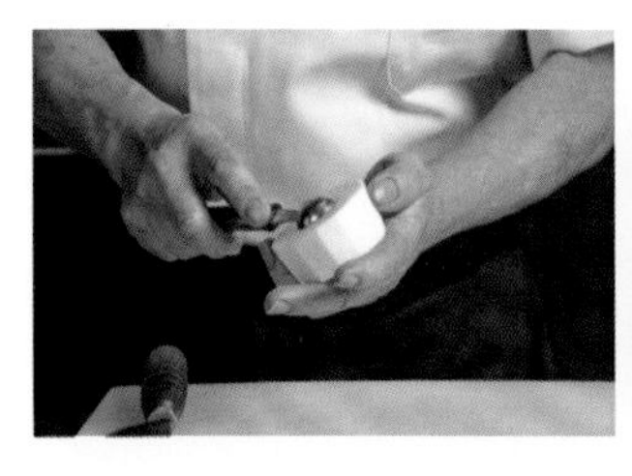
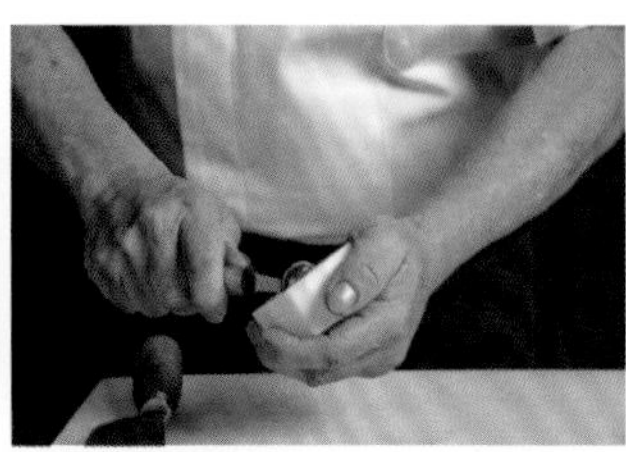

见 P.130

见 P.128

② 卷曲食材

像是鲑鱼等较为软嫩的食材，便可透过卷曲，将其立体摆放；以鲑鱼薄片为例，可从较细小的一端由内而外平卷，立体摆放后旋涡状的卷纹造型更能增添圆圈形的趣味。

③ 压切塑形

除了切割食材之外，也可以借由模具的压切，变化出食材的特殊造型；以波浪形模具为例，在食材上压切之后，食材即可呈现出波浪般的边缘。

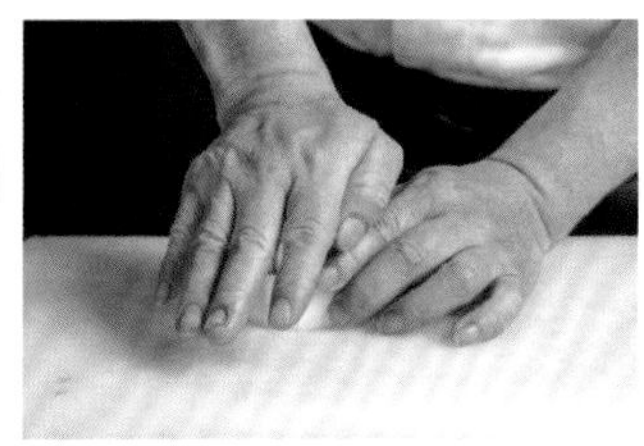

基本塑形，简单呈现立体效果

主厨　詹升霖
养心茶楼

翡翠炒饭

突破过去总是以炒饭为主角的摆盘，抽离平常加入炒饭里的蛋白，加入菠菜汁特意打造为颗颗青绿的翡翠，以一弯月牙围绕于炒饭周围，跳脱传统印象，使主配角互相衬映，演绎新创意。由于年轮白盘中心点稍微偏左，因此在摆放塑形为圆柱状的炒饭时，右侧的空间则可加入翡翠月牙的鲜绿画盘，比邻排列时即可达到绿色与白色的鲜明跳脱，让两边比重互为平衡。

材料｜高丽菜丝、青江菜丝、胡萝卜丁、香菇丁、玉米笋丁、素火腿丁、白饭、蛋白、菠菜汁、甜饼干、牛蒡丝等。

做法｜翡翠制作方法为将菠菜汁倒入蛋白，隔水加热，滴出一颗颗翡翠后即告完成。炒饭是在白饭中加入高丽菜丝、青江菜丝、胡萝卜丁、香菇丁、玉米笋丁、素火腿丁等炒制而成。

摆盘方法

取一空盘，放上圆筒模具，将炒饭装填于模具当中。

由于炒饭具有黏性，在塑形上相对简单，将炒饭填满模具后，可用力压紧，让模具中的炒饭紧实。

将圆筒模具提起，即见塑造为圆柱状的炒饭。

将炒饭柱摆放于年轮造型食器中后，以汤勺将翡翠蛋白画出头重脚轻的月牙形状。

于炒饭上横放一支条状甜饼干，使炒饭与蛋白更加平衡。

最后加入油炸处理后的蓬松牛蒡丝，堆叠于炒饭上，打造盘景的立体高度。

模具｜技法 21 圆筒模具的塑形

炖饭塑形，作为立体堆叠基底

主厨 Angelo Agliano
Angelo Agliano Restaurant

番红花炖饭与米兰式牛膝

此料理的最初始版本其实是没有牛膝的，主厨精选具有一定高度的牛膝，并搭配番红花炖饭，在此道料理中，重叠了两种意式料理的气质。此道摆盘，使用了盘面倾斜，且具有深度的汤盘，整体摆盘素雅简约，艳黄的番红花炖饭已极富视觉张力，直挺的牛膝更消弭了盘面的开阔感，兼顾平面与立体焦点。

材料｜胡萝卜、西芹、葱、蒜头、番茄、牛膝、白酒、迷迭香、百里香、番红花炖饭、山萝卜叶等。

做法｜煎锅加热，将牛膝煎至上色后备用。准备一深锅，将打碎之胡萝卜、西芹、葱、蒜头和新鲜番茄炒熟后加入白酒、迷迭香、百里香及牛膝以小火炖煮约 1 小时。将牛膝取出放凉备用，分离牛膝骨和牛膝肉，最后将牛膝肉切块后与汤汁混和调味。

摆盘方法

先将圆形模具放在盘子中央，舀入番红花炖饭，约加至模具 1/3 处。

双手压扣模具，上下轻晃，使其中的炖饭更均匀。

带有骨髓的牛膝骨，置于炖饭基底圆心稍偏上方处。

牛膝肉则摆放在骨头旁边及牛骨中间处，享用餐点时可同时品尝到软香骨髓与嫩滑炖肉叠合的美妙滋味。

轻撒葱花，并以小镊子夹取山萝卜叶轻盈点缀，最后将模具取出，层层叠映的摆盘即宣告完成。

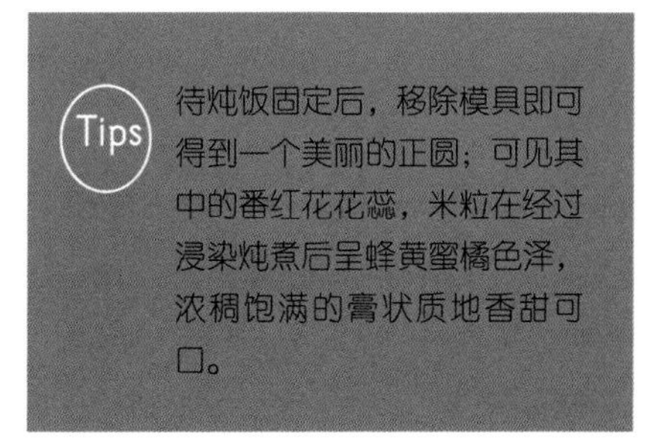

Tips 待炖饭固定后，移除模具即可得到一个美丽的正圆；可见其中的番红花花蕊，米粒在经过浸染炖煮后呈蜂黄蜜橘色泽，浓稠饱满的膏状质地香甜可口。

模具 | 技法 22 特殊造型模具的塑形

压切塑形，素雅衬托汤品摆盘

主厨 连武德
满穗台菜

玉环干贝盅

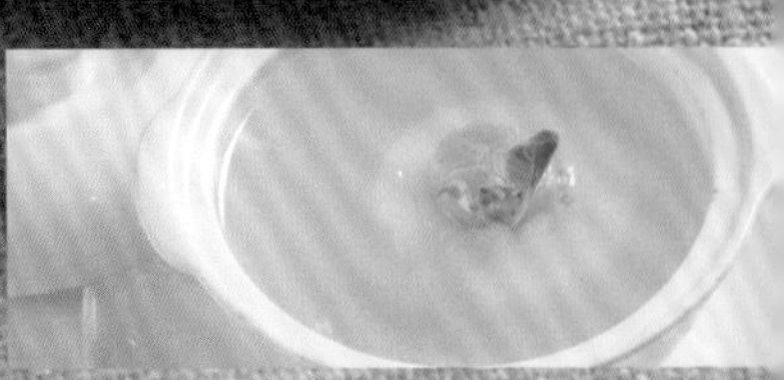

汤品的色泽清爽淡雅，突显萝卜跟干贝食材的原汁原味。摆盘此刻化身为配角，以衬托甘甜不腻口的汤品滋味。但在进行汤品摆盘时，也可运用塑形，改变食材样貌，在品味汤品的同时，加入画龙点睛的设计趣味。

材料 | 白萝卜、虾泥、干贝、松坂肉、小豆苗、鸡骨高汤等。

做法 | 白萝卜切块，以模具塑形，中间挖洞放入虾泥、干贝，放在铺有烫熟的松坂肉片的盛器中，蒸煮 30 分钟后取出，放上小豆苗即可。

摆盘方法

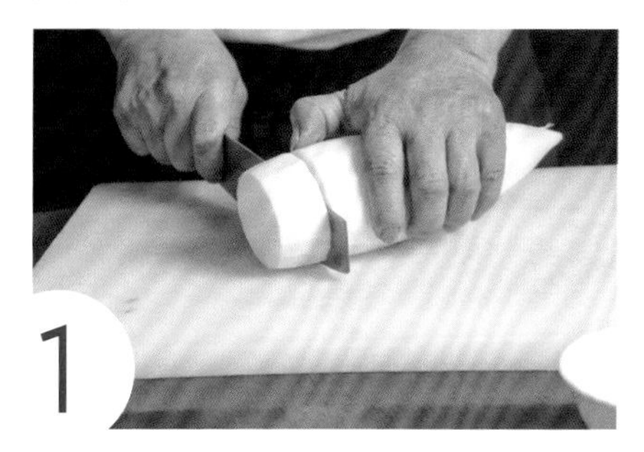

将白萝卜去皮后，切下约 2 ~ 3 厘米高的一段。

运用挖球器，在白萝卜的中央挖出一个半圆。

取一波浪形模具，将模具置于白萝卜上方后，用力压下；以压切的方式，将白萝卜的边缘压切为波浪形的曲线。

在小汤碗的底部，放上一片烫熟的松坂肉作为基底。

将白萝卜挖空的圆心处填入虾泥，放在肉片的上方。

在白萝卜上方加入一颗干贝，并浇淋鸡骨高汤至淹没白萝卜的高度，创造干贝浮于汤面的飘逸感觉。蒸煮后，以两株小豆苗装点于白萝卜与干贝间隙之中，摆盘即告完成。

模具汇聚搁浅，气芬馥的汤品调性

主厨 Angelo Agliano
Angelo Agliano Restaurant

柑橘风味南瓜浓汤

意大利米形面（Orzo）、香酥面包丁和爽脆彩椒搭配，不仅在色彩配置上更为轻盈跳跃，亦酿造出不同食材所展现的多层次质地风味。模具可以用于制造立体感，或压切特定造型。而汤品的摆盘，也可以加入模具塑形的表现，借此确认食材的位置以及配色，特别是具有一定浓稠度的浓汤，会较容易经营食材的位置。

材料｜南瓜、洋葱、韭葱、蔬菜高汤、柑橘皮、奶油、橄榄油、南瓜子、面包丁、红椒、意大利米形面、香葱等。

做法｜先将洋葱与韭葱炒软、炒香后，将南瓜放入锅中拌炒，加上蔬菜高汤与柑橘皮，煮至南瓜软烂。接着用果汁机打碎后过滤。过滤后的南瓜浓汤放到炉上加热，加入些许奶油与橄榄油。将米形面置入滚水中煮 2 分钟、南瓜丁汆烫 1 分钟。

摆盘方法

将模具置于汤盘正中央，在其中加入白玉隐透的意大利米形面与浓艳鲜黄的南瓜丁。

模具外围浇灌南瓜浓汤，要留意浓汤的高度不可超过模具。

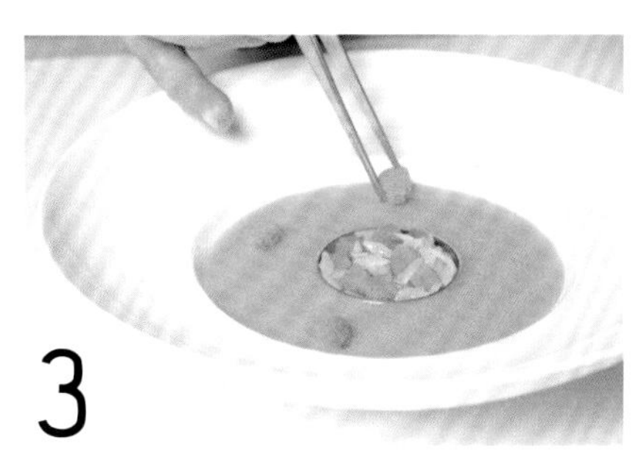

以镊子夹取面包丁，轻置于汤品中，成五角星造型。

面包丁之间再加入爽脆红椒与南瓜子，撒上细香葱末，增加香气并强化暖色的层次。

以长镊子将模具取出，取时尽量平稳，以免周围的面包丁与红椒移动位置。

意大利米形面随即汇聚搁浅于中央，最后可再刨削些许柑橘皮，并加入橄榄油点缀，凝塑出香气芬馥的汤品调性。

食材堆叠｜技法 24 多层堆叠的摆盘表现

多层堆叠拉高度，紧密水果稳底部

主厨 杨佑圣
南木町

优格干贝水果塔

在堆叠的表现上，线状食材与块状食材呈现出不同的效果。此料理以圆形塑形的手法做出堆叠的基底重心，加重盘中物的分量质感，再以绿卷须、辣椒做出向上的线条提升高度，同时平衡厚实的圆柱体，增添些许飘逸的美感。

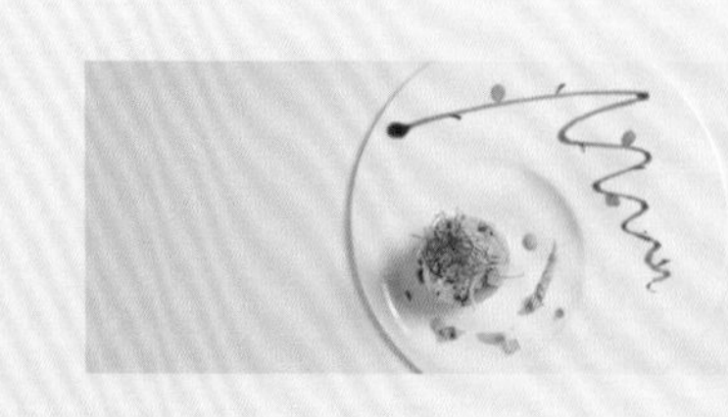

材料｜干贝、当季水果（香蕉、奇异果等有黏性的水果）、覆盆子、优格、巴萨米克黑醋、樱花、绿卷须、彩色糖粒、辣椒丝、蓝柑橘果冻等。

做法｜将水果与干贝切丁，干贝炙烧备用，优格与覆盆子调和成优格覆盆子酱后，即可进行摆盘。

摆盘方法

使用巴萨米克黑醋，在圆盘的盘缘进行画盘，线条由长而短，以Z字形的方式绘制，并将樱花花瓣点缀几片于线条的左右两侧。

把干贝、香蕉、奇异果等切丁。

在圆形模具中，先放入切成小丁的香蕉。

香蕉放入模具后，用手塞紧；接着放入奇异果，同样塞紧后，最上层放上干贝丁；留意每层的厚度尽量一致，脱模后的侧面才会漂亮。

每放一层食材都需压实塑形，接着把模具移到盘中，缓缓向上提起模具，即可见分为三层的层次分明的塔。

在塔上方浇淋优格覆盆子酱，堆叠绿卷须，撒上彩色糖粒，在盘上的优格覆盆子酱上点缀数颗蓝柑橘果冻，最后在塔顶堆放上红色辣椒丝，即完成摆盘。

工整堆叠的造型美感

主厨　林凯
汉来大饭店 东方楼

黑蒜肥牛粒

洁白的方盘非常适合用于突显简约料理的质感，而食材以方形的造型层叠堆砌带出趣味感，无论是方盘、肥牛粒、南瓜与画盘，皆呈现利落的视觉效果，全部食材里仅有干贝为圆形，润饰了整体摆盘过于规矩的方正造型，带来工整、和谐、融合的视觉美感。

材料｜有机南瓜、金门黑蒜头、无骨牛小排、北海道干贝、黑胡椒、玫瑰盐、黑醋、绿卷须等。

做法｜先将牛排入锅煎，起锅后将肉排切成方块，撒上黑胡椒、玫瑰盐调味，再将南瓜煮熟后切成方块。将北海道干贝入锅煎，起锅后调味。

摆盘方法

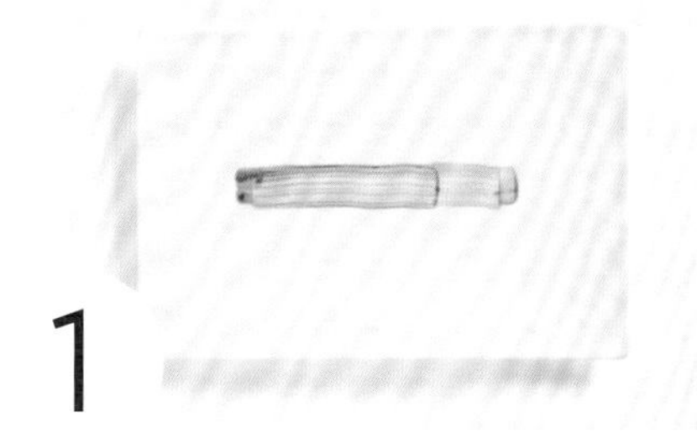

在方盘中央以黑醋画上长条的笔刷，由于主食材也是深色，在画盘时需注意黑醋不要过于浓稠。

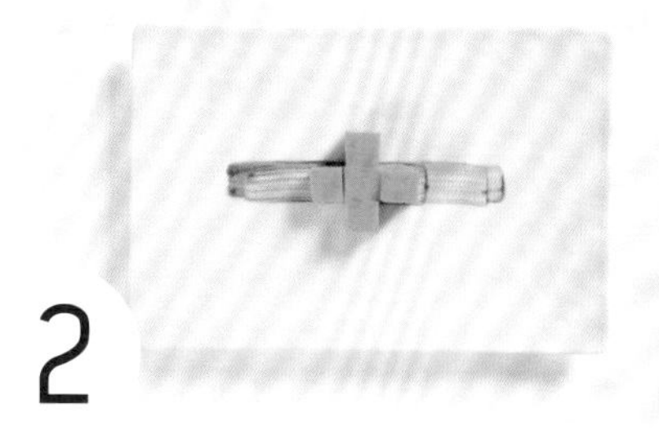

将切成方块的南瓜摆放在盘面中央，与长条的画盘呈现一个十字形的摆盘。

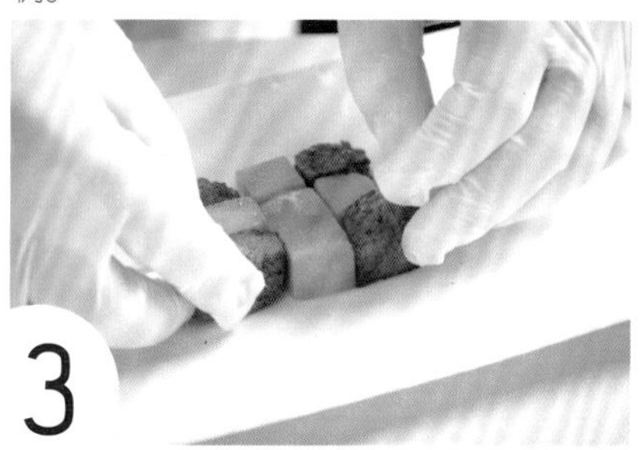

摆放上肥牛粒，形成可爱有趣的造型。在思考摆盘布局时，也可加入创意，排列出简单的图形。

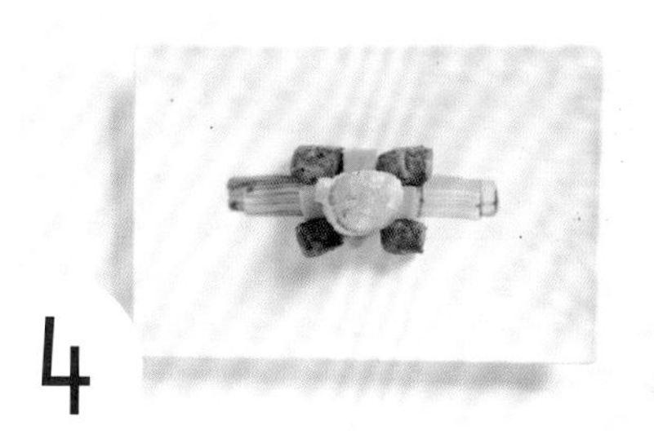

将肥牛粒与南瓜块拼凑成方形后，完成基底，此时便可将干贝堆叠于上方。

将蒸过的黑蒜摆放在干贝上方，制造出金字塔般下宽上窄的造型。

在黑蒜上方，再加入一堆绿卷须，由于黑色较重，放入鲜绿，可以消除黑色的重量感，同时堆砌出视觉焦点，摆盘即告完成。

粉嫩与金黄色泽叠映，展现小巧可爱氛围

主厨 连武德
满穗台菜

莲雾鲜虾球

像是书册般两侧向内卷的长形盘面，适合进行横向排列的立体摆盘。莲雾是台湾的特色水果，口感爽脆，搭配炸虾球的香酥口感，整体调性轻盈舒雅。而讨喜的粉嫩色系水果与金黄色炸物层叠交织，小巧玲珑，模样非常可爱，是一道深受女性顾客欢迎的人气摆盘。

材料｜莲雾、大虾仁、花生粉、花生酱、沙拉酱、绿卷须等。

做法｜大虾仁去泥肠，调味入锅炸至金黄色备用。将花生粉、花生酱、沙拉酱调成酱汁。

摆盘方法

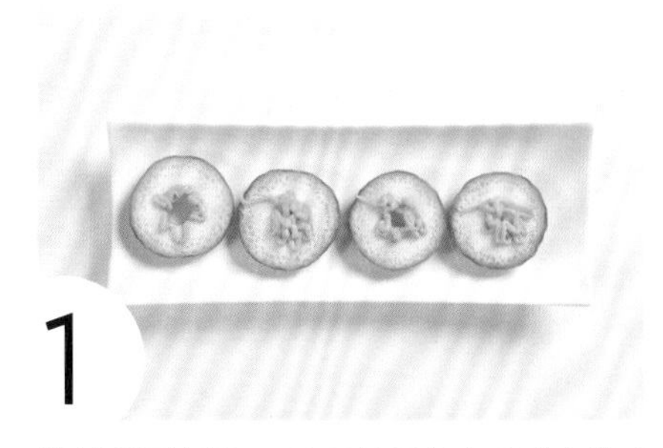

1

将莲雾切片削平，取四片于长盘内横向排列作为虾球基座。基座上淋上酱汁。

2

摆放上炸虾球。

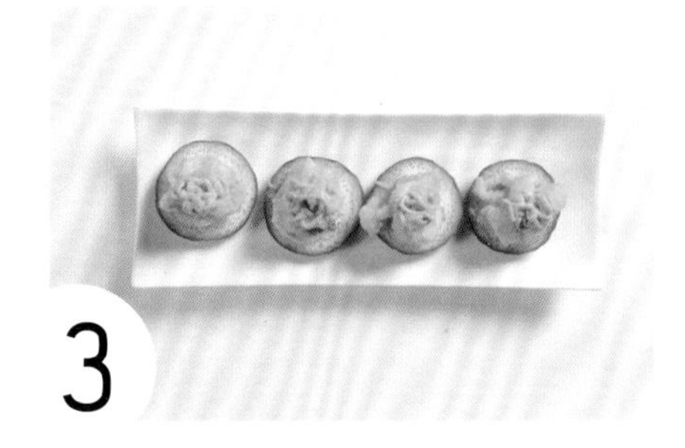

3

在炸虾球的金黄色面衣上方，淋上酱汁。

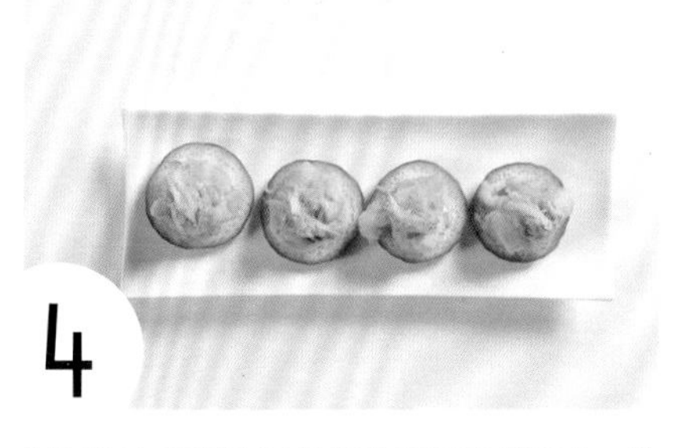

4

以长筷夹取莲雾丝放置在虾球的酱汁上，为块状食材增添线条感。

5

最后以绿卷须稍做色彩点缀装饰，摆盘即告完成。

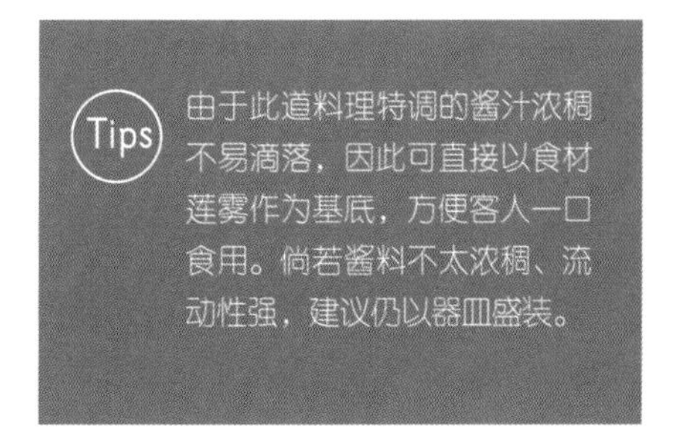

Tips 由于此道料理特调的酱汁浓稠不易滴落，因此可直接以食材莲雾作为基底，方便客人一口食用。倘若酱料不太浓稠、流动性强，建议仍以器皿盛装。

运用长形蔬菜，铺陈利落堆叠线条

主厨　蔡世上
寒舍艾丽酒店 La Farfalla 意式餐厅

炉烤特级菲力佐蜂蜜鹅肝酱、油封胭脂虾佐罗勒米形面

在经营大量混合食材的摆盘时，也可思考采取金字塔般的堆叠摆盘设计。先确立摆盘的基底，用罗勒米形面，以草地的形象铺成背景衬底。中层则可放置大块的肉品，将长条块状的牛排、胭脂虾、鹅肝、甜菜根放在米形面的上方。最后放入细长的红萝卜、胡萝卜与玉米笋，利用蔬菜的细长线条，做出直斜线的垂直堆叠高度。

材料｜菲力牛排、加拿大鹅肝、蜂蜜、胭脂虾、胡椒盐、橄榄油、罗勒、大蒜、米形面、玉米笋、红萝卜、胡萝卜、食用花、芝麻叶、雪豆苗、甜菜根、主厨红酒牛肉酱汁。

做法｜将肉质软嫩的菲力牛排，进烤箱烘烤回温至38℃并锁住牛肉肉汁，搭配的新鲜加拿大鹅肝淋上蜂蜜，并佐以主厨红酒牛肉酱汁。配菜胭脂虾，先以胡椒盐腌渍后以橄榄油煎熟；罗勒米形面是将罗勒、大蒜、橄榄油以果汁机打碎做成罗勒酱，拌入具嚼劲并富有面香的米形面。

摆盘方法

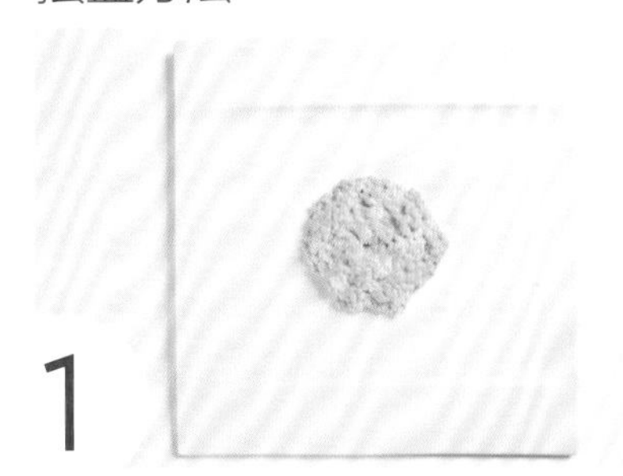

1

将罗勒米形面以圆形置于方盘中心。

2

将两块菲力牛排列于米形面之上，胭脂虾夹在牛排中间，上方再铺以鹅肝。

3

堆叠出一定的高度后，加入带叶玉米笋、红萝卜、胡萝卜等细长条状的蔬菜。

4

摆放细长蔬菜时，可取立式微微倾斜的角度，将之放置在盘景前方，运用食材的线条，形塑出三条如同金字塔般的斜线造型。

5

加入圆形的甜菜根薄片，运用米形面的黏着度，将其以立姿镶嵌于盘面，丰富造型的趣味。

6

加上食用花、芝麻叶与雪豆苗，最后于右下角淋上主厨红酒牛肉酱汁，摆盘即告完成。

意式经典搭配台湾食材，演绎在地风情

主厨 Angelo Agliano
Angelo Agliano Restaurant

石老鱼搭配西西里橄榄番茄海鲜汤

由于主厨来自意大利西西里岛，以家乡传统的西西里橄榄番茄海鲜汤，搭配台湾石老鱼混搭出创意十足的在地风情。石老鱼的特色在于肉质白而鲜嫩，口感不易被浓郁的番茄汤掩蔽，此外紧实的质地在汤品浇淋下也不易散塌。

材料｜石老鱼、蛤蜊、淡菜、腌番茄、番茄红汤、橄榄、香叶等。

做法｜将石老鱼切块蒸煮后，即可进行摆盘。

摆盘方法

将腌渍的去皮番茄置于砂锅内，橘红色铺底基座带着些微润泽感。

依序加入淡菜、蛤蜊与橄榄，形成多样性色彩变化。

将石老鱼平铺于番茄海鲜基底之上，放置的方向与砂锅的把手成一条直线。

浇淋上番茄红汤。

最后加上些许香叶，点出红绿对比，摆盘即告完成！

在表现汤品摆盘的立体感时，可让主食材的高度较为突出，淋浇番茄汤时，高度覆盖配料即可，让石老鱼肉完整呈现；此外，选用有握把的砂锅，同时也呼应了鱼体的直线造型，平添汤品的视觉效果。

以粗犷映衬鲜嫩，堆叠而出的粉红高塔

主厨　杨佑圣
南木町

低温分子蒜盐骰子牛

为突显主角骰子牛的鲜嫩粉红，除了使用多层堆叠的方式呈现之外，食器的使用以及酱汁的搭配，都是摆盘呈现的关键因素。选用原始不经修饰的岩盘，可对比出精致料理与粗犷韵味的矛盾。以浓稠的青豆酱衬底，在表现材质与色彩的不同趣味的同时，也对比出料理主体的存在感。

材料 | 食用玫瑰、青豆酱、荞麦苗、牛肉、蒜盐粉、鲜奶油等。

做法 | 将牛肉放置在 30 ～ 60℃的真空环境中，以低温烹调法熟成后，表面涂抹蒜盐粉，静置 30 分钟入味，以小火煎出香气，即可进行摆盘。

摆盘方法

1

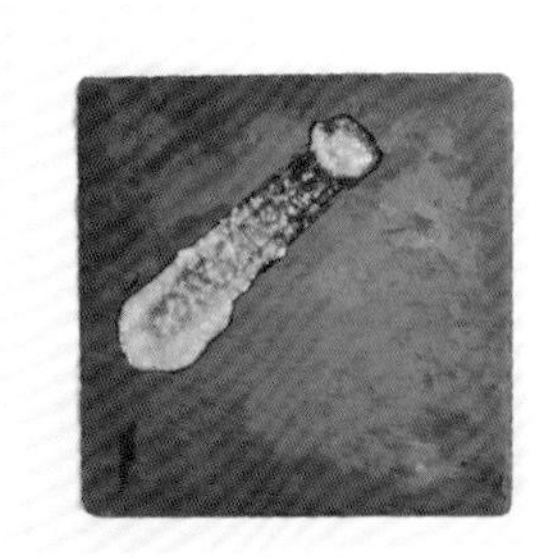

在岩盘中由左下至右上以毛刷画上一道青豆酱。

2

把煎好的牛肉切成如骰子般的小丁。

3

将牛肉小丁以堆叠方式摆放于酱汁上。摆放时煎的一面朝下，粉红的切面朝上。最底层放六颗，三三一组排成两列，增加底座的面积。第二层只摆放两颗。

4

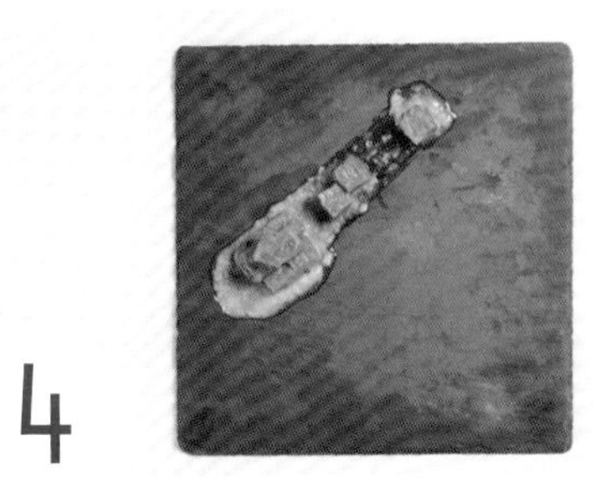

完成骰子牛金字塔后，跟随酱汁的线条粗细，接着在画盘上延伸摆放 3 ～ 4 颗的骰子牛，最后以一颗平放骰子牛收尾，让牛肉的堆叠也做出强弱高低的变化。

5

于骰子牛上方放上小株荞麦苗的叶片，牛肉空隙间放上玫瑰花瓣、荞麦苗梗做装饰。

6

最后在盘中空白处以汤勺滴上鲜奶油，做出点状平衡画面，仍保留部分空白不填满，即完成摆盘。

Tips

因采用方形岩盘，画盘时以斜角线条的方式处理，画面看来较活泼不死板。处理牛肉时，一开始就必须切成相似大小的尺寸，以利于后续堆叠上的操作便利及画面的一致，堆叠时，不需刻意对齐，营造出有变化不呆板的效果。

层叠兼具透视的延伸张力

主厨 徐正育
西华饭店 TOSCANA 意大利餐厅

嫩煎北海道鲜干贝衬鸭肝及南瓜

以圆为发想概念，选用南瓜作为打底基础，赋予料理更多的甜度及暖色，在堆叠的技巧上，精心夹入具有空间张力感的蕾丝墨鱼片，在圆柱堆叠中，多了层大面积的透视效果。

材料 | 北海道鲜干贝、鸭肝、南瓜、墨鱼汁、面粉、初榨橄榄油、陈年老酒醋、当季生菜等。

做法 | 将北海道鲜干贝煎至五至七分熟，鸭肝煎熟，南瓜切片蒸熟备用；将墨鱼汁与面粉调合成的浆汁入油锅炸，做成中空造型的墨鱼片后即可进行摆盘。

摆盘方法

在盘中以画圆的方式，画上一圈初榨橄榄油。

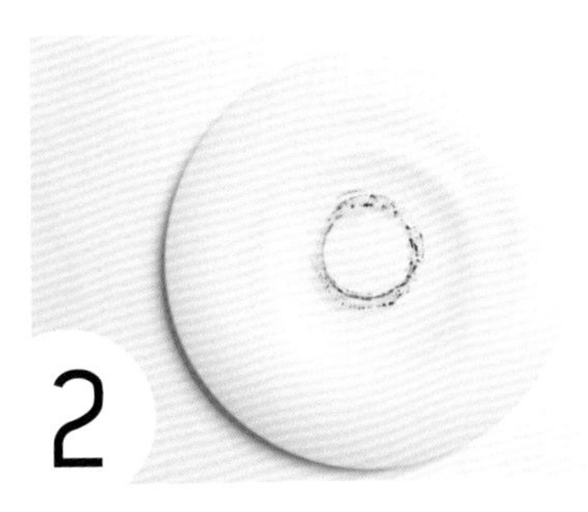

接着使用陈年老酒醋，再画上一圈。

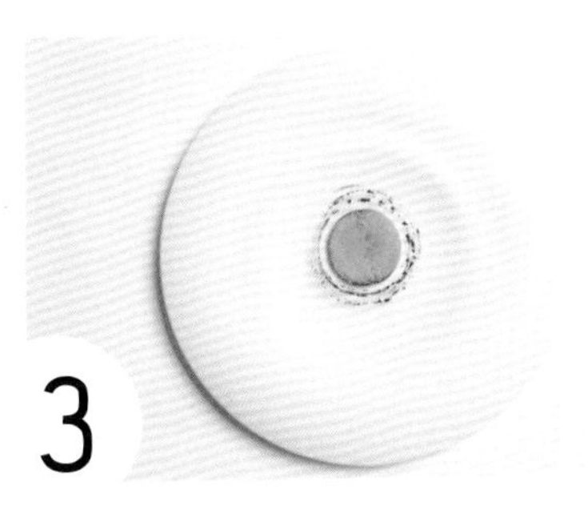

在盘的中央放上南瓜片当作基底。

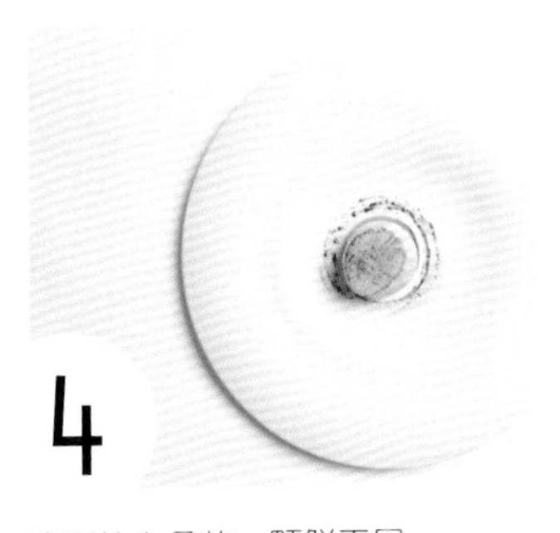

南瓜片上叠放一颗鲜干贝。

在干贝上方，放上墨鱼片制造视觉张力。摆盘的亮点便是这片墨鱼片，由于其面积大，且造型特殊，可增添整体料理中的脆感及丰富性。在墨鱼片上方加入鸭肝，稳定摆盘，

在最上方点缀当季生菜，摆盘即完成。

食材堆叠｜技法 25 不使用模具的卷法塑形

手卷塑形创造圆圈的世界

主厨　詹升霖
养心茶楼

松子起司鲜蔬卷

利用简单的卷法与切割，变化食材堆叠的效果。应用卷法切割的食材，会露出其中包裹食物的不同色彩与纹理，应用于摆盘，即可制造出不同色彩的造型趣味。起司鲜蔬卷以手工卷起塑形后，平分为六等份并堆叠，搭配圆形岩盘与酱汁的不规则画盘，借由食材、酱汁与食器衍生丰富层次，衬托深浅颜色的变化。

材料｜蛋皮、海苔、芦笋、高丽菜、素松、蓝莓果、起司粉、金橘酱美乃滋、钻石花椰菜、松子等。

做法｜鲜蔬卷的外皮是蛋皮。高丽菜切丝备用。

摆盘方法

于蛋皮上放一片海苔，再放上芦笋、高丽菜丝、素松、蓝莓果和起司粉。

双手轻压馅料向内卷起，于蛋皮接缝处用金橘酱美乃滋黏合。

将起司鲜蔬卷去除头尾，取中段平均切为六等份，将横切面向上，以梅花状堆叠摆放于黑色圆形岩盘的中央。

用金橘酱美乃滋绕着鲜蔬卷画盘，运作过程中略加停顿表现出水滴状。

取三朵钻石花椰菜的尖端小花以三角形构图，点缀于金橘酱美乃滋之上，呼应主体的立体效果。

于圆盘右下角放入松子，除了增加口感变化，也给整体摆盘带来局部细节变化。

食材堆叠 | 技法 25 不使用模具的卷法塑形

卷曲火腿，如玫瑰般绽放

主厨 林凯
汉来大饭店 东方楼

伊比利猪火腿佐鲜起司

采用番茄与鲜起司作为摆盘基底，做好扎根的第一步，上方则摆放特殊塑形之火腿，利用其本身可代表浪漫色彩的鲜嫩粉红为发想，将火腿片卷曲成如花一般的形体，扩充其优美立体感，达到赏心悦目的效果。

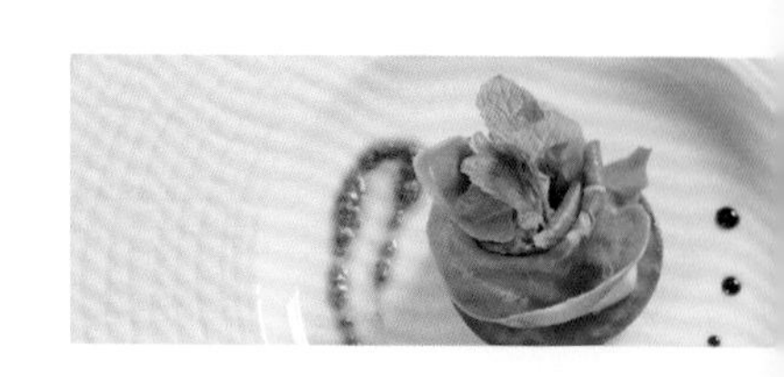

材料 | 伊比利猪火腿片、番茄、青酱、巴萨米克黑醋、鲜起司、薄荷叶等。

做法 | 将伊比利猪火腿片两片相叠后卷曲成花状备用，番茄及鲜起司切成厚片，即可进行摆盘。

摆盘方法

在圆盘的正中央放上约一厘米高的番茄片，作为摆盘的基底。

在圆盘的两侧加入画盘，左侧拖曳画出青酱线条；右侧的画盘则采用点状表现，点上大小不一的数滴巴萨米克黑醋。

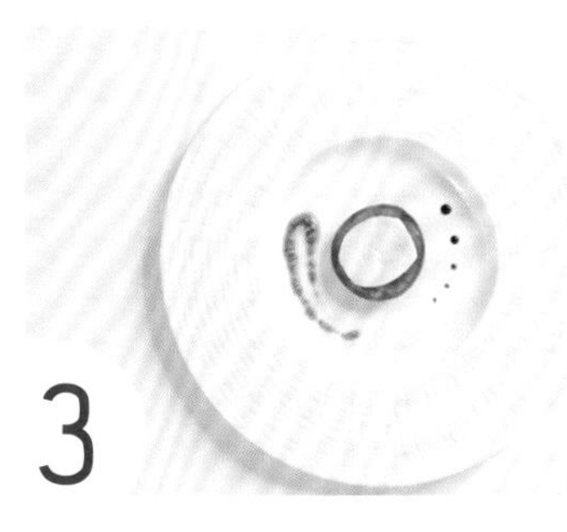

在番茄片基底上叠放一片稍小的鲜起司，鲜起司都需有厚度支撑，太薄除影响口感外，摆盘的力量感亦不足。

卷曲火腿时，务必让火腿维持冰冷低温，以免退冰软化后不易塑形；卷曲火腿时，可分为两层。先将一层火腿片卷曲后，由上往下将边缘拉出波浪形。

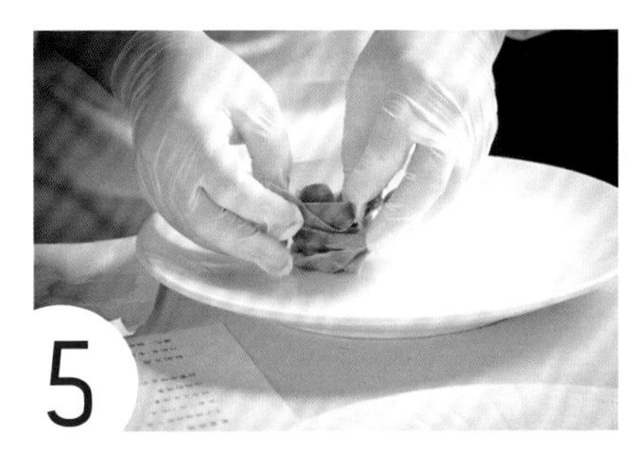

内层火腿卷曲完成后，再包上一层火腿，两片相叠，外层的火腿同样由上而下卷曲，增加变化。

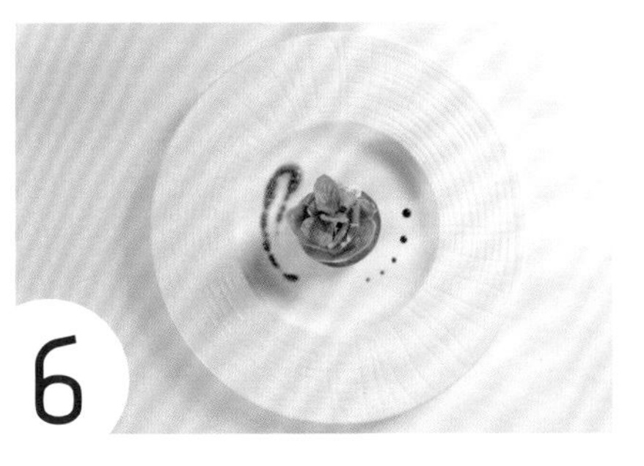

最后将卷曲完成的花状火腿，叠在鲜起司上，并点缀薄荷叶即告完成。

卷面塑形，金字塔般的立体表现

行政主厨　陈温仁
三二行馆

甜菜面佐菠菜海鲜酱

最简单也最困难的意大利面，考验着主厨的经验与创意。丰盛的海鲜食材不稀奇，虾放了几只、料放了多少……这些都是表象，意大利面真正的灵魂是面条，所以主厨连面条都亲手做，整道菜没有一项材料是买人家做好的成品。为了表现出对食材的尊重，在味觉与视觉上都保留了原汁原味，以彰显意大利面条本身的地位，而卷面的技巧便成了本道菜的灵魂焦点，攸关整道菜的成败。

材料 | 意大利“○○面粉”、甜菜汁、干贝、红甜虾、大文蛤、透抽、菠菜、海鲜高汤、豌豆苗等。

做法 | 意大利“○○面粉”加入甜菜汁制成意大利面，煮熟；干贝与红甜虾煎至五分熟，透抽与大文蛤汆烫后备用；菠菜捣成泥后加入海鲜高汤拌炒成酱汁。

摆盘方法

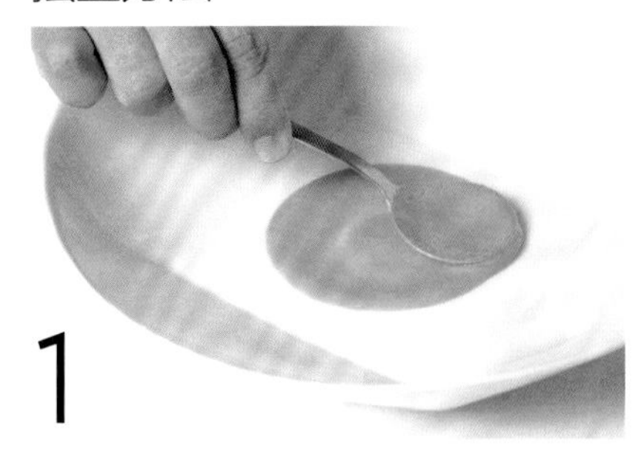

将菠菜酱汁置于盘中，然后用汤勺底部以画圆的方式将酱汁涂散开来；酱汁是意大利面的基座，酱汁的黏性，有助于固定卷面塑形，因此酱汁的厚度不能太薄。

使用叉子插卷甜菜面，另一只手则用汤勺盛起面条，并固定叉子。

叉子与平底锅成 45° 。

卷面时，叉子与汤勺需垂直，卷面速度快慢没有影响，由于煮过的意大利面富含水分与油脂，一但掌握手感，即可将面条卷成金字塔状。

借助汤勺将卷好的面，以 45° 的倾斜角度，放入盘中，慢慢将汤勺抽出后，先以叉子稳固面体，再缓缓将叉子从卷面中抽离，以免破坏造型。

将海鲜食材摆放于面体周围，海鲜食材底部的一半需黏于酱汁上，并微微靠向面体，最后加入豌豆苗等配菜装饰即大功告成！

银河感黑盘
衬托比利时小白菜

主厨 詹升霖
养心茶楼

玉叶素松

比利时小白菜不仅作为食器使主食材完美呈现，也在摆盘配饰中加入了造型鲜蔬。在黑盘边缘轻撒糖粉，使得整体盘景更为丰盛，蕴含自然空灵的宇宙感。

材料｜杏鲍菇、洋地瓜、香菇、素火腿、松子、甜红椒、黄椒、芹菜、姜末、蚝油、比利时小白菜、芦笋、绿卷须、芜菁、罗马花椰菜、秋葵、蓝莓、食用花、笔姜、糖粉等。

做法｜将杏鲍菇、洋地瓜、香菇、素火腿、甜红椒、黄椒、芹菜切丁，加松子过油后，加入姜末、蚝油拌炒即完成素松的烹调。

摆盘方法

1

取3片完整的比利时小白菜，分别摆放于盘中央的左、中、右三处。

2

由于在比利时小白菜之间仍有很大的盘面空缺，因此可以加入各种时蔬生菜。

3

持续加入芦笋、绿卷须、芜菁、罗马花椰菜、秋葵横切片与蓝莓等，由不规则的蔬菜形状表现丰盛盘景，可延伸小白菜的布局，摆设成类似扇形的构图，同时又以食用花以及笔姜拉出高度。

4

用汤勺把素松放入小白菜叶，份量约一口大小。

5

把糖粉撒于黑盘上下边缘，使浅色蔬菜与白色糖粉一同跳脱黑盘，展现银河般的无垠想象。

Tips

摆盘重点在于利用比利时小白菜作为素松的盛装容器，在料理口感上会显得更加清爽，搭配不同种类菜叶的色彩与质感效果，力求达到自然惬意的清爽印象。

脆口趣味，甜点般的梦幻散寿司

主厨　杨佑圣
南木町

鲑鱼亲子散寿司

将惯用盛装冰淇淋的饼皮拿来盛装散寿司，除了给视觉效果带来崭新氛围，更是品尝时的酥脆小惊奇。冰淇淋脆饼也可透过加热，而塑形改变原本样貌，此手法亦可变化放入其他干爽无汤汁的菜肴，制造摆盘的造型与口感的不同想象。

材料｜鲑鱼卵、寿司饭、冰淇淋脆饼皮、香松、玉子烧、炸面线、炸意大利面、蓝柑橘酒、樱花等。

做法｜将冰淇淋脆饼皮用烤箱加热塑形后，搭配寿司饭、鲑鱼卵、香松与玉子烧，即可完成。

摆盘方法

取一汤碗，在边缘的图纹旁，以蓝柑橘酒点上数滴作为画盘，对称另一边则先滴上一滴蓝柑橘酒，再以手指抹开，做出不同效果的画盘表现。

将冰淇淋脆饼皮先放入烤箱内，以低温加热，使其软化后，立即取出以食指和中指调整其形状。塑形脆饼皮时，可利用四个手指将饼皮往中间挤压，挤出一个十字形、中空的形状。压出造型后不能立刻放开，要稍微停留，等饼皮冷却后形状才可固定。

将塑形后的饼皮放入汤碗中，再放入捏成球状的寿司饭（寿司饭放入饼皮后要轻轻压平为四方形，方便其他食材陆续加入），上方再铺放鲑鱼卵，放上香松及玉子烧。

摆放上炸面线，将炸过的意大利面交叉摆放，表面撒上樱花花瓣即完成摆盘。

易食且变化多元的蛋壳食器摆盘

主厨　蔡世上
寒舍艾丽酒店 La Farfalla 意式餐厅

鲑鱼卵蒸蛋佐杏桃鸡肉卷

本道料理运用强烈的视觉效果，为盘景留下深刻印象。粗犷风格的黑色石材底盘，以玻璃利口杯与优雅造型瓷勺作为食器。透明的玻璃利口杯身，内部适合斑斓的花卉装饰。另外选用土鸡蛋也大有学问，由于土鸡蛋颜色上与鲑鱼卵较为协调，和对应的粉嫩鸡肉卷同属暖色系，将分开盛装的菜色，轻易勾勒出和谐一致的画面。

材料｜蛤蜊汤汁、土鸡蛋、加拿大熏鲑、鲑鱼卵、胡椒、盐、橄榄油、白酒、鸡肉卷、杏桃、波特酒、白兰地、肉桂、食用花、芝麻叶、百里香、红酸模、无花果酱等。

做法｜将蛤蜊汤汁与熏鲑加入蛋液里，装入洗净的蛋壳后蒸煮，以胡椒、盐、橄榄油、白酒等提味，撒上新鲜鲑鱼卵。杏桃先以波特酒、白兰地及肉桂煮过，再卷入鸡肉卷中，低温蒸煮鸡肉卷，肉质呈现粉红色，入口肉质软嫩并带有水果清香及浓郁酒香。

摆盘方法

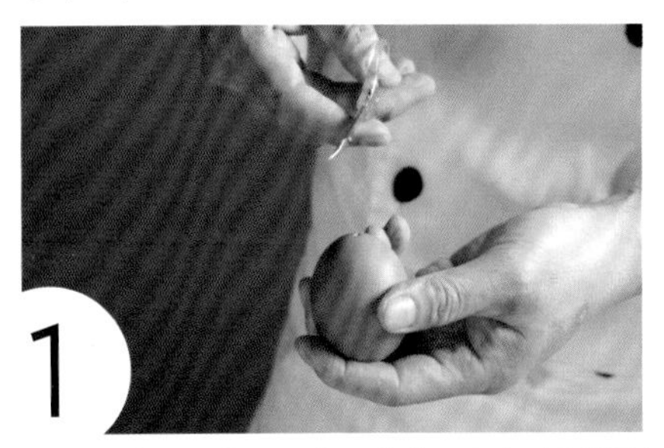

取一土鸡蛋，先用小剪刀的尖，在土鸡蛋的顶端轻敲出一个小洞。

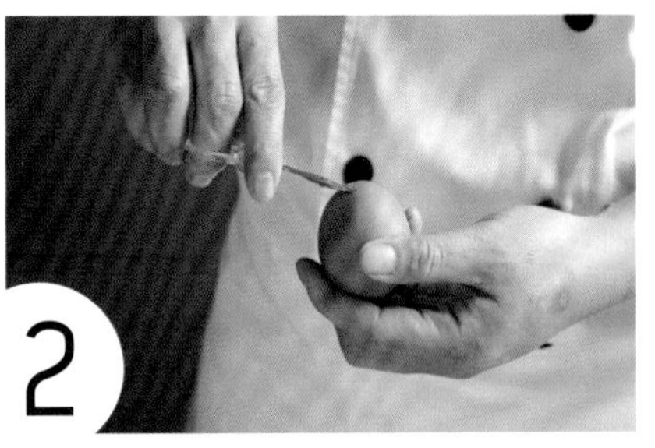

用小剪刀从蛋壳小洞开始，以顺时针方向把蛋壳上部逐渐剪开。

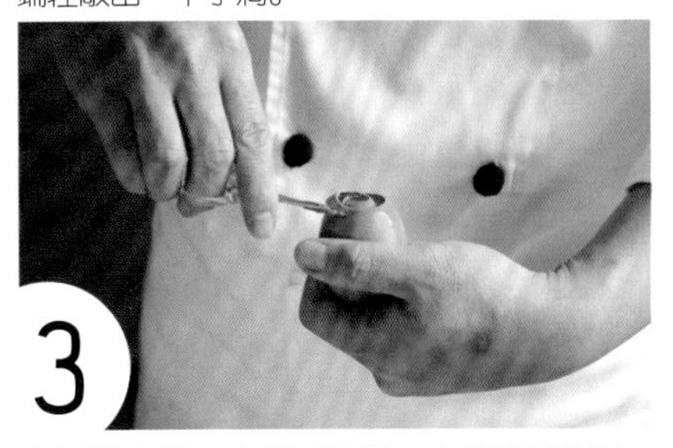

剪开蛋壳时，速度可放慢，支撑鸡蛋的另一只手可慢慢旋转，如同削果皮般剪出卷曲的蛋壳片。

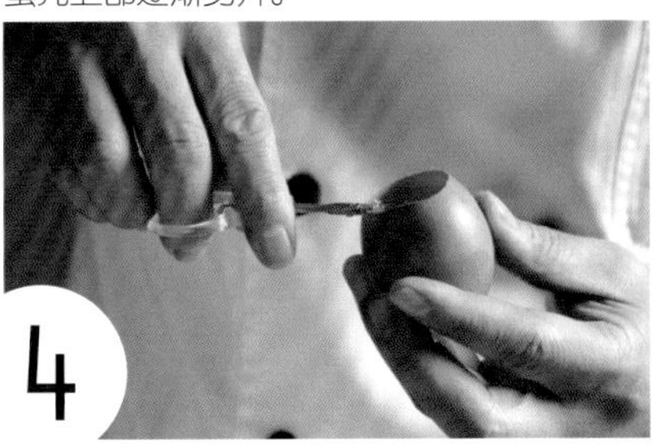

剪至约蛋身 1/3 处，目测已达汤勺可挖取的宽度后，即可将蛋黄与蛋白倒出，最后可再用小剪刀细修边缘，让开口平整。

在黑色岩盘上摆放上装有食用花、芝麻叶和百里香的玻璃利口杯，并在造型瓷勺内加入无花果酱与杏桃鸡肉卷。

剪好的鸡蛋壳中放入蛤蜊汤汁、熏鲑、蛋液蒸煮后，添入鲑鱼卵，放上百里香，置于利口杯上。在杏桃鸡肉卷上放上红酸模，摆盘即告完成。

利用玻璃利口杯当作蛋架，使用时可先考量杯子的口径，只要可以将蛋立起的食器均可使用。

鲜艳水果底座，便利轻松上桌

主厨 连武德
满穗台菜

百香果蟹肉塔

百香果的果皮是紫红色，果肉呈橘色，是色彩对比强烈的热带水果。口味酸甜、香气馥郁，不论颜色与口感均予人深刻印象，搭配焗烤的蟹肉塔，解腻、提味，令人耳目一新。另外百香果可直接作为食器，供客人拿取，以挖勺搅拌食用，在摆盘上须先将圆形底部削平，若担心仍会滚动，可于盘面再铺上大黄瓜薄片，附着效果更佳。

材料 | 百香果、蟹肉棒、蟹钳肉、海胆酱、虾卵、沙拉酱、面包屑、柴鱼片、冰淇淋、海苔粉等。

做法 | 蟹肉棒、蟹钳肉沥干切小块与海胆酱、虾卵、沙拉酱、面包屑一起搅拌均匀，用冰淇淋勺挖出小圆球，放在对半切开的百香果中间，送入烤箱烤至微焦取出，再摆放上柴鱼即可。

摆盘方法

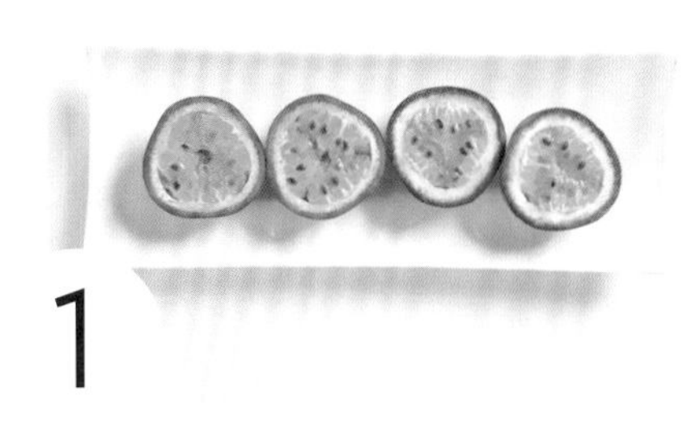

将百香果底部削平，剖半对切，横向并列铺排于盘面。

将蟹肉棒、蟹钳肉沥干切小块与海胆酱、虾卵、沙拉酱、面包屑一起搅拌均匀。

用冰淇淋勺挖出蟹肉塔小圆球，置于百香果上。

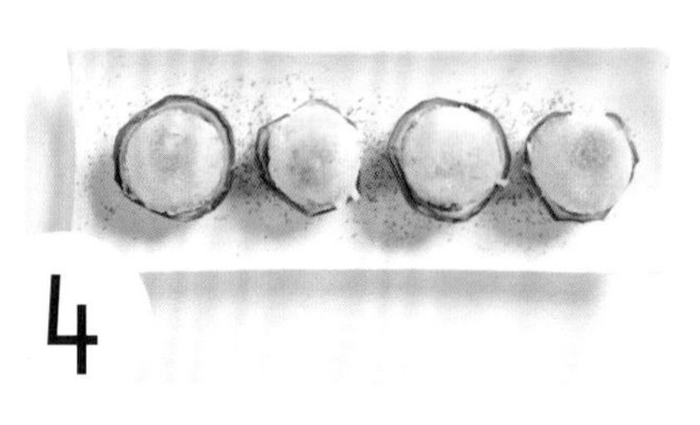

送入烤箱烤至微焦后取出，并于盘面均匀撒上海苔粉；撒粉时可以维持一定高度，从高处撒较能均匀地落于盘面，形成淡绿色细密纹理。

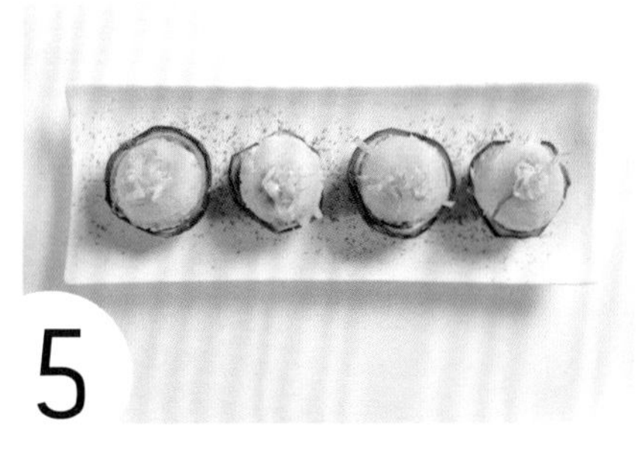

于顶部呈浅褐色微焦处，挤上些许沙拉酱，再以柴鱼片装饰点缀。

盛装酸甜滋味的盘中盒巧思

主厨 许汉家
台北喜来登大饭店 安东厅

巧克力珠宝盒、香草冰淇淋

宽边圆盘内的小圆凹底让视觉焦点聚集于中心，以可可巴芮脆片铺底，放上塑形后的巧克力珠宝圆盒，里头装盛富含酸甜口感的草莓与跳跳糖，似乎引申着女孩们青春洋溢的雀跃活力。

材料｜75%可可巴芮脆片、巧克力、草莓、蓝莓、软糖、跳跳糖、抹茶海绵蛋糕、银白巧克力球、香草冰淇淋、红醋栗、果泥、食用花等。

做法｜利用模具做出巧克力珠宝盒。在上半部表面可擦上一层金粉，接着以火烧热圆柱形工具镂空巧克力，顶端再用果泥黏上一颗红醋栗。

摆盘方法

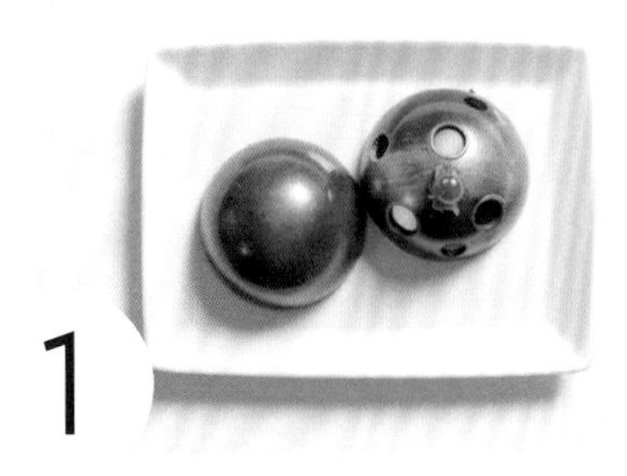

塑形后的巧克力圆盒可分为上下半球，下半球装填食材，上半球烧洞，顶端用果泥黏上一颗红醋栗，还可以擦上一层金粉，让上下球的装饰有所区别。

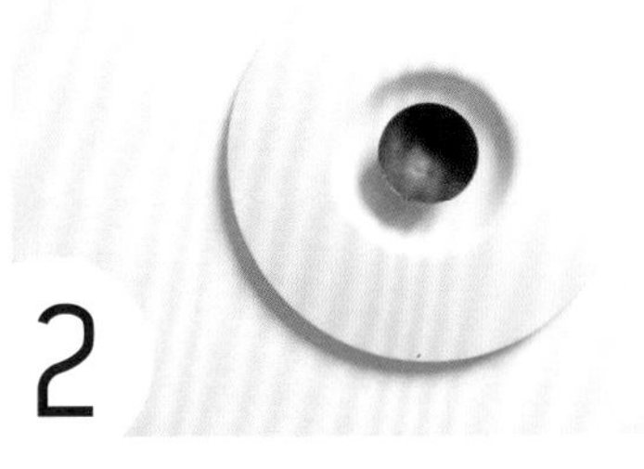

圆盘中心事先放上些许果泥，再放上巧克力圆盒的下半球。

在巧克力圆盒的周围放上可可巴芮脆片，并在巧克力盒中央放入抹茶海绵蛋糕与草莓。

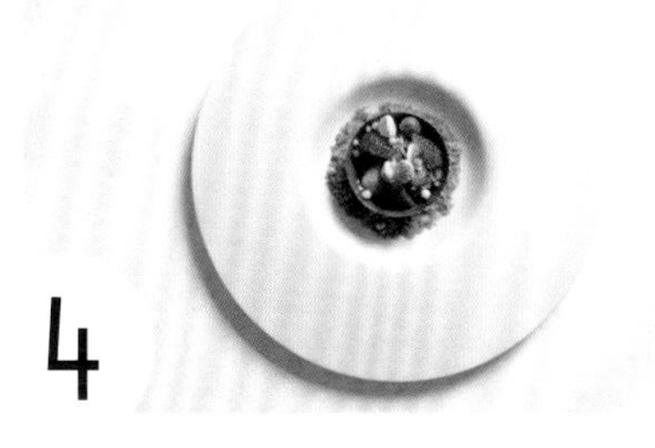

接着依序放入蓝莓与小颗软糖，增添缤纷色彩与酸甜口感。

在珠宝盒里放进银白巧克力球与跳跳糖，增加奢华质感。再轻放一球香草冰淇淋，与深色巧克力形成色彩对比。

轻放巧克力珠宝盒的上盖于旁，并在冰淇淋上加入食用花装饰，摆盘即告完成。

包裹带来惊喜，可多元应用的传统技法

主厨 许雪莉
台北喜来登大饭店 Sukhothai

香兰叶包鸡

扎实的油炸鸡腿肉，提供享用时的满足食感，借由泰国香兰叶包裹，不但赋予食材充足香气，更可为造型上增加期待感，拆开时的扑鼻香气，是主厨特意制造的神秘惊喜。

材料｜香兰叶、鸡腿、特调酱料（泰国酱油、鱼露、椰糖、白芝麻）、胡萝卜、生菜等。

做法｜将鸡腿切块，腌渍后以香兰叶包裹，油炸，蘸酱料即可食用。

摆盘方法

取一片香兰叶，将首尾两端互相交叉，形成一个叉字形。

将鸡腿肉放入香兰叶交叉后的中空处，将香兰叶的两端再交叉插入后收口。

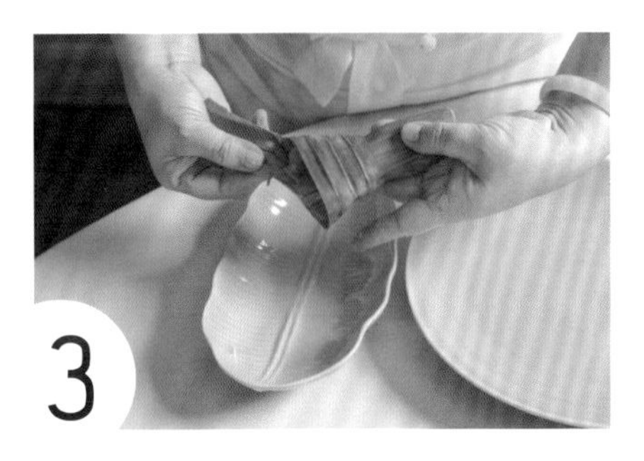

包裹时需确认收口，以免烹调过程中散开。拆开包装的过程中自然会激起一股好奇，由于香兰叶带有些许清香气，也可应用于蒸类的料理。

在盘侧摆放生菜，以此为底放上特调酱料盘，并点缀简单造型的胡萝卜。

将包裹香兰叶的鸡腿肉油炸起锅后，放入盘中。

由于食材大且不规则，较难以变化特别的布局或构图，此类食材便可以调整摆放的角度，稍稍立起，紧密靠立，让其稳定排列，即完成摆盘。

变化主角形体，颠覆视觉记忆

主厨 杨佑圣
南木町

造身

日式料理不可少的生鱼片，用圆球造型呈现，彻底改变了对于生鱼片的惯常呈现，透过 360° 的立体塑形，让观感有了全新的体验。由蓝柑橘酒与葛粉制成的圆球微微透出底色，增添了色彩，丰富了口感。滴管也给人耳目一新的感觉。

材料｜墨鱼沙拉酱、菠菜沙拉酱、剥皮红鲋鱼、蓝柑橘酒、葛粉、食用樱花、红酸模、食用菊花、坚果、酱油等。

做法｜将蓝柑橘酒、水与葛粉混合熬煮搅拌，倒入模型中冷却凝固，即成圆球，将去皮红鲋鱼一片片铺贴于圆球上，即可进行摆盘。

摆盘方法

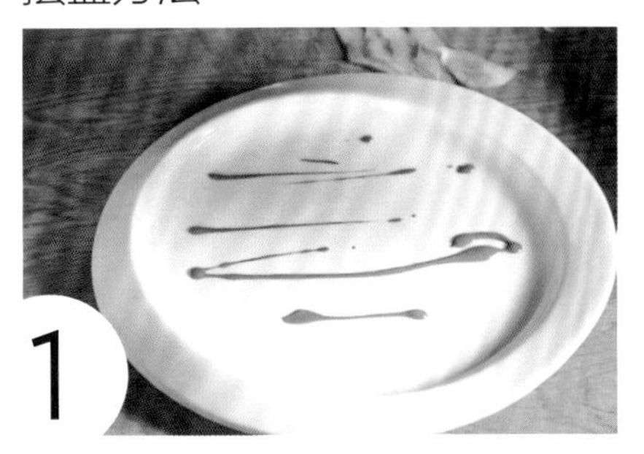

在盘中使用汤勺，横向地滴淋上墨鱼沙拉酱，表现出奔放的线条感。

在墨鱼画盘的空隙之间，滴淋上菠菜沙拉酱，呈现出抽象的画盘笔触。

将剥皮后的红鲋鱼切片。

取一蓝柑橘酒与葛粉做成的圆球，将红鲋鱼薄片铺贴在球面上；铺贴时可让鱼片上面部分重叠，圆球的底部则不需铺贴，以免放入盘中后球体不稳定。

把包裹红鲋鱼薄片的圆球放在盘子的右上方，并放上食用樱花瓣及红酸模，盘中点缀菊花瓣作为装饰。

依循画盘酱汁的线条，放上坚果等，并在圆球旁放上装有调味酱油的滴管，即完成摆盘。

封存淡雅香气，古朴简约的覆盖包裹术

料理长 五味泽和实
汉来大饭店 弁庆日本料理

烧物

将料理覆盖包裹的手法，很能赋予食用者惊喜感，掀开料理包装，谜底揭晓时的喜悦冲击，往往能让食用者留下深刻印象。而此料理运用杉板夹入新鲜食材，让杉板香气淡淡附着于其上，不抢食材风味，却能于口中留下一丝雅致芬芳，搭配绳子捆绑，让享用者能有拆礼物般的期待与好奇。

材料｜白身鱼、帆立真薯、胡萝卜、鸿喜菇、青椒、银杏、杉板等。

做法｜将白身鱼、帆立真薯、胡萝卜、鸿喜菇、青椒、银杏上下包夹于杉板中绑起后烤熟，即可进行摆盘。

摆盘方法

1

取一杉板，放入白身鱼、帆立真薯、胡萝卜、鸿喜菇、青椒、银杏等食材。

2

盖上另一片杉板，捆绑包裹着食材的两片杉板。

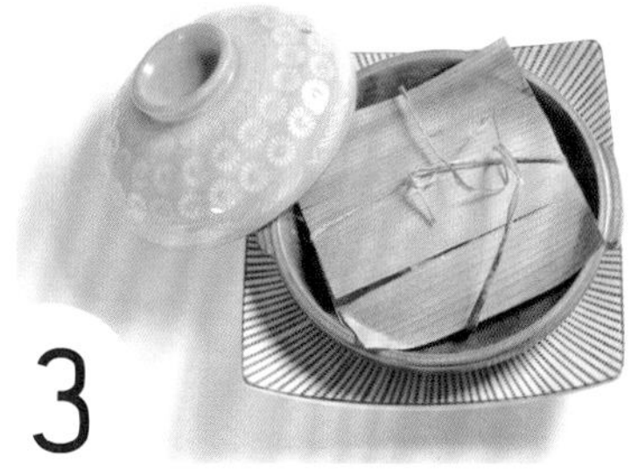

3

将包裹完成的料理，烤熟后置于食器之中即告完成。

变化包裹外层，传递欢乐气息

主厨　李湘华
台北威斯汀六福皇宫 颐园北京料理

生菜鸭松

生菜鸭松常见以生菜作为包裹的外层，此摆盘则加入老少咸宜的冰淇淋甜筒脆片，作为盛装食材的餐器，具有好拿且方便食用的特性。内里再衬以生菜为鲜蔬背景，深浅渐层的生菜色彩与蓬松感，中和鸭松浓密口感与香气，平添清凉爽口底蕴。而简易的摆盘方法以及讨喜的外观，轻松营造欢乐气息，相当适合初学者使用。

材料｜鸭肉、马蹄、芹菜、香菇、胡萝卜、冰淇淋甜筒脆片、蚝油、胡椒粉、鸡粉、白糖、米酒、生菜、豆苗、芝麻叶等。

做法｜将鸭肉、马蹄、芹菜、香菇、胡萝卜切成小丁，与调味料拌炒均匀即可。

摆盘方法

生菜卷起来放于冰淇淋甜筒脆片内。再加入由鸭肉、马蹄、芹菜、香菇、胡萝卜等制成的鸭松。

在顶部装饰豆苗与芝麻叶后，置于手卷架上，摆盘即告完成。

食材堆叠｜技法 27 食材包裹的呈现

面条包卷堆叠，变化厚实口感

行政主厨　蔡明谷
宸料理

海胆矶昆布山药抹茶面

面条是每个人从小到大再熟悉不过的基本食材，它的口感与造型充满许多变化的可能性，将面条应用在摆盘设计时，不仅可以改变料理的口感，同时也可以运用包裹的技法，变化料理的面貌。将完成的海苔面条卷以交错堆叠的方式摆放，无论转到哪一面享用，皆能看到同样的风景呈现。食材层层堆叠，拉提出明确的颜色层次感，海苔的深色与圆盘的暗黑色相互呼应，享用到山药与面条对比的口感趣味时，即可体会这是一道外暗内亮的摆盘作品。

材料｜矶昆布、烧海苔、山药、抹茶面条、鲑鱼卵、海胆、葱花、梅子酱、食用菊花、针海苔、白芝麻等。

做法｜将抹茶面条束起煮熟（约 4 分钟），铺在桌上，以烧海苔包裹山药，再以面条包卷，外层以矶昆布包覆，去头尾后切成大小相同的块，即可进行摆盘。

摆盘方法

1

把煮熟的抹茶面条束放在保鲜膜上摊平，摊平时维持一根面条的厚度即可。

2

把山药切为厚长条状，再包上烧海苔，放在面条上；轻提保鲜膜，用面条包卷住山药与烧海苔。

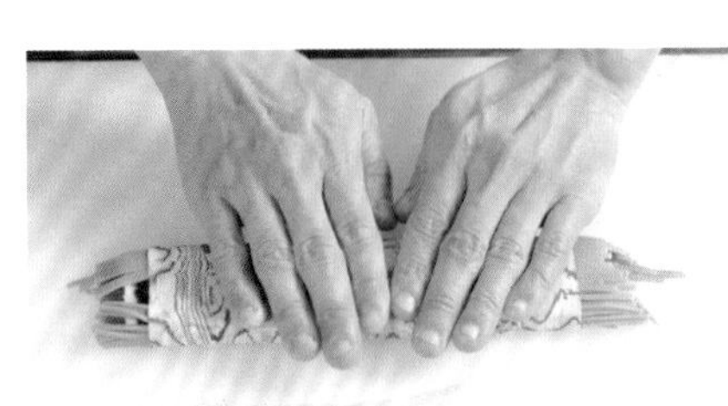

3

包卷面条时，可用竹签或筷子使面条平顺，贴合面条往前推，若太干可蘸水操作；完成后将保鲜膜撕下，让面条卷的外层再包裹上一层矶昆布。包裹时，用双手轻压，形成砖状的整齐立体造型。

4

切块，放入盘中摆盘。切块时，每切一刀都必须擦刀子，以免粘连影响美观；基底的两块可以相同的角度斜放，上面的一块横放，做出堆叠的变化。

5

在上面的一块上放上海胆，并于一旁放上鲑鱼卵，增加料理的豪气；撒上葱花，并在料理的上下左右各点一滴梅子酱，酱汁上撒上几粒白芝麻，以四角形的构图围绕摆盘主体。

6

在周边撒上菊花瓣，并于海胆上方点缀针海苔即完成摆盘。

食材堆叠｜技法 27 食材包裹的呈现

线条形塑的律动美感

主厨　蔡世上
寒舍艾丽酒店 La Farfalla 意式餐厅

栗子蒙布朗巧克力慕斯佐香草柑橙酱

勾勒出线条之美是本道甜点的重要特色，而转台是制作上不可或缺的器具。挤奶油专用的花嘴将奶油切分为三条线，环绕往上的过程中，不仅勾勒出线条对称之美，并包裹住巧克力慕斯，使其呈现不同风貌。顶端的手工巧克力片，线条纹理丰富，除了可盛载红醋栗、开心果与银箔等饰物外，也不易压垮下层的慕斯。借由线条具穿透感的纹理表现，增加作品的完整度与丰富性。

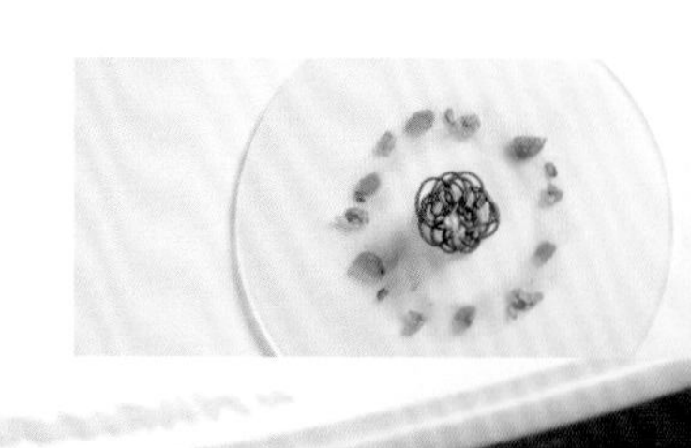

材料｜巧克力慕斯、法国栗子泥、卡士达、鲜奶油、兰姆酒、新鲜柑橘、干邑甜酒、香草子、糖渍栗子、核桃、开心果、手工巧克力片、红醋栗、银箔等。

做法｜将法国栗子泥、卡士达、鲜奶油及兰姆酒拌成绵密的栗子奶油，层层包裹住巧克力慕斯；以新鲜柑橘及干邑甜酒、香草子调制成香草柑橙酱。

摆盘方法

将圆锥形的巧克力慕斯放于转台上。

借由转台的匀速旋转，使用挤花袋，将绵密的栗子奶油由下至上，层层包裹住巧克力慕斯。

将圆盘摆放于转台上，同样以旋转的方式，利用香草柑橙酱进行画盘。

画出约莫三圈后，用笔刷把柑橙酱顺时针抚平，使其呈现渐层温和的视觉效果。

把巧克力慕斯放于圆盘中央，在外围的香草柑橙酱圆周上，交错环绕摆放糖渍栗子、核桃与开心果。

在巧克力慕斯上放上手工巧克力片，巧克力片上再缀以红醋栗、开心果与银箔装饰，摆盘即告完成。

包裹高低层次的立体美学

副教授　屠国城
高雄餐旅大学餐饮厨艺科

西洋梨牛肉腐皮包

腐皮或春卷皮的包裹法，可将料理做成小巧可爱的袋状造型，此类料理因具有立体高度，故在摆盘时可加入大小与高低层次的对比。本摆盘便选用中央凹陷的圆盘，摆放造型立体的腐皮包，从不同角度观看拥有不同的视觉高低变化，再运用鲜艳颜色的蔬菜装饰。以红酒酱汁浇淋在盘面周围，营造视觉韵律感，除了强化整体盘面的色调，亦增添摆盘的丰富层次感。

材料｜牛菲力、西洋梨丁、腐皮、苹果醋、柴鱼酱油、芦笋段、甜椒片、胡椒盐、胡萝卜、白萝卜、秋葵、红酒酱汁等。

做法｜牛菲力以苹果醋、酱油腌制后炒至半熟，加芦笋及甜椒拌炒，加胡椒盐，起锅前拌入西洋梨丁，制成馅料。

摆盘方法

将馅料倒在腐皮上。

抓起腐皮的左右两侧，把馅料包起来。

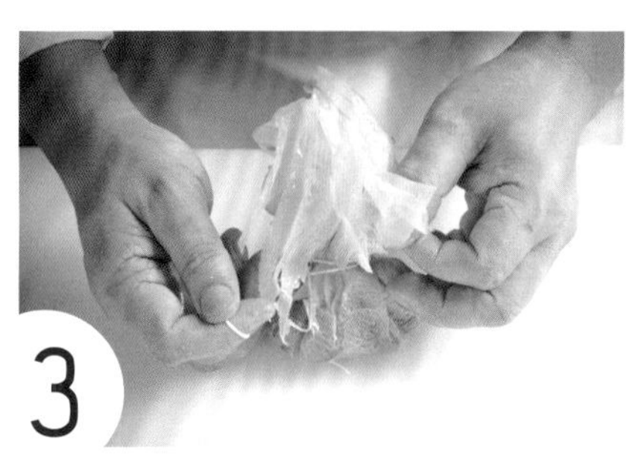

在腐皮上方以棉绳捆绑固定，以避免食材散落（最后可用韭菜花替换棉绳）。

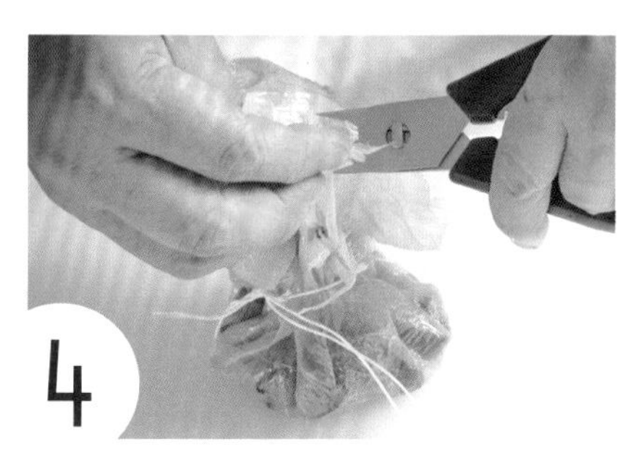

修剪上方过长的腐皮，让腐皮包的上下比例均衡。

将腐皮包放入烤箱烘烤后，放置于盘面中央凹陷处，并在周边摆放丁状的胡萝卜、白萝卜以及秋葵，创造立体层次。

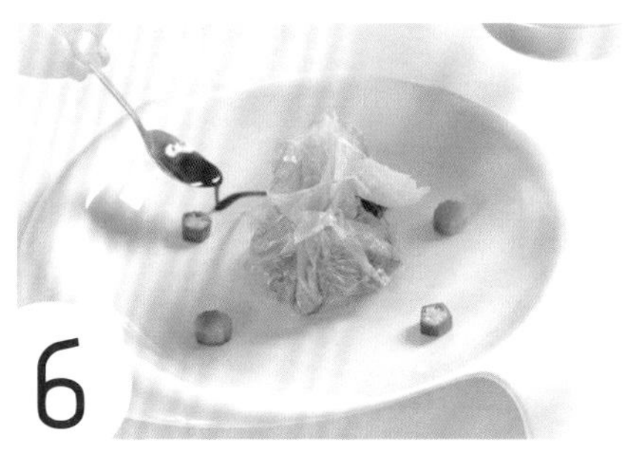

在盘面上以环状淋上红酒酱汁，增加腐皮与配菜中间的和谐感，摆盘即告完成。

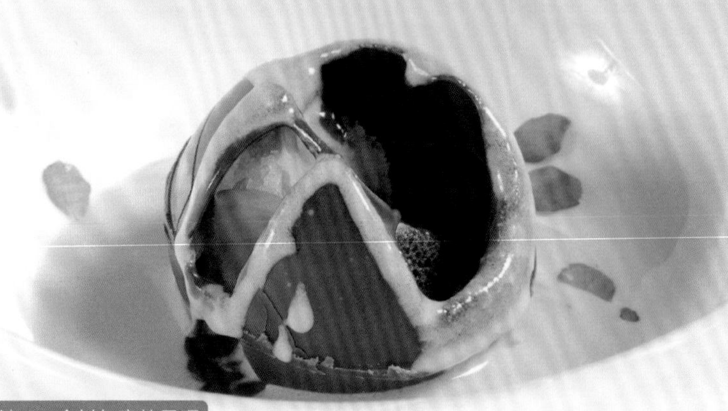

浇淋带来惊喜，包藏神秘的冷热甜品

主厨　杨佑圣
南木町

熔岩胡麻巧克力

为让甜点掳获食客的心，选用球形巧克力包裹甜蜜食材，藏于巧克力球中的神秘惊喜，让人备感期待，浇淋上加热的胡麻酱汁，让巧克力融化，惊艳度百分之百，胡麻酱的温润滋味与巧克力完美搭配，是色香味俱全的幸福甜点。

材料｜巧克力、鲜奶油、麻糬、厚烧、荞麦苗、食用花（菊花、海棠花、樱花）、胡麻酱等。

做法｜将巧克力灌模做成半球状的壳，胡麻酱加热备用，即可进行摆盘。

摆盘方法

取一中央深陷的汤盘，在盘中间滴上一滴热巧克力浆，接着粘上半个球状巧克力壳。

于巧克力半球中挤上鲜奶油，当作基底。

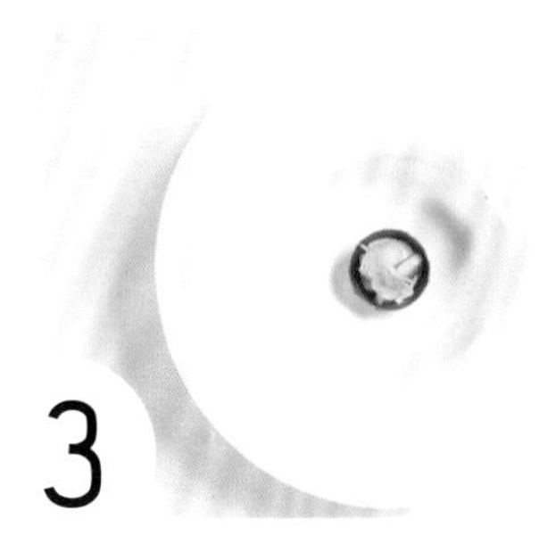

然后放入麻糬与厚烧，并加入黄色菊花、荞麦苗及海棠花点缀。

接着盖上另一半巧克力壳，并使用喷枪加热上下巧克力壳的边缘，让上半与下半融合成一个圆球体。在盘边缘撒上樱花花瓣、荞麦苗点缀。

在料理上桌前，将热的胡麻酱浇淋于巧克力球上。

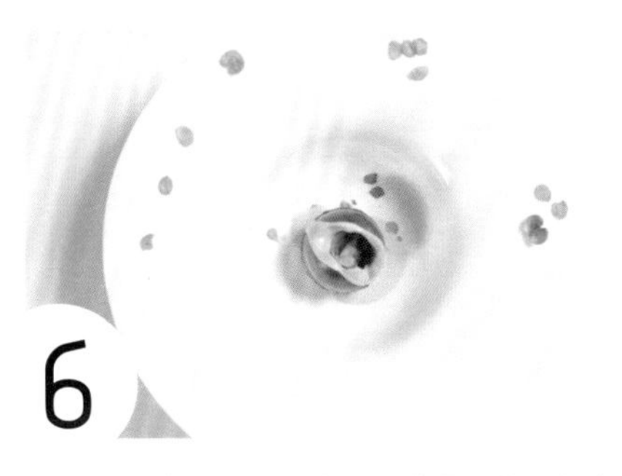

热胡麻酱会使巧克力融化，窥见内馅，胡麻酱加得愈多，巧克力也融得愈多，可依个人喜好选择胡麻酱的用量。

运用切割，呈现扇形美感

主厨 连武德
满穗台菜

乌鱼子拼软丝

白净无华的四方盘面，上方处呈现一抹波澜，增加食器动态丰姿。摆盘基底运用竹叶、牛番茄及大黄瓜，将盘面分为三部分，勾勒出主食材、配菜的比例与定点位置。其中竹叶选用中段，弧形构图占据盘面 1/2，大黄瓜薄片呈半透明青色，圆形叠映下依稀可见两种深浅绿色，分别赋予底部不同质感。而扇形展开的乌鱼子、水梨与茄子，丰富的色彩与参差角度，花团锦簇地呈现台菜澎湃热闹的意象。

材料｜乌鱼子、软丝、水梨、茄子、竹叶、牛番茄、大黄瓜、生菜、白萝卜、沙拉酱等。

做法｜将软丝、水梨、茄子分别斜切成片。把白萝卜雕成装饰花。把生菜切丝。

摆盘方法

放入竹叶、斜切的牛番茄、大黄瓜切片，红润牛番茄居中，两侧为深浅不同的绿色竹叶与黄瓜片。运用食材的切法与摆放角度，让摆盘风景富有曲线变化。

将生菜置于竹叶与大黄瓜薄片之上，淋上沙拉酱后，将软丝切片置于大黄瓜一侧生菜之上。

将乌鱼子切片，以斜切的方式，制造连续片状的布局设计。

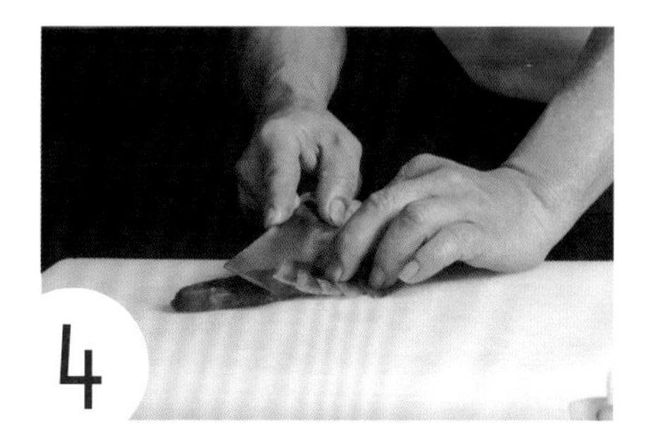

斜切乌鱼子时，可以运用食材本身的黏性，在切片的同时，以相同间隔将之展开为半圆形扇状。

把乌鱼子切片放在竹叶前部，中间放置水梨切片，起装饰作用的茄子切片放在后面。摆放上白萝卜立体雕花装饰。

刀工的修饰 | 技法 28 刀工修饰的方法

切出层次，易食并提升视觉卖相

料理长　羽村敏哉
羽村创意怀石料理

干贝真丈汤

为求口感滑顺绵密的干贝真丈能工整表现，因此在其各个面向上，仍需做细微的修饰及切割，让其呈现光滑、平整的形体，在碗中呈现白嫩无瑕的层次及立体感。切割完成的造型，即可搭配其他配菜。而在日本料理中，较不常让食材散落表现，因此将鸭儿芹以打结的方式处理，同时增加口感及造型卖相。

材料｜山药泥、蛋白、干贝、明虾、鸭儿芹、香菇、柚子皮、高汤等。

做法｜将山药泥、蛋白、干贝调理后蒸制成干贝真丈。

摆盘方法

取出蒸好的干贝真丈。

由于其外形不够工整，因此需要切割工整。

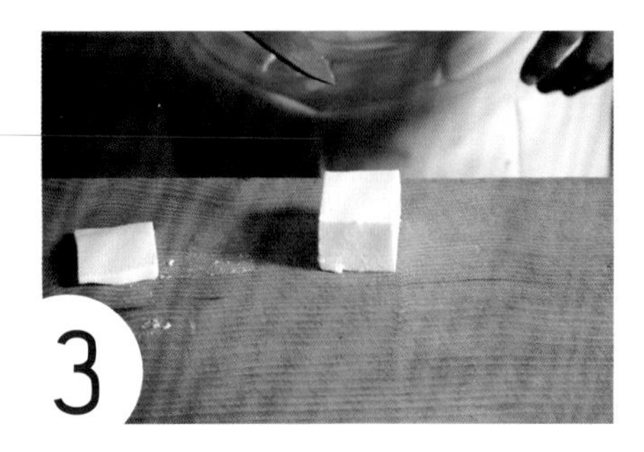

先将不规则的边缘切除，使其成为一立方体。

接着进行切割，切成厚薄相同的 4 片。

推开切块的干贝真丈，使其呈阶梯状排列，因其组织相当绵密，动作必须小心翼翼进行，以免损坏。

将干贝真丈放入碗中，侧边放入两个切半的明虾，制造红白相间的高雅配色；并陆续加入香菇、打结的鸭儿芹、切片柚子皮后，从侧边淋上高汤，盖上碗盖即完成摆盘。

圆与方的巧妙平衡

副教授　屠国城
高雄餐旅大学餐饮厨艺科

番红花洋芋佐帕尔玛火腿干

运用马铃薯螺旋器将马铃薯制成螺旋般的长卷，搭配方正的白色餐具，在摆盘上呈现方与圆之间的对比乐趣。而番红花洋芋卷的摆放，刻意不与正方形的四边平行，以与对角线平行的方向摆设，在视觉上拉长延伸。运用酱汁、绿卷须、帕尔玛火腿干点缀盘面，以黄、绿、红等多样色彩元素增添层次与视觉平衡。

材料 | 马铃薯、帕尔玛火腿、番红花、煮熟蛋碎、鳀鱼酱、荷兰芹碎、橄榄油、蒜头碎、高汤、白酒醋、绿卷须、番茄等。

做法 | 马铃薯挖成螺旋状，制成洋芋卷，用高汤及番红花烹煮后沥干。将帕尔玛火腿放入烤箱烤成脆片。将白酒醋加入橄榄油调匀再加煮熟蛋碎、鳀鱼酱、荷兰芹碎、蒜头碎等，制成酱汁。

摆盘方法

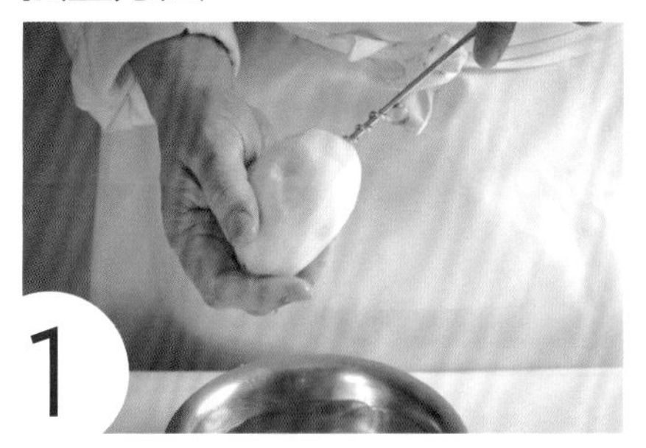

取一马铃薯，用马铃薯螺旋器刺入其顶端。

将马铃薯螺旋器转入马铃薯内部，类似用开瓶器刺入软木塞一般，直到螺旋器的尖端穿过马铃薯。

将马铃薯置于砧板上，用刀切后取出中央的螺旋器与洋芋卷，切时注意深度，避免切到洋芋卷。

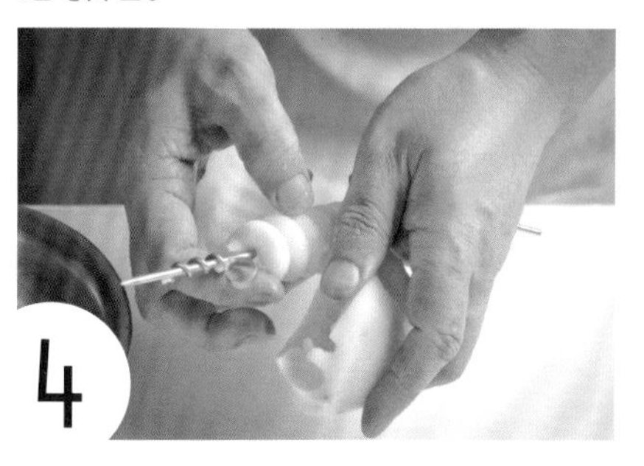

将马铃薯掰开后，即可得到洋芋卷。

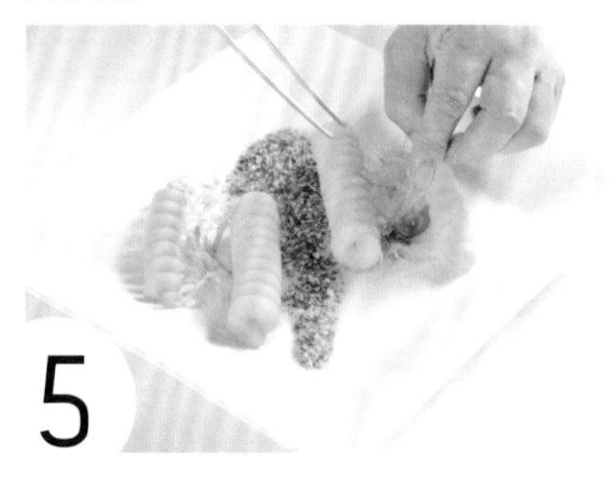

烹煮后将 4 条番红花洋芋卷摆放于方盘中，方向是与一个对角线平行，并于盘中浇淋制成的酱汁，加入绿卷须与番茄，创造色彩变化。

将烤过后的帕尔玛火腿干，以特殊的倾斜角度插放于番红花洋芋卷里，均衡视线并兼具脆与嫩的不同口感。

切割表现流动滑顺的料理质感

行政主厨　蔡明谷
宸料理

软丝涓流

利用碎冰形成基底的高低差，让以刀工切成细丝的软丝能表现其晶透及流动感，由左上至右下，仿佛自然流下的瀑布美景。以碎冰呈现，更可维持软丝的新鲜品质，保持其迷人的口感。

材料｜软丝、白萝卜、防风、鲑鱼卵、碎冰、盐块等。

做法｜新鲜软丝去膜，切成细长丝，白萝卜切成薄片制作成花朵，即可进行摆盘。

摆盘方法

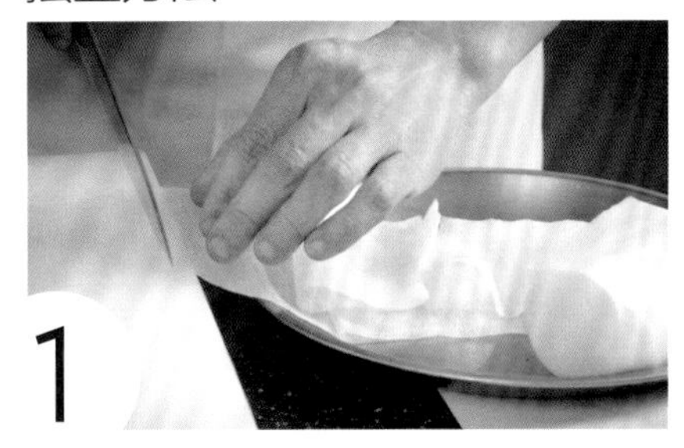

将白萝卜以均等斜切的方式切成白萝卜薄片，再将白萝卜薄片整片卷起泡水，即可使白萝卜片软化。

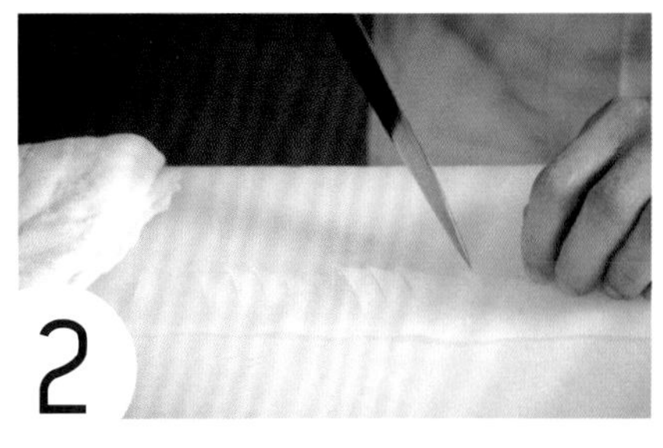

将白萝卜薄片上下对折，并在下方以相同的间隔出斜线。

将白萝卜薄片收为一束，以牙签固定，即可做成白萝卜花。

食器内铺放上碎冰，左上可铺较高，往右下逐渐可铺成平面，高处放上盐块，放入鹅卵石，中心的两块鹅卵石可后续作为支撑软丝的基底。

将切成细长丝的软丝从高处向下铺放，营造如瀑水流水般的效果。

在软丝旁放上防风点缀，盘中左下方放入白萝卜花，于其中央点缀鲑鱼卵，即完成摆盘。

Tips

摆放软丝时，可以铁筷作为辅佐工具，便于整形及移动，不要一长条到底直接平铺，由于底下铺有石头，顺应高低变化，便可以加入皱褶，让软丝向内折，形塑出曲折往下的弯曲变化，让摆盘更为生动。

丝丝入扣，口感与视觉的完美飨宴

行政主厨　蔡明谷
宸料理

三色细面

这道三色细面，是运用扎实的基本刀工，取代机器切出的，无论在视觉及口感上，都拥有与众不同的美感及惊艳度。使用山药、茄子、小黄瓜等常见的蔬菜，利用切割的技法，改变食材的原有造型，将之化身为面条般的细线。实际品味料理时，亦会感受到料理口感与外形的矛盾冲击，这也是运用切割变化食材造型的趣味所在。

材料 | 小黄瓜、山药、茄子、鲑鱼卵、海胆、小菊花、鱼子酱、紫苏花枝、日式凉面酱汁等。

做法 | 小黄瓜及山药从外围片成长薄片，之后切丝备用。茄子也片成长薄片，之后切丝，将茄子丝裹上太白粉下滚水汆烫后冷却，即可进行摆盘。

摆盘方法

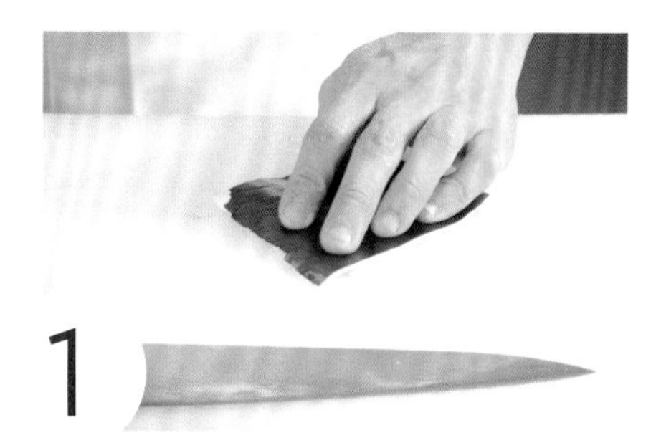

1

将茄子、山药与小黄瓜皆片成长薄片（图片以茄子为例）。

2

再切成细丝，裹上太白粉下滚水汆烫后冷却，即可制成茄子细面（小黄瓜与山药可生吃）。

3

将切好的山药丝卷起，放入食器正中间，左方放入小黄瓜丝，右方放入茄子丝。

4

在山药丝上放上鲑鱼卵，茄子丝上放上海胆，鲑鱼卵的前端则放上鱼子酱。

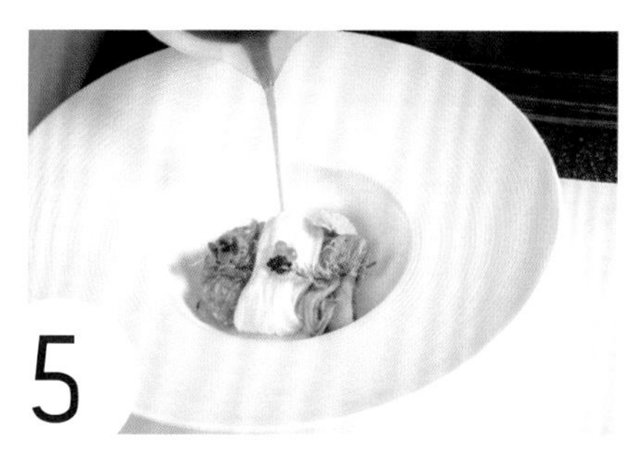

5

将紫苏花枝横放于三色细面上，放上整朵小菊花，从旁淋上日式凉面酱汁即可完成摆盘。

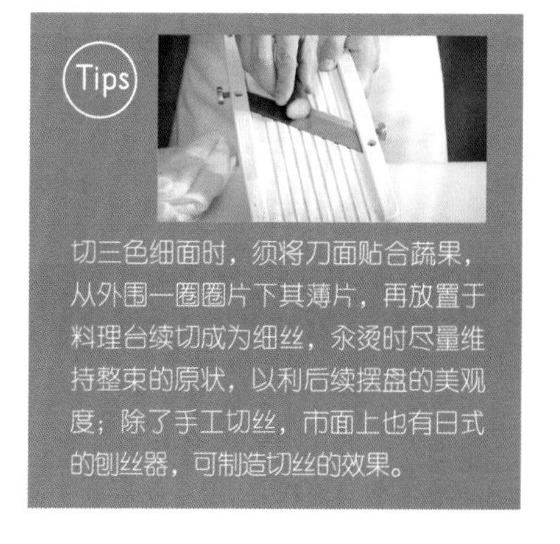

Tips

切三色细面时，须将刀面贴合蔬果，从外围一圈圈片下其薄片，再放置于料理台续切成为细丝，汆烫时尽量维持整束的原状，以利后续摆盘的美观度；除了手工切丝，市面上也有日式的刨丝器，可制造切丝的效果。

多重食材造型的变换协奏

主厨 Olivier JEAN
L' ATELIER de Joël Robuchon

经典鱼子酱佐熏鲑鱼镶龙虾巴伐利亚

搭配主食材的配菜，除了以食物原貌呈现，也可以应用切割的技法，改变原有造型后，再做搭配。此道摆盘里，鲑鱼与龙虾巴伐利亚以平卷塑形，萝卜等配菜则利用刀工，转换了食材原有的样貌，搭配芥末酱点状画盘，重新诠释了多重造型集中于盘景的协调。

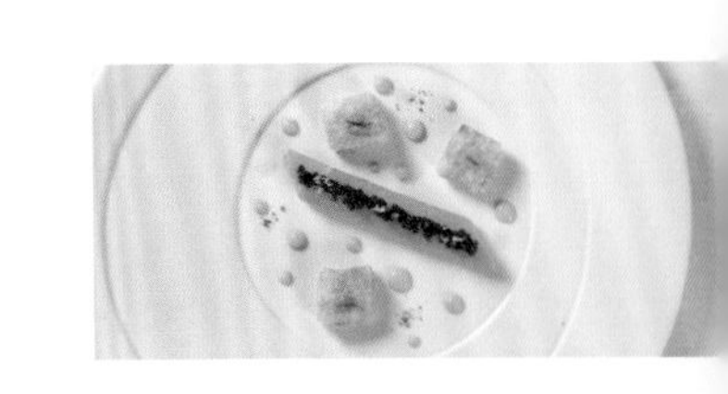

材料｜熏鲑鱼片、龙虾巴伐利亚、白萝卜、胡萝卜、小黄瓜、鱼子酱、芥末酱、橄榄油、西班牙辣椒粉、金箔、红酸模等。

做法｜将熏鲑鱼片包覆龙虾巴伐利亚以平卷塑形放入冷冻，取出后将前后两端切为尖角，仿若雪茄造型，为盘景增添趣味。

摆盘方法

先在圆盘边上以海绵印章与水彩盖印出小花的图形，三个颜色对应食材里的色调，使得平凡的白盘多添几分活泼的意趣。

在盘中放入斜切为雪茄状的熏鲑鱼镶龙虾巴伐利亚。

将白萝卜刨成薄片后，切割为长条，将两条交叠成十字，中间放入切成丁的胡萝卜与小黄瓜。

先将水平方向的白萝卜片向中心折起，再将垂直方向的白萝卜片向中心折起，并将交叠处朝下压住，制成萝卜包裹。

将萝卜包裹以三角构图摆放于鲑鱼卷两侧后，在食材周围滴上大小不一的点状的橄榄油与芥末酱，并轻撒西班牙辣椒粉装饰。

取两支小汤勺，在鲑鱼卷上用直线堆高的方式，加上一排鱼子酱，点缀少许金箔，增添此道料理的奢华感。在萝卜包裹上装饰红酸模，即告完成。

衬映大型主食材的小巧配菜修饰

副教授　屠国城
高雄餐旅大学餐饮厨艺科

威灵顿猪菲力佐红酒酱汁

为避免呈现传统配菜的摆放方式，这道料理将重点放在食材的刀工与塑形上，加入大量的配菜。以小巧精致的配菜，对比大块造型的主食材。在纯白的圆盘上利用绿、橘、红、黄等丰富色彩以圆形摆盘点缀，在配菜的刀工上展现各自的意趣，而酱汁的造型更是修饰整体视觉动线，使整个摆盘呈现出春意盎然、风和日丽的画面。

材料｜猪菲力、起酥皮、洋菇、洋芋、鹅肝酱、胡萝卜、红葱头、红酒、肉浓汁、鸡蛋、圣女番茄、小黄瓜等。

做法｜将猪菲力煎上色，洋菇切小丁炒制成蘑菇酱。将起酥皮包入蘑菇酱、鹅肝酱及煎上色的猪菲力，表面抹上蛋液，烘烤至金黄色即可。炒香红葱头，加入红酒、肉浓汁，浓缩制成红酒酱汁。将圣女番茄的皮揭至顶部，做出造型。

摆盘方法

1

使用挖球器，将胡萝卜挖成小球，并用刀子将胡萝卜球的底部切除。

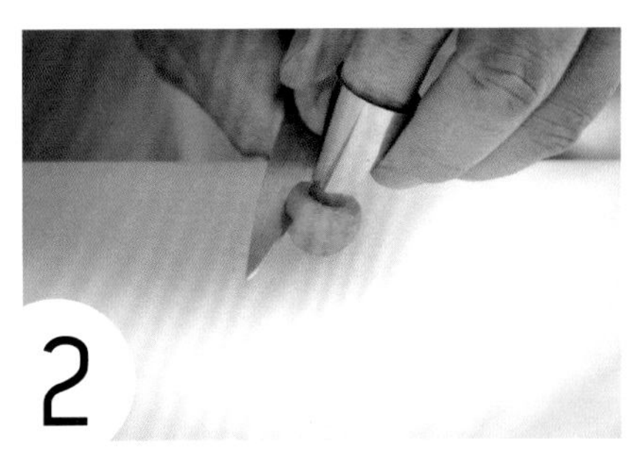

2

将花嘴压进胡萝卜切平的底部，接着以刀绕胡萝卜切划一圈，此时要用手扣住花嘴以避免胡萝卜脱落。

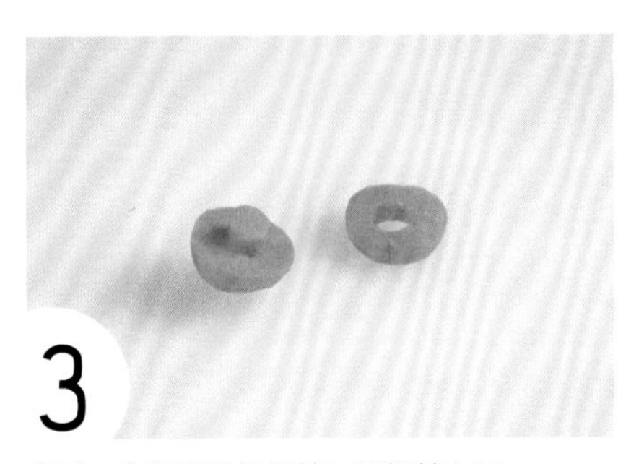

3

得到一个蘑菇状的胡萝卜和胡萝卜环。

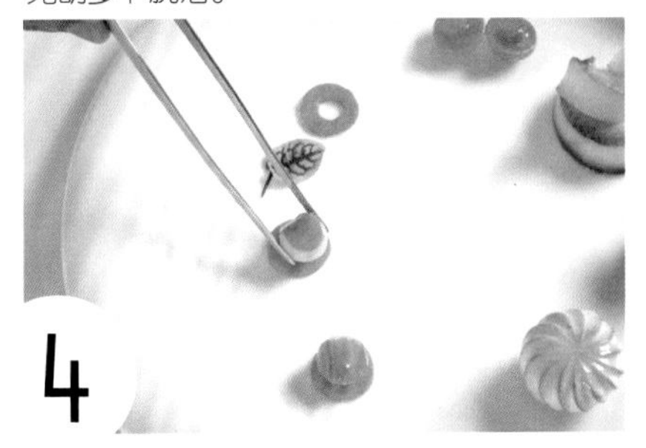

4

将造型胡萝卜、洋芋、番茄、洋菇、红酸模等配菜以圆形排列，放置于圆盘周围，将切成圆形的小黄瓜放在胡萝卜环上，创造立体高度。

5

在盘中摆放包入猪菲力等材料的酥皮。

6

以红酒酱汁在酥皮周围勾勒修饰，酱汁围绕主食材呈环状造型。

立体雕花与平面配饰，创造龙飞凤舞的生动盘景

主厨 李湘华
台北威斯汀六福皇宫[illegible]园北京料理

大漠孜然销香排

此料理改良自唐朝宫廷菜，以饱满的腩排搭配孜然与 20 多种香料制成，香气馥郁充满西域豪迈风情。为衬托豪爽大气的腩排主菜，以龙雕与青江菜制成的飞鸟作为摆饰。青江菜的飞鸟的概念，发想自慈禧六十大寿的“百鸟朝凤”菜色，如此塑形可使摆盘充满“龙飞凤舞”的活力。此外，建议操作时使用较大的青江菜。

材料｜腩排、青江菜、黑芝麻、胡萝卜、巴西里、蒜酥、辣椒末、孜然粉、百里香、咖喱油、酱油、黄酒、鸡粉等。

做法｜将腩排用调味料腌制 2 天，放入蒸烤箱温度 180℃蒸烤 30 分钟后取出。再将青江菜雕塑成小鸟形状后，蒸煮熟，不要用水煮，以利于保持形状。用胡萝卜雕刻出巨龙。

摆盘方法

先将胡萝卜雕刻的巨龙与绿色巴西里，放置于圆盘上方 1/4 处，将主食材腩排放到盘中，并于其上方撒放蒜酥、辣椒末提味。

取一青江菜，摘折一两片菜叶，使鸟身的圆弧形状更为轻盈飞扬后，在菜梗前缘，运用雕刻刀或水果刀，雕刻出鸟嘴的形状；初学者可雕成简易的 V 形。

在梗叶上缘，使用鸭针等工具，戳出细洞，再把黑芝麻塞放至洞内，当作鸟眼。

取一胡萝卜片，以雕刻刀划切出鸟冠。

在青江叶的梗叶顶部，以雕刻刀划开，将胡萝卜片制成的鸟冠塞入，并把菜叶部分修裁为 V 字形，即完成塑形。

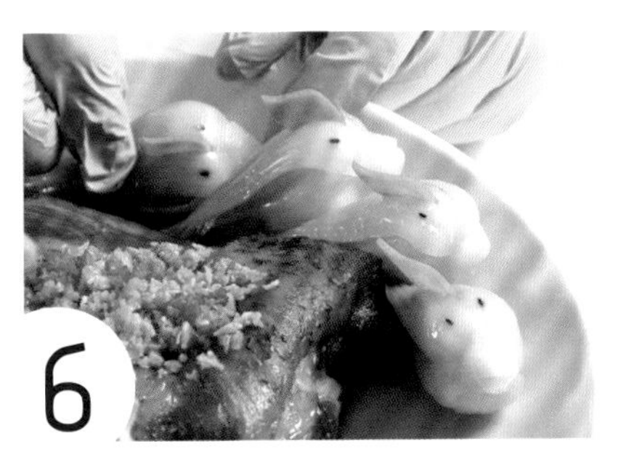

将由青江菜制成的六只鸟，倾斜摆放于盘面下方，鸟头的方向与龙头相反，完成摆盘。

刀工切割，延伸配菜视觉层次

主厨 林秉宏
亚都丽致集团 丽致天香楼

龙井虾仁

经典的杭州菜龙井虾仁由于主食材较为单一，摆盘时除了选择特殊造型食器盛装外，此道摆盘也能透过配菜刀工的运用，令龙井虾仁与配菜相辅相成，创造轻与重的视觉效果对比。

材料 | **新鲜河虾仁、龙井茶叶、盐、太白粉、绍兴酒、牛番茄、洋香菜、生菜、食用花等。**

做法 | **虾仁手工挑除泥肠后，以盐、太白粉洗去表层脏污，吸干水分，以温火过油，搭配雨前龙井茶叶拌炒，起锅前锅边淋上少许绍兴酒，即可盛盘。**

摆盘方法

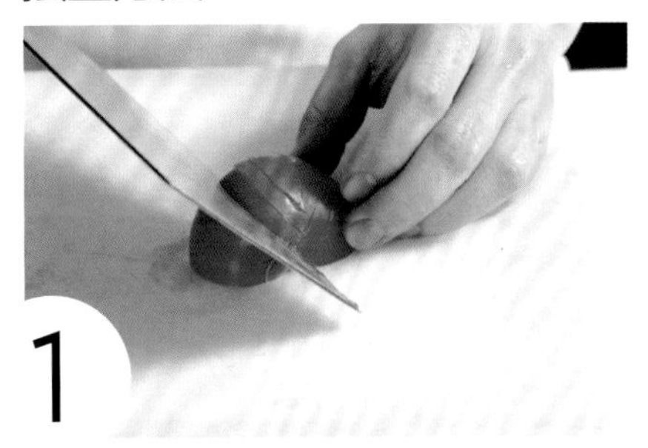

取一牛番茄，将之对半横切后，由上至下循序渐进切出V形的刀口。

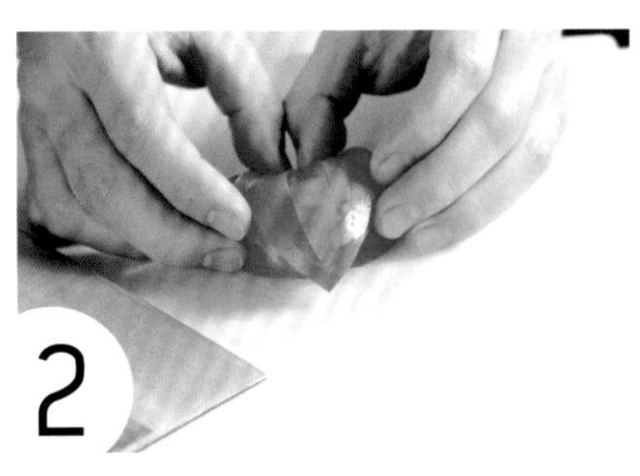

切出四个V字后，把牛番茄向前推开，衍生阶梯般的层次感。

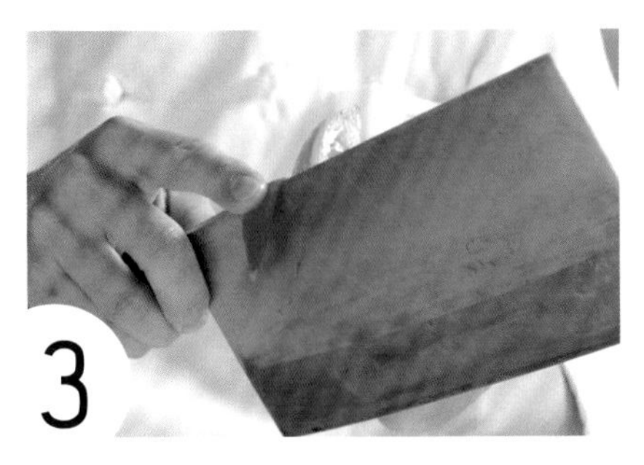

切两瓣牛番茄，切削其表皮至一半处，利用刀背使果皮产生弧度。

生菜叶以手撕去叶梗，抓住尾端，将生菜围成圆形后，作为牛番茄的底座，并与牛番茄一起放入盘的左下方。

在牛番茄旁放入洋香菜，并摆入两朵紫色食用花，使颜色展现丰富对比。

在盘中心以汤勺盛放龙井虾仁，堆高摆盘展现主食材的立体层次，即完成摆盘。

比例与层次

愈复杂的布局，就会制造愈多比例与层次的变化；只要搭配得宜，简约清爽的摆盘也可以变化出抽象、立体以及让人印象深刻的料理情境！

见 P.320

常见的平面摆盘布局

① 留白

透过留白，有时能够有效对比出料理的主体，盘饰的呈现会具有空旷感，且有助于聚焦在料理的主体上。料理可以线或点的方式呈现，变化出不同的空间效果。

见 P.264

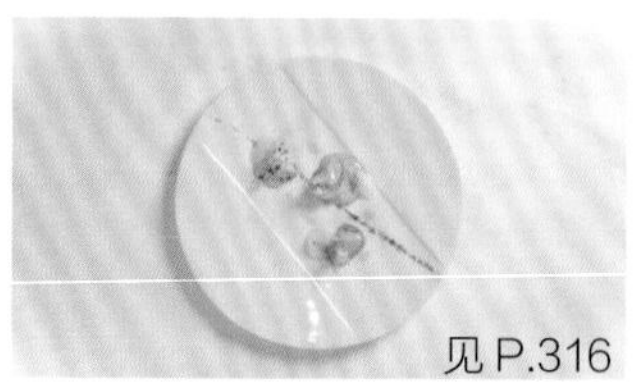

见 P.316

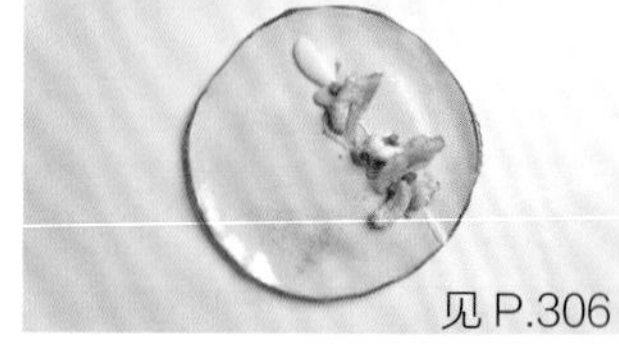

见 P.306

② 顺应食器造型

顺应食器造型的摆盘，把食材理解为线或点或面的元素，先确认食材与食器的造型，再把这些元素放入盘面中。直接顺应食器的造型，不仅能够有效表现食材的特质，也会让摆盘的表现较为省力。

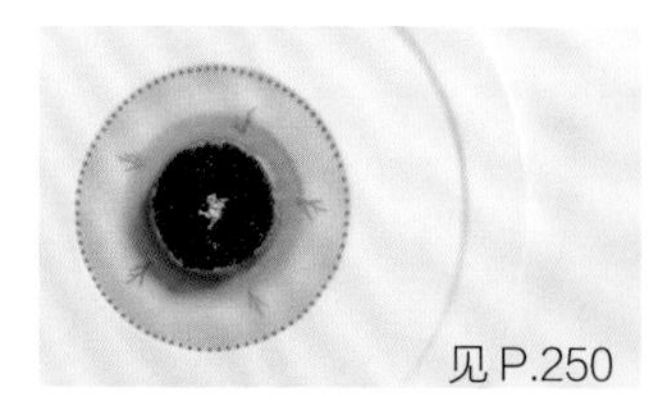

见 P.250

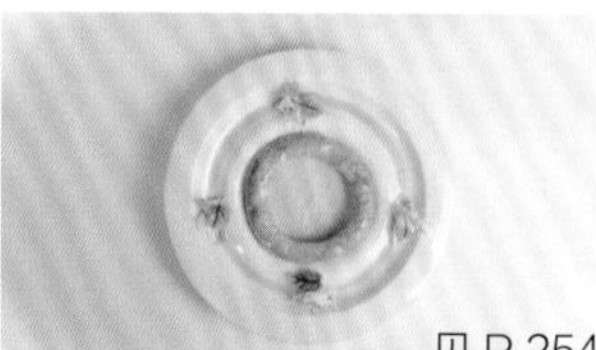

见 P.254

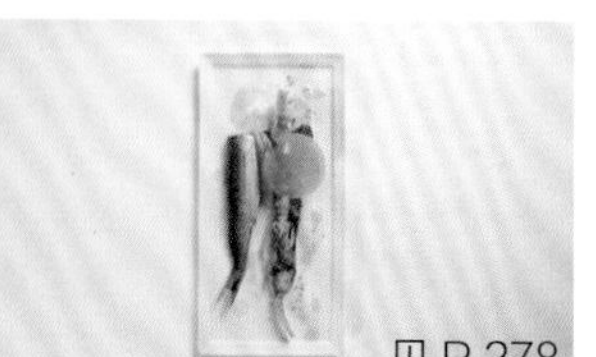

见 P.278

③ 盘面的均衡分布

用食材填满整个盘面，让盘面中充斥大小线点等不同类型、不同元素的食材，可以让盘饰带有抽象、有秩序、或不同材质混合呈现的趣味。

见 P.66

见 P.296

见 P.294

见P.212
见P.218

常见的立体摆盘布局

① 塔状堆高

可用二到三层的堆叠方式，表现出塔状堆高的摆盘，有时也会让周围特别留白，让中央拉拔出高度，突显视觉焦点。

见P.150

见P.140

见P.[illegible]

② 圆筒塑形

运用模具表现料理主体，把食材堆聚为立体造型，也可在盘饰中结合多个塑形后的食材，进行变化。

见P.130

见P.420

见P.136

③ 交错摆放

透过食材的交错，堆叠出视觉方向性的变化，有时也可带来立体效果。这种技法也常被运用在摆盘局部细节的经营。

见P.284

见P.252

见P.288

运用交错位置，引导盘饰方向

主厨 Olivier JEAN
L' ATELIER de Joël Robuchon

经典鱼子酱衬生食鲑鱼鞑靼

思考摆盘布局时，可先想象食器中央有一条参考线，再依照这条中心线分配盘景的位置。重点在于食材摆放的位置与色彩不宜破坏中线的平衡感，让参考线的上下左右互补对比，便能达到平衡的视觉效果。摆盘时可有秩序地将食材做等分处理，确保每一口的分量与口感。此类料理在思考摆盘时，便可采取左右、上下方向的交错摆放，产生视觉上的韵律感。

材料｜生食鲑鱼、葱、胡椒、盐、橄榄油、特调酱料、鱼子酱、龙虾高汤冻、罗勒酱、辣椒粉、双色橄榄油、莳萝、金箔等。

做法｜将生鲑鱼肉切碎，拌入葱、胡椒、盐、橄榄油以及特调酱料，制成生食鲑鱼鞑靼。

摆盘方法

圆筒模具放在白盘的一端，接着以小汤勺挖入生食鲑鱼鞑靼，厚度约一厘米，以此当作摆盘的起点。

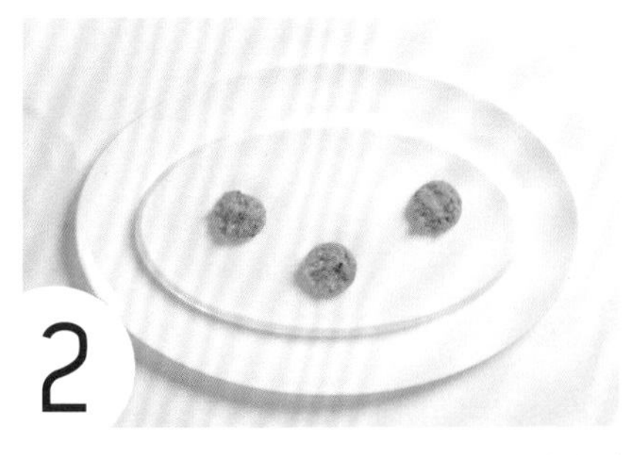

按照同样的方法，在食器再塑出两堆生食鲑鱼鞑靼，使三者成三角形。

选择大小能够覆盖生食鲑鱼鞑靼的圆筒模具，在薄透状的龙虾高汤冻上压出圆形。

利用汤勺刮除圆形高汤冻周围多余的食材，并将汤勺蘸点水保持润湿，用刮刀铲起高汤冻，放置于生食鲑鱼鞑靼上方，增加不同质感的变化。

利用挤花袋在主食材空隙之间加入罗勒酱，辣椒粉及双色橄榄油也以点状填入。营造视觉变化的重点在于，食材与酱汁不是都堆在正中，而会在盘中心横线的两边，以此变化却又维持中线平衡。

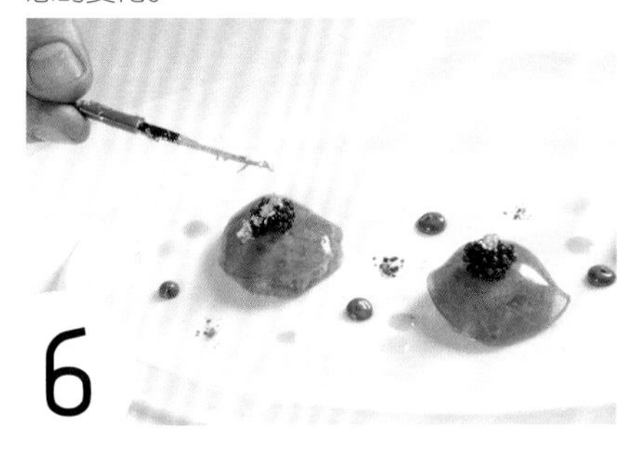

将鱼子酱以两支小汤勺反复塑造成球形，叠放于高汤冻上，并放上金箔便完成。

侧边摆放混合食材，轻重对比整体盘饰

主厨 许汉家
台北喜来登大饭店 安东厅

小龙虾酪梨沙拉佐核桃酱汁

本料理的食材多元，有清脆爽口的小龙虾、富含油脂的酪梨、晶莹剔透的柴鱼冻，以及生菜等。此类综合食材的摆盘，若不适合以堆叠技法表现主从关系时，便可透过构图的趣味，衬托出摆盘的主从关系。主厨将两样食材切块交错排列，并模仿小龙虾的外形创作出圆弧线构图，刻意让方盘的另一边大量留白，形成空旷感；透过轻重对比，便能集合多种食材凝聚焦点，再利用画盘画出五线谱，填上核桃音符，完成一道多元食材的交响曲。

材料｜龙虾、酪梨、柴鱼高汤、醋、吉利丁、牛血叶、红酸模、红生菜、樱桃萝卜块、核桃、意大利巴萨米克黑醋等。

做法｜清烫小龙虾，把肉切成圆块，酪梨洗净切丁，并将柴鱼高汤中加入醋与吉利丁制作为柴鱼冻。

摆盘方法

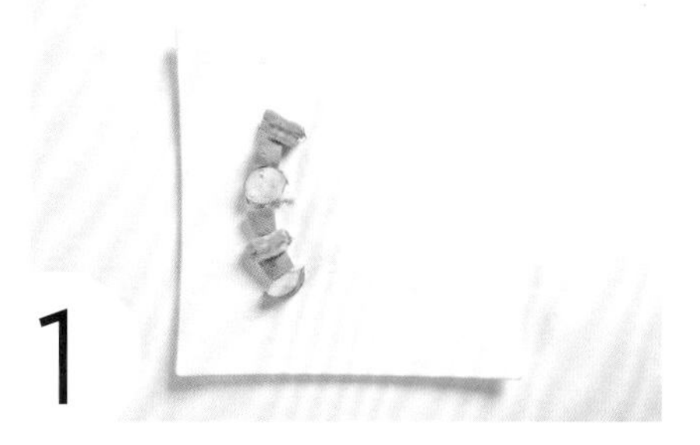

切成圆块状的小龙虾以弧形摆放于方盘左侧，间隔中加入块状酪梨，维持盘景空旷感。

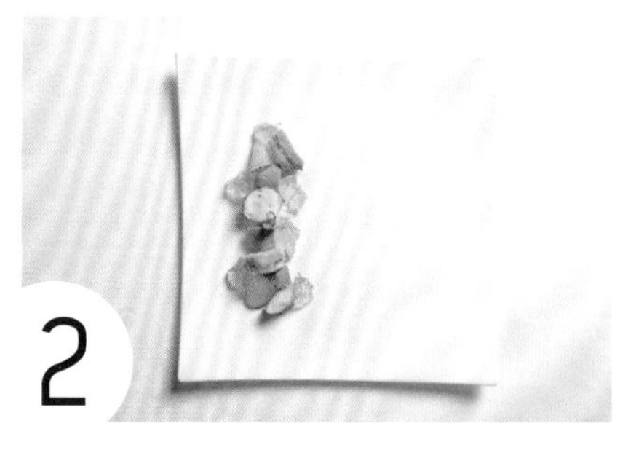

于小龙虾与酪梨之间放入樱桃萝卜块和柴鱼冻，不规则冻状食材透过光线显得晶莹剔透，营造此道摆盘的精致质感。

插入牛血叶、红酸模、红生菜于左侧摆盘里，让生菜叶的高度于盘景构图中展现立体感。

在盘子右侧，利用酱汁瓶，以意大利巴萨米克黑醋由方盘中心朝两点钟方向画五条平行细线。

在画线上间隔放上核桃，象征跳动的音符，增加摆盘的变化与趣味。

若仅有画盘线条，视觉上仍不平衡，加入核桃后，兼具脆与嫩的口味，更可加强视觉上的实体感，摆盘即告完成。

运用生菜小黄瓜，平衡视觉效果与口感

主厨　许雪莉
台北喜来登大饭店 Sukhothai

香茅虾

泰式料理偏辣且重口味，尤适搭配清爽蔬菜平衡辣度，盘中的生菜、小黄瓜是最佳良伴。为了让享用者能佐其共食，即可调整配菜造型，突显生菜与小黄瓜的立体感，强调其存在感。透过简单、好拿取的摆盘技巧，提升蔬菜的食用率。

材料｜香茅、洋葱、虾子、猪肉末、酱料（柠檬汁、鱼露、辣椒、大蒜）、腰果、薄荷叶、生菜、小黄瓜、辣椒等。

做法｜将烫熟的虾子及猪肉末与香茅、洋葱、酱料凉拌。小黄瓜切条。把一个辣椒做出花朵，一个切丝。

摆盘方法

将凉拌后的虾子及猪肉末等放入盘中，并保留盘上方的空间，稍后可加入配菜。

在表层摆放完整的虾子，让重点食材展现于上面，营造出视觉层次感。

在盘右侧边放细条状的小黄瓜，并于盘上方摆放多片三角状生菜，拉拔出近低远高的立体感。三角形的生菜与长条小黄瓜，除了可以带出高度，也可作为包裹香茅虾的材料，增加料理的鲜爽感。

撒上腰果，增加脆硬的口感变化。

加入薄荷叶及辣椒，加强装饰，增添食用口感，摆盘即告完成。

食材延伸变化，主配角互相衬托的美感

行政主厨　蔡明谷
宸料理

麒麟甘雕

马头鱼的肉质鲜嫩，可带鳞享用，感受其外脆内嫩的双重口感，为表现其自然生态感，选用以大地素材树皮为基底，且以树皮外会长出菇类的构思发展其周边配菜，让菇类紧紧倚靠树皮，延伸自然界的生生不息。两者彼此衬托，点缀紫苏花吧增添生气，让摆盘更为活泼俏丽，呈现出园艺好心情的盘饰情境。

材料｜带鳞马头鱼、茗荷、美白菇、鸿喜菇、香菇、圣女番茄、水菜、山茼蒿酱汁、紫苏花等。

做法｜将带鳞马头鱼淋油放入烤箱以中小火烤熟，香菇雕花烤熟。圣女番茄去皮，茗荷对切。以玻璃杯盛装山茼蒿酱汁，即可进行摆盘。

摆盘方法

于盘内放上一块有弧度的干燥树皮。

配合树皮的长条形，以线性的方式，开始加入各类食蔬。

放上鸿喜菇、茗荷、美白菇及去皮番茄，左右两侧放上水菜装饰，鸿喜菇前端叠放上雕花香菇。

树皮上堆叠放上带鳞马头鱼，马头鱼本身的质感与树皮很接近。

在右方放入酱汁杯，并于木头及马头鱼上点缀紫苏花，即完成摆盘。

Tips

虽然使用有深度的食器，但建议山茼蒿酱汁还是盛装于玻璃杯中另行放置，保持摆盘的整洁与构图，亦可依照饮食习惯斟酌蘸取，口味可自行选择轻重。

同一色调并局部突显的食材混放摆盘

料理长　羽村敏哉
羽村创意怀石料理

玉笋莴苣明虾

在怀石料理中，此道地位如同安可曲般的小点心，让品尝者能在饱足主餐后续尝美味。选用透明的小杯盛装，托高食材，并刻意维持小分量。摆盘呈现上亦非常简单，利用食材与食器本身的色彩造型，并拌入蛋黄醋，统一食材的色调，透亮的鲑鱼卵则可映衬料理的鲜艳与光泽。

材料 | 明虾、胡萝卜、玉笋莴苣、香菇、台湾昆布、秋葵、蛋黄醋、鲑鱼卵等。

做法 | 将明虾、胡萝卜、玉笋莴苣、香菇、台湾昆布、秋葵依序汆烫，切成小丁。

摆盘方法

将汆烫后切丁的明虾、胡萝卜、玉笋莴苣、香菇、台湾昆布、秋葵等放入碗中。

与蛋黄醋一起凉拌。

将拌后的食材放入透明小杯中，摆放时将食材交错开，制造缤纷感。

加入鲑鱼卵，高低不同散落杯中。

摆放凉拌后的食材时，尽可能将不同颜色错开放，鲑鱼卵也散开放，以免混淆料理的主角。

粉白细致雪花，统合高低盘景

主厨　林显威
晶华酒店 azie grand cafe

鲔鱼、鲜蔬生菜、鳕场蟹肉、核桃雪

此摆盘选用微深的圆盘进行盛装，让视觉表现集中在中央，另方面加入多样的生菜堆叠，用向上延伸的视觉效果，表现分量感与高度。而除了体现立体感之外，主厨在摆盘中利用变化后的核桃油，制造细微的撒粉效果。由于盘饰本身已具有高低差异，覆盖上一层雪花落下般的细微核桃雪，更让此件摆盘呈现出小巧雪景般的浪漫唯美。

材料｜鲔鱼、比利时生菜、橡树生菜、鳕场蟹肉、樱桃萝卜、红洋葱、紫苏酱、核桃雪（核桃油与树薯粉制成）、面包片等。

做法｜将鲔鱼去头尾，划上几刀后微煎至表面微熟，面包片烤至金黄，生菜以手剥成小段，樱桃萝卜切薄片，红洋葱切碎后，即可进行摆盘。

摆盘方法

1

将鲔鱼肉切割为适当的长度后，放入盘中的右半侧。

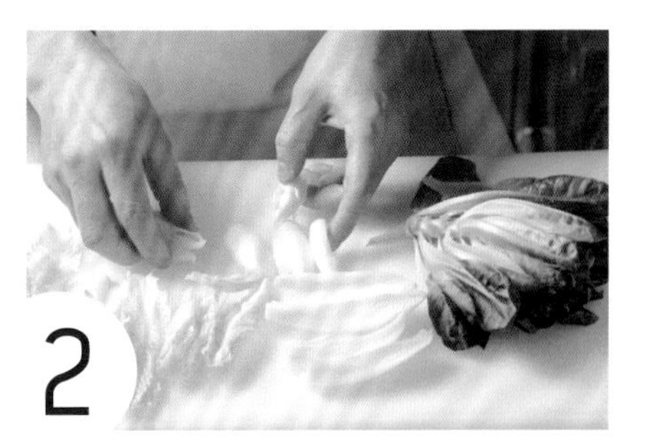

2

将比利时生菜、橡树生菜剥成合适的小块；也可更换成其他即食生菜。以手代替刀子剥成小块，是为了让口感更好且看起来更为自然。

3

在盘子左半边，以堆叠方式摆放 生菜。

4

比利时生菜属于长条状，就可以让其稍微疏离，带有一些线条的指向性；橡树生菜带有红色，可集中在一起。

5

加入烤好的面包片，将鳕场蟹肉堆放于鲔鱼上，并点缀樱桃萝卜、红洋葱。

6

淋上紫苏酱，并撒入核桃雪，让核桃雪均匀散落，摆盘即完成。

运用泡沫与造型薄片，点缀复杂布局

主厨 Fabien Vergé
La Cocotte

烤乳猪佐时节蔬菜与黑枣泥

随着季节食材转换的此道摆盘，运用翠绿的芥蓝菜花围塑盘景底色，再放上深茶色的乳猪与马铃薯，并选择纯白圆盘衬托多色食材的搭配，表现春天特有的生机盎然。由于摆盘结合了环状与十字的构图，为了在混合多种食材的摆盘中制造视觉的焦点，因此利用了大片的马铃薯薄片与大蒜泡沫带出质感与造型的对比。

材料｜烤乳猪、芥蓝菜花、玉米笋、油封大蒜、黑枣泥、松露玉米泥、马铃薯、大蒜泡沫、海盐、酱汁等。

做法｜让乳猪肉以真空低温水煮约 6 ～ 7 小时后取出，将猪皮煎到酥脆。将一部分马铃薯切成圆块，酥炸；另一部分切成薄片，炸制。将玉米笋烤至微焦。

摆盘方法

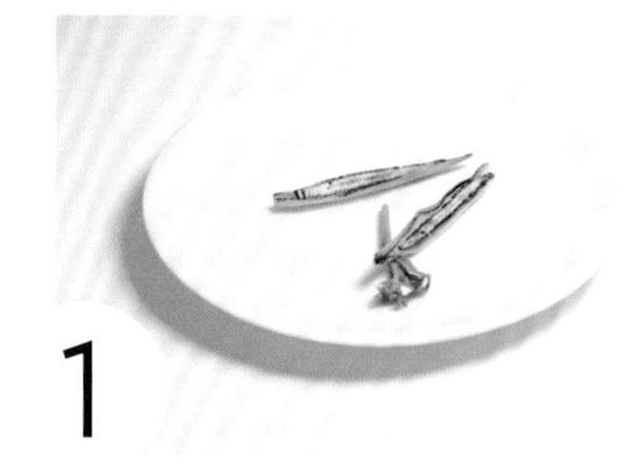

1

两支带皮的玉米笋放入圆盘，摆成 V 字形。

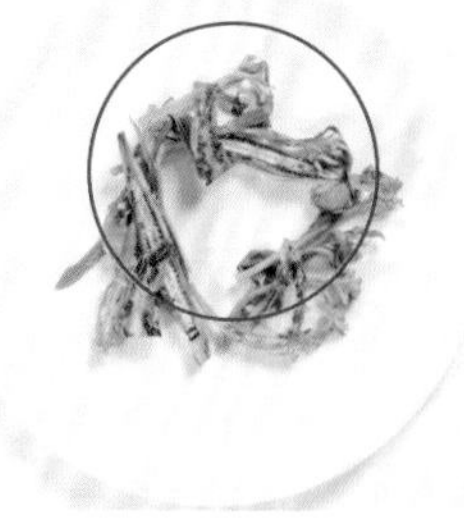

2

接着加入芥蓝菜花以及油封大蒜，让摆放自然随性，呈现圆环的布局。

3

在圆环内放入些许黑枣泥以及卵形的松露玉米泥，并加入两块酥炸马铃薯圆块，加入食材造型的变化。

4

继续在圆环中放入两块带皮的乳猪肉，让马铃薯圆块与乳猪肉之间，形成类似十字的构图，并以汤勺淋上用骨头和蔬菜熬成的酱汁，运用酱汁在盘面留白处制造点渍的画盘。

5

在乳猪肉上撒入少量海盐后，取 3 片炸马铃薯薄片，使其斜放站立展现盘景高度。

6

在蔬菜上点入大蒜泡沫，让泡沫围绕摆盘中心，即完成摆盘。

柔美与粗犷的材质结合

主厨 Richie Lin
MUME

生牛肉

生牛肉质地柔细绵密，搭配酥脆的烤马铃薯碎，除了为口感平添层次差异外，一焦黄一深红的色泽亦有着鲜明的对比。搭配粉紫酢浆草花，轻黄芥蓝花。像纸伞般的金莲花叶凭倚其中，自有风情。虽然生牛肉料理就食材而言是道较为粗犷的菜色，但借由柔美点缀、温暖和煦构图，让盘景间盈满春天甜蜜的氛围。

材料｜生牛肉、腌制洋葱、萝卜干、炸马铃薯片、海瓜子美乃滋、蛋黄酱汁、山萝卜叶、酢浆草花、金莲花叶、芥蓝花等。

做法｜生牛肉以腌制洋葱与萝卜干调味。把炸马铃薯片弄碎。

摆盘方法

在黑色的盘面中放上圆形模具，并在模具内加入生牛肉，以汤勺背部压平。

在生牛肉上，撒上一层薄薄的炸马铃薯片屑，对比嫩与脆的口感。

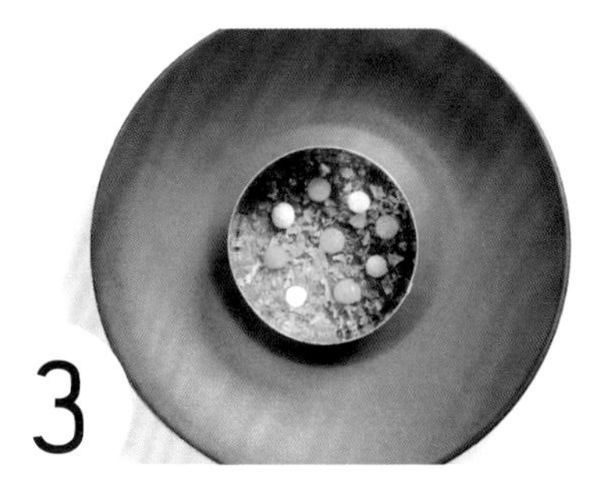

加入乳白色的海瓜子美乃滋，鲜黄色的蛋黄酱汁，以点状装饰。

放入山萝卜叶、酢浆草花、金莲花叶、芥蓝花，花朵可倚靠在酱汁的旁边，使其均匀散布。

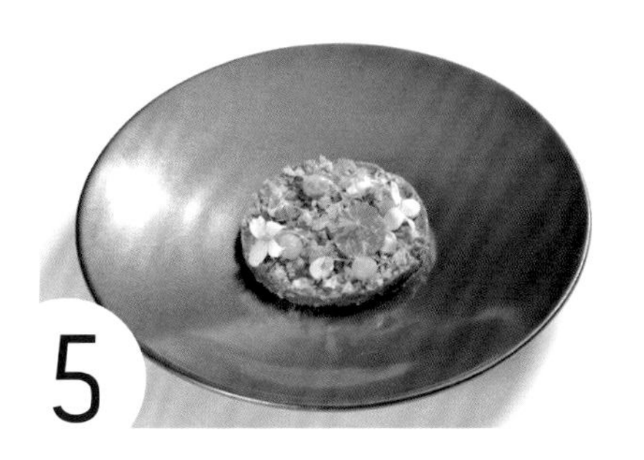

将圆形模具取出后，摆盘即完成。

综合质感，融合软脆酥嫩的质地

主厨　徐正育
西华饭店 TOSCANA 意大利餐厅

顶级美国生牛肉薄片

此料理为意式传统菜肴，为赋予其新生命，针对两个部分进行变化改造，一是将生牛肉薄片的厚度调整为 0.2 ~ 0.3 厘米，并用自然垂放做出食材层次感；另一则是将普遍搭配的起司，重新以冰淇淋的质地呈现，两者交融搭配，具有颠覆却不失初衷的创新表现。

材料｜生牛肉、帕玛森起司冰淇淋、芥末子酱、当季生菜、海盐、柠檬油醋、黑橄榄、帕玛森起司粉等。

做法｜将生牛肉切成 0.2 ~ 0.3 厘米厚的片。将帕玛森起司粉放入微波炉约 20 ~ 30 秒制成起司薄片后，即可进行摆盘。

摆盘方法

将当季生菜摆在盘中作为垫底，可选用深浅不同的绿色生菜相互搭配，做出深浅相间的层次绿，为后续摆盘打好基础。

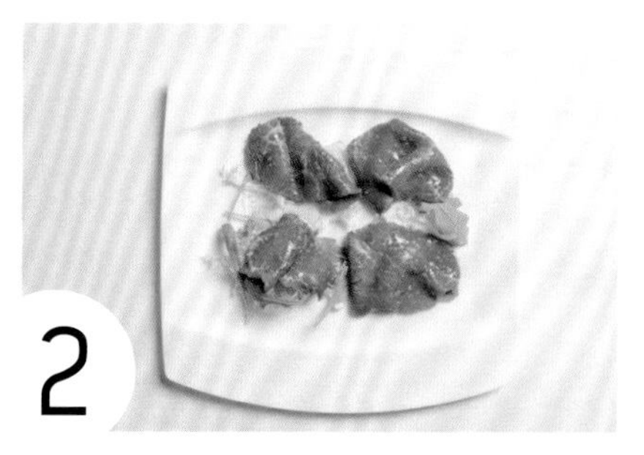

将生牛肉片，在盘中的四角自然垂落卷放于生菜上，不需刻意卷曲，呈现其自然皱叠感即可，并撒上海盐，加入柠檬油醋调味。

将黑橄榄撒在食材上，再于盘中点缀数滴芥末子酱。

在生牛肉上填上两球起司冰淇淋。在西式料理中，一般会以水滴形汤勺挖取冰淇淋，挖出的形状偏长，不是圆圆的球状。

最后于冰淇淋上插上起司薄片，拉出高度，即完成摆盘。

散发银白色光泽的缎带糖丝

主厨　李湘华
台北威斯汀六福皇宫 颐园北京料理

拔丝地瓜

拔丝地瓜是老少咸宜的美味中式甜点，外面是甜脆的糖壳，里头却是松软的地瓜。煮糖的火候关系着拔丝的成败。需使用 200℃以上的油温，让糖快速熔解，油拉出来的丝较粗，适合做任何造型。若是用水拉出的糖丝比较细，易断裂不易塑形。银白色光泽的缎带塑形，不让西式甜点专美于前，传递出中式料理独特且精致的创意呈现。

材料｜地瓜、细砂糖，色拉油。

做法｜将地瓜切成适当大小，炸熟备用。锅中放入 300 克色拉油，油温约 200℃时放入细砂糖，炒匀后放入地瓜拌均匀即可。

摆盘方法

先将地瓜炸好后，将地瓜放置于炒糖浆的烤盘内，使其裹上糖浆。

将糖浆加热至 200℃后，立即将裹有糖浆的地瓜浸冰水，冰镇后糖浆就会凝固成不粘牙的脆糖。冰镇过后将地瓜摆置于白色瓷盘内。

将白色瓷盘放在中间，烤盘与冰镇盆分别置于左右两侧，各据一端，将两个汤勺立于冰镇盘内作为支点。

然后运用两个叉子，蘸取烤盘内的糖浆后拉开拔丝，两端距离约手肘展开的长度。

反复地重复糖浆拔丝的动作，并将糖丝绕过汤勺支点，累积到一定的糖丝厚度后，即可将烤盘端的糖丝先卷绕成圆形。

最后将冰镇盆端的糖丝先向瓷盘折转，待拉回白色瓷盘后再往下凹折，形塑角度，摆盘即完成。

食材做隔板，干湿分离兼容美味口感

品牌长　罗嵘
汉来大饭店 国际宴会厅

蒜香蟹钳伴西施

此料理为一蟹两吃，品尝炒蟹的酥香干爽，更品尝蟹肉蛋白的软嫩滑口，因而选用越南米饼作为隔板，区隔不同质感的食材，并让干湿能完美分离，不混杂口感特性。米饼兼具托高功用，让摆盘更为立体突出；底部铺放海苔，能衬托出蛋白的纯白色彩，随着水分的慢慢渗入，也会散发出淡淡的海苔香气。

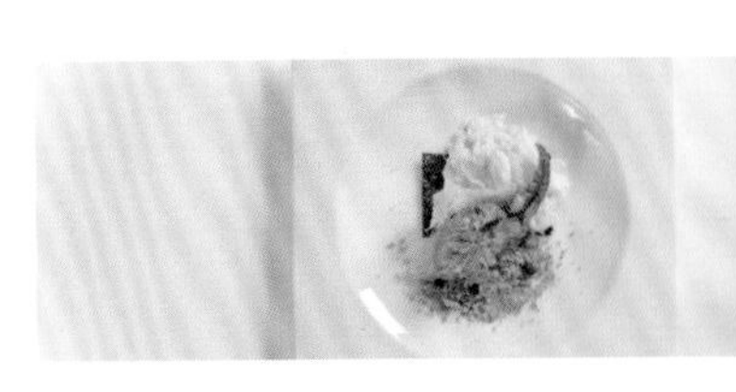

材料｜蟹钳、蒜酥、辣椒、豆豉、蟹肉、蛋白、海苔、越南米饼、香叶芹等。

做法｜将蒜酥、辣椒、豆豉与蟹钳爆炒为避风塘炒蟹；将蟹肉与蛋白混炒，即可进行摆盘。

摆盘方法

先在盘中放入海苔，并在海苔上放上蟹肉炒蛋白。

让蟹肉炒蛋白堆叠出一定的高度，其他食材陆续可以其作为摆盘的中心。

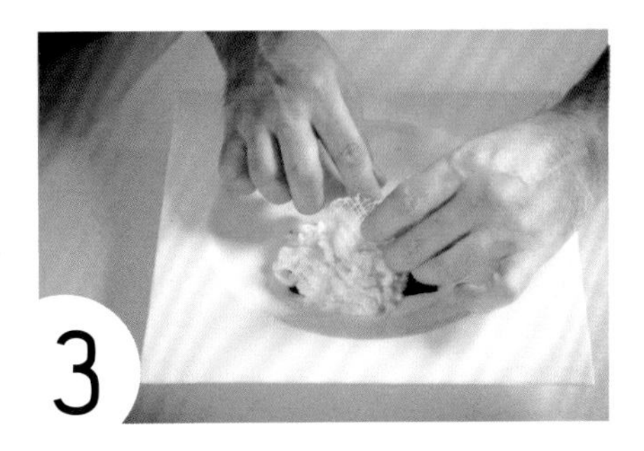

在蛋白下方插放上越南的网状米饼。

选用越南网状米饼，除可增添造型，更重要的是能隔离两种口感之蟹，让干湿食材不混淆，口感干爽中带有湿润。

放入避风塘炒蟹，最后于上方点缀香叶芹，摆盘即告完成。

运用密封罐，变化料理趣味

主厨 Fabien Vergé
La Cocotte

焗烤水波蛋佐洋葱

最近于网络上兴起一股利用密封罐作为食器摆盘的风潮，一方面携带方便，一方面透过玻璃罐身表现食材堆砌的剖面，仿佛成为新时代饮食的另一种乐趣与美感。透明的密封罐，可直接看见食物的原貌，让料理的呈现纯粹、自然。水波蛋烤熟后，便不容易与底层的法式炖菜混和，因此密封罐侧面依然可见食材分层堆砌所呈现的色彩纹理。摆盘时也可运用创意，放入其他多色食材，透明密封罐可呈现出多层堆叠与视觉上的趣味感。

材料｜油封洋葱、法式炖菜、鸡蛋、红椒粉、青酱、黑胡椒、大蒜泡沫、棍子面包、红酸模等。

做法｜将密封罐中装填油封洋葱、法式炖菜与生鸡蛋后，放入 220℃烤箱烘烤 6 ~ 7 分钟，即可取出继续摆盘。

摆盘方法

1

将法式炖菜和油封洋葱摆放入密封罐内，分量控制在密封罐 1/4 高，作为料理的基底。

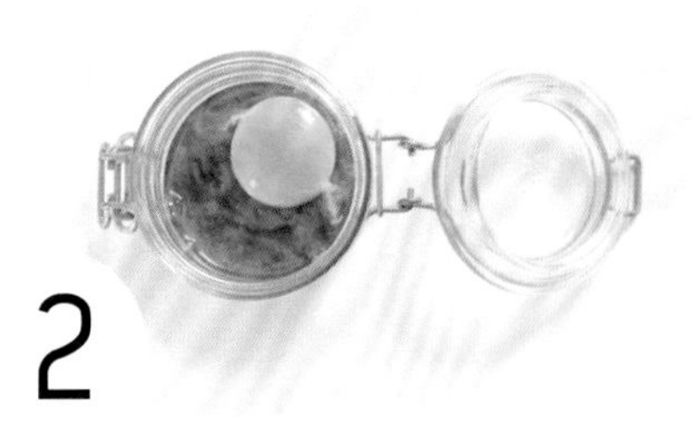

2

打入一颗生鸡蛋，送进烤箱烘烤至蛋熟。

3

待蛋熟之后，将密封罐放在长形岩盘上，并加入青酱与红椒粉。

4

在密封罐中加入大蒜泡沫，制造蜜封罐中的盘饰高度。

5

将棍子面包切片，直立插入焗烤水波蛋中，延伸此道摆盘的立体高度，点缀红酸模，即完成摆盘。

淡雅幽微，烘托食材美丽原貌

主厨 Long Xiong
MUME

花椰菜

淡淡的米绿色盘面，简约内敛透露出典雅的气息。本道料理以罗马花椰菜为主题，让花椰菜本身的造型与色彩作为盘饰的主体，酱汁与配菜幽微地映衬于罗马花椰菜周边，烘托出食材本身立体而美丽的形貌特色。

材料｜罗马花椰菜、羽衣甘蓝、花椰菜梗心、坚果、紫花椰菜、杏仁、乳酪、金枣酱、胡萝卜汁、鲜奶油、芥末等。

做法｜将罗马花椰菜烤至表面微焦，使口感更富层次。将花椰菜梗心干燥一星期后，制成有酱油香味的风干花椰菜梗心。把杏仁与乳酪调配成杏仁优格酱，把胡萝卜汁与鲜奶油调配成胡萝卜酱。

摆盘方法

以直接挤压瓶身的方式，将杏仁优格酱在盘面上反复勾勒出圆弧形状，从外围到内部，不断重复不规则的画盘，确定摆盘的基本轮廓。

在杏仁优格酱的线条上，间隔地放上坚果。

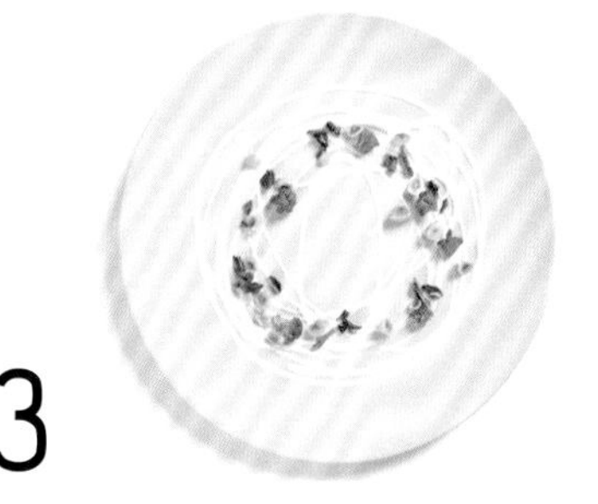

陆续摆放风干花椰菜梗心、紫花椰菜，形成一个环状。

将3片清透、白绿相间的花椰菜梗心，置于圆环上，形成一个等边三角形；并以挤点的方式间隔地挤上金枣酱，形成另一个三角形。

在盘中心挤入大量的胡萝卜酱，让圆心填入黄橙的亮色。

将罗马花椰菜及羽衣甘蓝，大小不一地交错围放，形成美丽叠映，最后在胡萝卜酱汁上磨上新鲜芥末，即完成摆盘。

分区摆放，
大量满盛的综合食材摆盘

料理长　羽村敏哉
羽村创意怀石料理

拼盘

为显现拼盘料理中食材各自的美味特性，摆盘时将食材分区摆放，让滋味能单独表现，不混合其他食材的味道；使用堆叠手法呈现，让食材的原貌更立体，吸睛效果明确，同时以颜色作为区隔，交织出极具时令感的新鲜风味。

材料｜胡萝卜、笋、蚕豆、南瓜、香菇、波士顿龙虾、芦笋、柚子皮丝、高汤等。

做法｜将胡萝卜、笋、蚕豆、南瓜、香菇、波士顿龙虾、芦笋分别单独调味烫熟。

摆盘方法

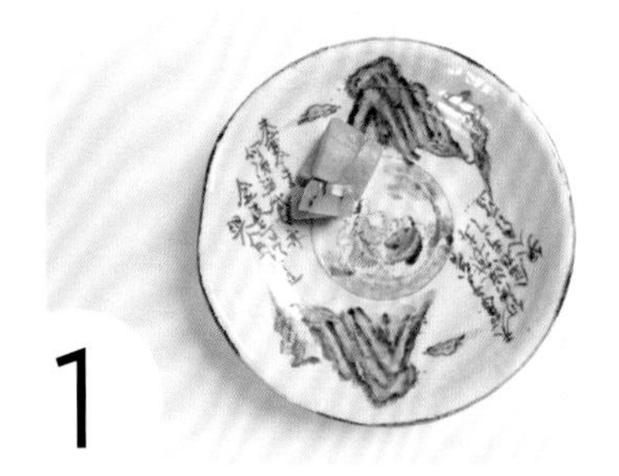

1

选用一块大面积有纹样的食器，将南瓜煮好切块后，以堆叠方式放入圆盘中偏左上方。

2

于南瓜右侧堆叠上整根的条状胡萝卜，使其由盘左横跨至盘右。

3

依序从左到右，以逆时针的方向，放入烫熟的香菇、笋、芦笋，逐渐塞满盘面。

4

于笋边上叠上蚕豆，让芦笋与蚕豆的绿色相依。

5

将烫好切块的龙虾肉散落堆叠于其他食材上，放入高汤，于表面放上柚子皮丝。

6

因为不同食材的造型各不相同，此道又是 4 ~ 5 人的大分量料理，因此在填满料理时，食材要分区摆放，不要把不同的食材混合在一起；同样维持前低后高的规则，前方的食材小，后方加入稍高、立体的表现，即完成摆盘。

丝瓜衬底，辅助主食材直立

行政主厨　陈温仁
三二行馆

红甜虾佐黑蒜泥

红甜虾肉质细嫩具弹性，加上甜度高，简单烹调就能吃出好味道；而被称作角瓜的澎湖丝瓜，久煮不易变色，味道格外清甜。两种食材加在一起，无论在口感上或味觉上都很对味。而经过熟成的黑蒜，营养价值高，受许多重视养生人士的喜爱。将红甜虾立放在平铺的角瓜上，远看就像红色精灵于草丛上漫舞，美丽视觉让人食欲大增。

材料 | 红甜虾、盐、胡椒、角瓜（澎湖丝瓜）、黑蒜泥、金莲花叶、茴香、水芹菜嫩芽、食用花、红酸模等。

做法 | 角瓜切丝清炒后备用；红甜虾去壳去泥肠后，以盐与胡椒煎至五分熟；黑蒜头则直接以生蒜捣成蒜泥后，置于便于挤用的酱汁瓶中。

摆盘方法

取一方盘，将炒好的角瓜丝以对角线排放，厚度约一厘米，作为甜虾立放的基座。

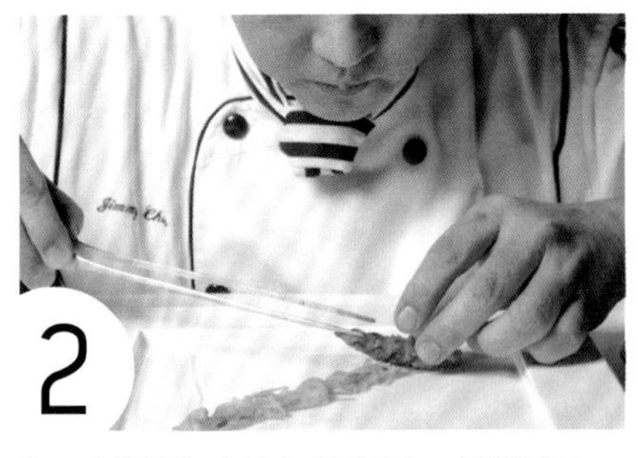

把 4 尾红甜虾立放在角瓜丝上，间距相同。

先铺设角瓜丝的原因在于稳固虾体，另一小诀窍则是将虾背微微切平，让其更容易立放。

虾边上放上水芹菜嫩芽、食用花、红酸模等，也可借此让虾身更为直立，叶子稍微覆盖虾体亦无妨，视觉上反而较有立体感。

以酱汁瓶将黑蒜泥在主食材的两侧螺旋状挤出 8 个立体小丘，然后以镊子夹茴香插上。

在餐盘一隅放上金莲花叶，圆形可增加盘饰变化，却与摆盘布局的点与线互为平衡。

龙虾壳立置，营造高低错落意境

主厨 李湘华
台北威斯汀六福皇宫 颐园北京料理

清宫秘酱龙虾球

龙虾壳以镇纸的气势，落于盘中破题，也点出料理题旨。接着以菱形竹叶铺底，主要是因为菱形与餐盘同为四边形，视觉上较为协调，与同样斜放的龙虾形成呼应。而草莓、金橘、稻穗、干海带、菊花瓣、炸姜丝与辣椒丝等配饰，以红、黄、米、绿等颜色，为摆盘增添丰富意境。

材料 | 龙虾、干面线、海苔、面糊、金橘、辣椒丝、炸姜丝、食用菊花、特制秘酱、酱油、黄酒、白糖、日本稻穗、芝麻叶、竹叶、草莓等。

做法 | 将海苔剪成长条状，面线两端蘸少许面糊用海苔卷紧，放入约120℃油温中塑形，面线先拉成菱形，油炸后形体就会固定住。将龙虾去壳拆肉，龙虾壳蒸熟，龙虾肉沾面粉放入油温约150℃中炸熟，与调味料拌炒均匀。

摆盘方法

将龙虾头放置于盘面左上角。盘中取狭长菱形竹叶作为衬底颜色变化。

把龙虾尾壳放在龙虾头的右边。

将炸面线置于菱形竹叶左侧。于盘左下角再放置草莓装饰，草莓底部削平使草莓可站立，再于顶端切割缝隙后，将日本稻穗与芝麻叶插入拉拔高度。

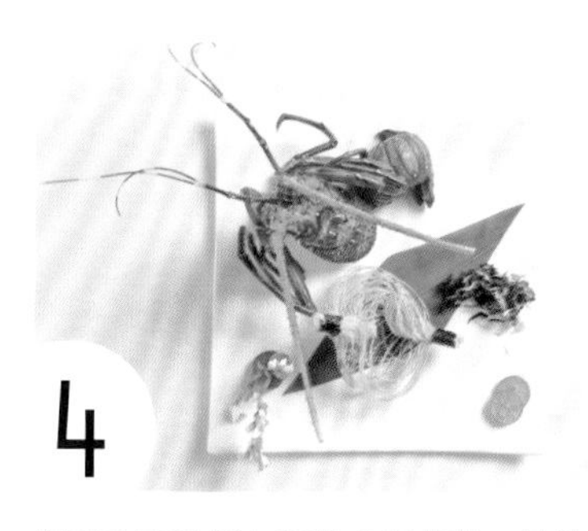

盘面右下角摆上两片金橘切片，竹叶右侧以海苔撒上菊花瓣作为装点。

将龙虾球置于面线中，上方再撒上炸姜丝与辣椒丝完成摆盘。

巴西里脆片堆叠，制造空隙与盘景高度

主厨 Fabien Vergé
La Cocotte

布列塔尼多利鱼佐青豆泥

此道料理不在于强调主食材多利鱼的样貌，而是搭配具有深度下凹式圆盘，平整而利落地向上堆砌多样食材，运用大量不同质感的配菜，以混合摆盘的方式掩盖主食材多利鱼。由于配菜色彩十分鲜绿，纯白食器便可衬托出料理色系的鲜度；盘饰中虽无明确的主食材或视觉焦点，但与大片留白的盘面搭配，却也有助于凝聚整体料理的主体性，且让盘景感觉更为丰盛。

材料｜多利鱼、青豆泥、雪豆苗、白花椰菜、节瓜花、宝宝莴苣、巴西里、糯米纸、大蒜泡沫等。

做法｜将巴西里叶烫过后沥干，加水打成汁并喷洒于糯米纸上，待其干燥，制成巴西里脆片，即可摆盘使用。将多利鱼、白花椰菜、节瓜花等烤熟。

摆盘方法

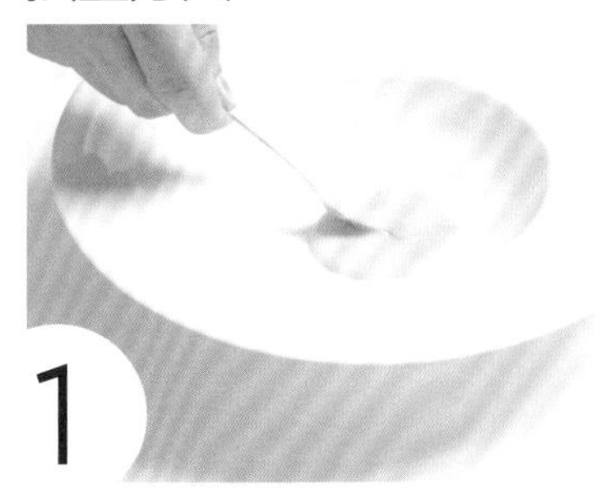

在盘中舀入一勺青豆泥，并将之铺平为圆形。

在青豆泥上，放入一条切为长条形的多利鱼，并在多利鱼上加入切片的白花椰菜。

放入切开的节瓜花。

取两块切为三角形的巴西里脆片，分别摆放于多利鱼的头尾处，运用几何造型的食材，丰富盘景变化。

在多利鱼两旁，以汤勺浇入大蒜泡沫，摆放上宝宝莴苣、雪豆苗，即完成摆盘。

绿芦笋基底，交叉摆放稳固堆叠

行政主厨　陈温仁
三二行馆

红鲻鱼佐蟹肉及鱼子酱

华丽的海鲜食材，堆叠出豪气却不失优雅的姿态，完整的沙公蟹钳肉，搭配鱼子酱与红鲻鱼，以层层堆高的方式，让味觉与视觉都更显立体化。但如何稳固不同造型的食材堆叠，则需要先思考基底食材的运用，以绿芦笋当作第一层基底，再逐层叠加第二层与第三层的食材，不仅口感变化够多，视觉上也较有气势。

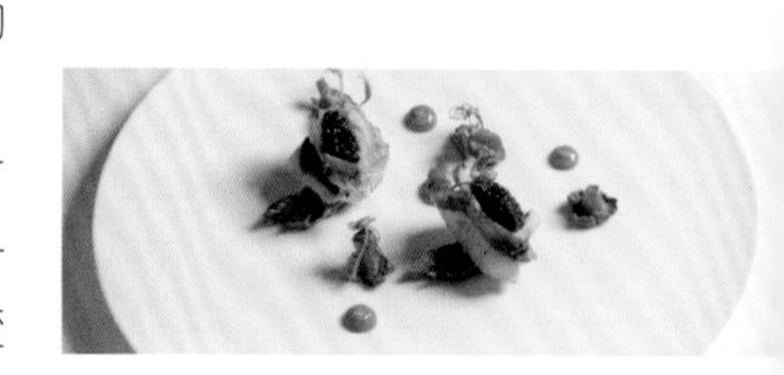

材料｜沙公、红鲻鱼、盐、胡椒、绿芦笋、黄蘑菇、鱼子酱、龙松菜等。

做法｜红鲻鱼以盐、胡椒微煎后放入烤箱烤熟。沙公取完整蟹钳肉蒸熟，其他部位蟹肉炒熟后磨泥装瓶；绿芦笋汆烫后撒上盐、胡椒后烤制；黄蘑菇以盐、胡椒快速爆炒。

摆盘方法

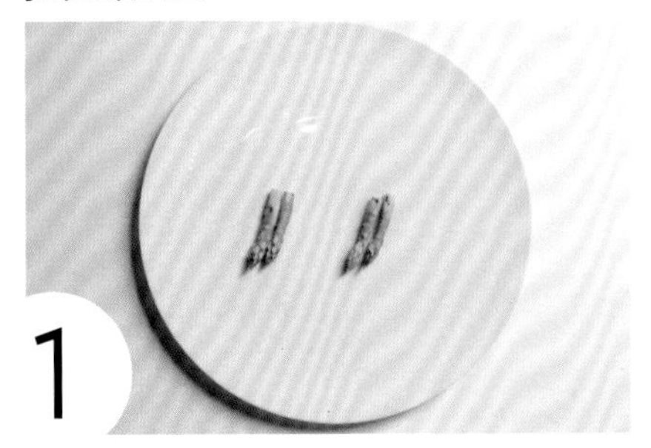

切 4 段绿芦笋尖，两两一组，放在圆盘中央水平线上。

将两片红鲻鱼堆叠在绿芦笋上，鱼肉摆放的方向与芦笋垂直交叉，如此堆叠较为稳固。

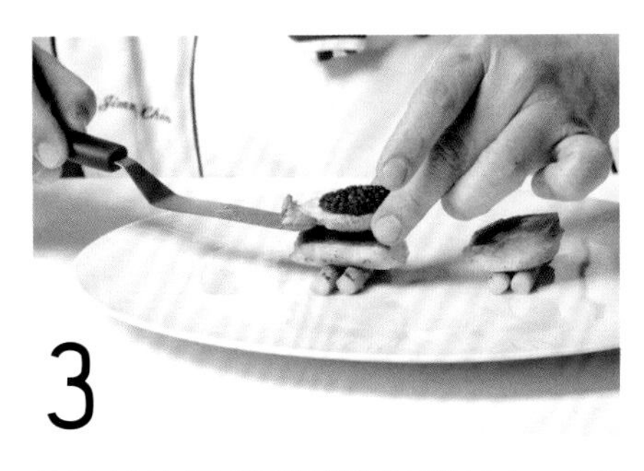

使用小汤勺将鱼子酱摆放在蟹钳肉上，接着以长形煎铲或汉堡铲将蟹钳肉连同鱼子酱堆叠在红鲻鱼上方，摆放方向可与红鲻鱼交叉。

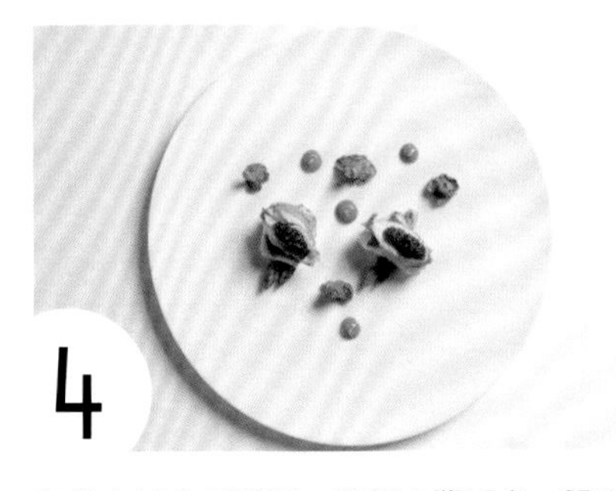

在盘中加入黄蘑菇，用蟹肉酱画盘，蟹肉酱与黄蘑菇相互交错。摆盘呈现三角形的构图。

夹取少许龙松菜，置于主食材及黄蘑菇上，带入明亮的鲜绿色，可收画龙点睛之效。

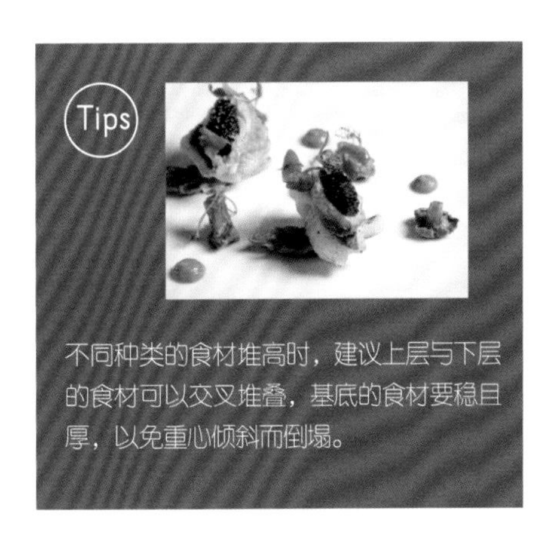

不同种类的食材堆高时，建议上层与下层的食材可以交叉堆叠，基底的食材要稳且厚，以免重心倾斜而倒塌。

善用食材特性，营造层次之美

料理长　五味泽和实
汉来大饭店 弁庆日本料理

造身

对于日本料理来说，摆盘装饰不只是为了刺激食欲，更是美学表现的一个重要环节，选用当季花草枝条作为远方背景，利用碎冰质地上的可塑性，做出高低不一的基底，让生鱼片兼具新鲜及最佳食用温度，更营造出如镜头般的美丽深浅景效果。

材料｜鲔中肚、鰤鱼、比目鱼、牡丹虾、海胆、芦笋、紫苏、蔬菜卷、山葵、白萝卜、海藻冻、花草枝干、芽葱。

做法｜将芦笋焯熟，白萝卜切丝，各类海鲜经刀工处理后，即可进行摆盘。

摆盘方法

1

选用一大圆汤碗作为食器。

2

在碗中平铺上碎冰，正上方多铺一座小碎冰山，带出前低后高的基本轮廓，并在碎冰中放入并排的芦笋，作为后续摆盘的基底。

3

于上方左右两侧，插入花草枝条装饰，将以紫苏盛装之海胆放置在突起的小碎冰山上，并在芦笋上方放一团白萝卜丝。

4

此种大型的摆盘设计，由于会采用各种食材，因此在组合摆盘时，不同的生鱼片亦可利用叶片的衬垫与堆叠，加入整体细节的趣味。

5

将经刀工处理后的鲔中肚、鰤鱼、蔬菜卷，各自以前后交错堆叠的方式放在芦笋上。生鱼片摆盘时，也可加入色彩与高度的思考，将颜色浅的肉品放在前面，由前到后，加入色彩轻与重的渐层；前方的食材也应摆放得较低矮，后方的食材再加入立体高度。

6

摆放上塑为卷状插入芽葱的比目鱼片，以及整尾牡丹虾，让虾身与芦笋垂直摆放，虾头立起来插入碎冰中，最后在盘饰下方加入海藻冻及现磨山葵，即告完成。

立体三角的摆盘布局

主厨　林凯
汉来大饭店 东方楼

炭烤法式羊小排

将西式料理的大气与中式料理的丰富感，揉进这道中西合璧的特色料理，清爽的配色与独特的造型十分吸睛，在翠绿的配菜点缀下，更加映衬出主食材的鲜嫩感。在娃娃菜上堆叠圆柱状的米糕，则是摆盘的中心，周围倚靠着炭烤法式羊小排，直立的羊骨，也营造出立体三角形的构图趣味。

材料 | 羊小排、酱汁、娃娃菜、秘制米糕、盐、油葱、黑胡椒、香叶芹等。

做法 | 将羊小排放入酱汁腌制，先以大火烘烤上色后，再放入烤箱烘烤，使肉质熟透，烤完加盐、黑胡椒调味。

摆盘方法

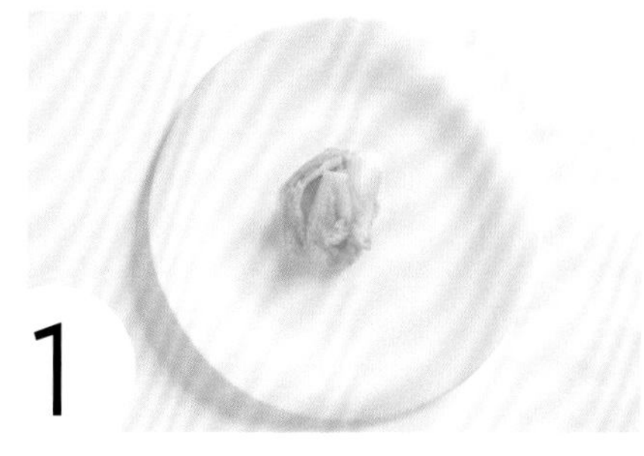

在有凹陷的白盘中，堆叠娃娃菜。

用一个小圆模具，把米糕塑为米糕柱。

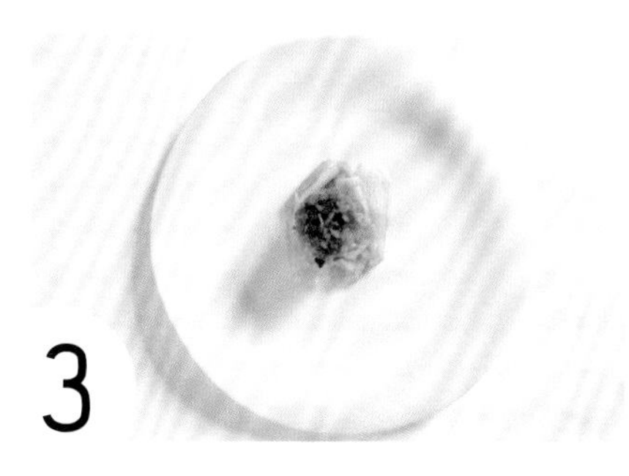

将米糕柱摆放在娃娃菜上方，拉拔立体高度。

以米糕柱为中心，将炭烤法式羊小排以骨头方向朝上的方式摆放于米糕周围，做出立体三角状的造型。

重点在于让三支羊小排倚靠在中央的米糕上，但由于羊小排的底部为不规则状，摆盘时可能会造成晃动，因此可先将肉排的底部切平。

将香叶芹放置于主食材上作为装饰，并在盘面周围以油葱画盘点缀。

变化大小方体，巧手打造田园惬意

主厨　杨佑圣
南木町

日式盆栽胡麻豆腐

为让摆盘上多些创意及变化，主厨特意选用一个极细且带有深度的长盘，并将胡麻豆腐切成大中小三种尺寸的块状，放在凹陷的长盘中，以线性排列的方式，搭配大小对比的叶片，经营画面平衡感。其中，小豆腐刻意不插装饰叶片，是为适度留白，让画面丰富却不显繁杂。撒上奥利奥饼干碎屑，营造从土壤里冒出新鲜枝芽的气氛，带有故事性与想象空间，透露出自然生机，也呼应了料理的温润气质。

材料｜胡麻豆腐、红酸模、当季生菜、奥利奥饼干碎屑、蓝柑橘酒果冻、综合坚果、红醋栗等。

做法｜将胡麻豆腐切成大、中、小三种尺寸的块状，即可进行摆盘。

摆盘方法

于细长盘中，由左而右，依序放入大、中、小三种胡麻豆腐块。

在大块和中块豆腐的顶面，以刀具插入，划出细细的开口。

开口中分别插入红酸模及当季生菜。

最小块的豆腐不动。间隔撒上奥利奥饼干碎屑，模拟土壤的效果。

点缀蓝柑橘酒果冻和综合坚果，并摆放红醋栗及红醋栗的根，丰富色彩变化，即完成摆盘。

细小时蔬布局，平衡大块主体肉品

主厨　林显威
晶华酒店 azie grand cafe

烤猪里脊

主厨选用黑色浅盘，黑色更容易突显肉质的粉嫩色泽与蔬菜的翠绿。由于主食材带骨猪里脊分量较大，因此使用带有和谐气质的圆盘，并削减大小相异的违和感，另一方面也透过细小时蔬的堆砌与布局，平衡大小差异，透过食材摆放位置的聚与散，让单一的猪里脊，呈现圆的意象，与散落摆放的长条时蔬相互结合，是成功给主角加分，也为配角添色的摆盘表现。

材料｜带骨猪里脊、薯泥、芦笋、青蒜、玉米笋、豌豆荚、绿卷须、橄榄油、紫苏等。

做法｜将猪里脊绑绳烤熟至金黄色；时蔬烤熟后整形切段，即可进行摆盘。

摆盘方法

1 由于带骨的猪里脊肉面积较大，可将之切块。

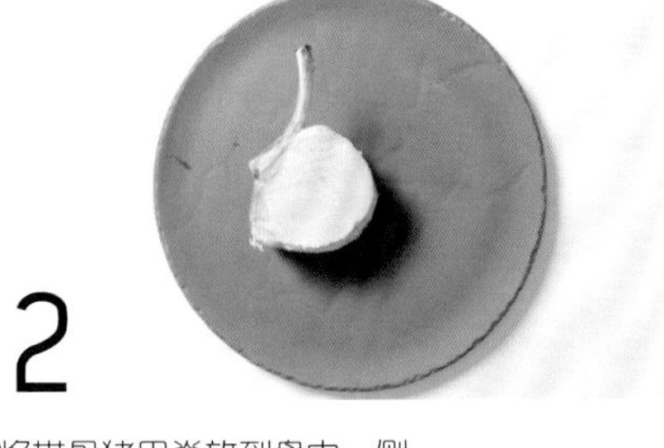

2 将带骨猪里脊放到盘中一侧。

3 在盘子另一侧放上芦笋。芦笋的摆放可以顺应骨头的方向。

4 逐渐加入青蒜、玉米笋与豌豆荚，让摆盘的构图呈现有如文字般的长短笔画造型。

5 猪里脊骨头边上，盛放上一勺薯泥。将绿卷须和紫苏用手撕碎，再以手心塑形，稍微向内压出小球状，让其不易散落，放在猪里脊上，这样视觉效果更美，并能增加立体高度。

6 在表面淋上橄榄油，并于时蔬表面点缀紫苏，即完成摆盘。

Tips

摆放时蔬的顺序，其实就是一种布局的思考，建议摆放时可依照时蔬大小，平放、立放或堆叠，以点、线、面构成漂亮摆盘。

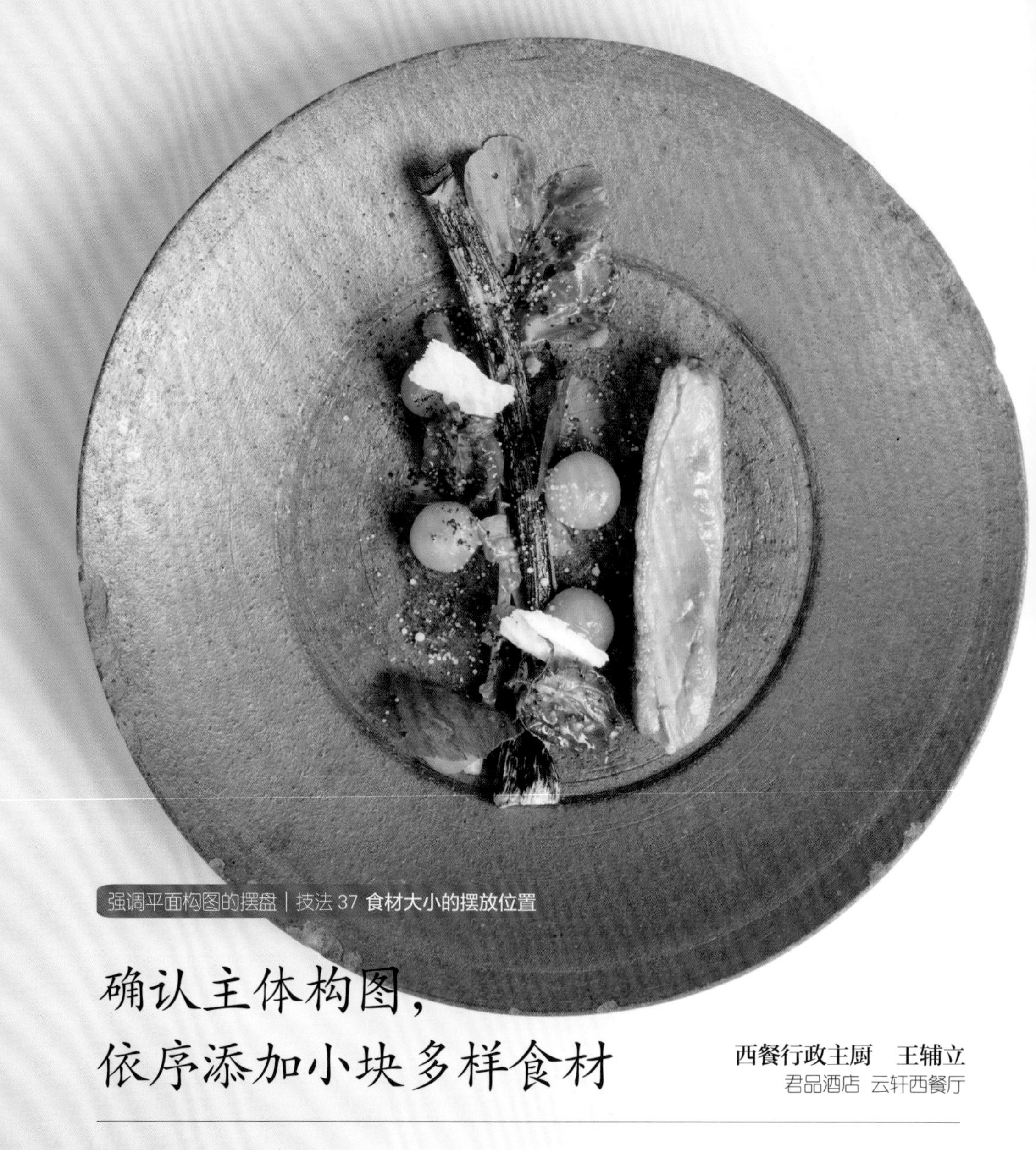

确认主体构图，依序添加小块多样食材

西餐行政主厨　王辅立
君品酒店 云轩西餐厅

紫苏巨峰夏隆鸭

大小长短不一食材的摆盘思考，有时也像收纳的技术，摆盘时可由大至小，先确立主体的所在位置，接着再依据配色、布局的需要摆放其他小块食材。食器的应用也有助于统合不同色彩的食材，以此摆盘为例，带复古感的深色食器，有助跳色，并确立整体盘饰的主要基调。呼应粉红肉质与透明去皮葡萄，营造出自然、质朴的田园感。

材料｜紫苏、巨峰葡萄、鸭胸、葱、樱桃萝卜叶、风干番茄、椰糖片、椰糖、橄榄粉等。

做法｜鸭胸煎 8 分钟，巨峰葡萄去皮，葱烤好后，即可进行摆盘。

摆盘方法

于盘右侧 1/3 处，以侧躺的方式，放上一块烤好的鸭胸条，先确定主食材的位置。

于盘正中，放上一片樱桃萝卜叶，并于其中叠放上一条烤好的葱段。

确立摆盘的方向为纵向，顺应此构图，在空隙中先放入去皮葡萄。

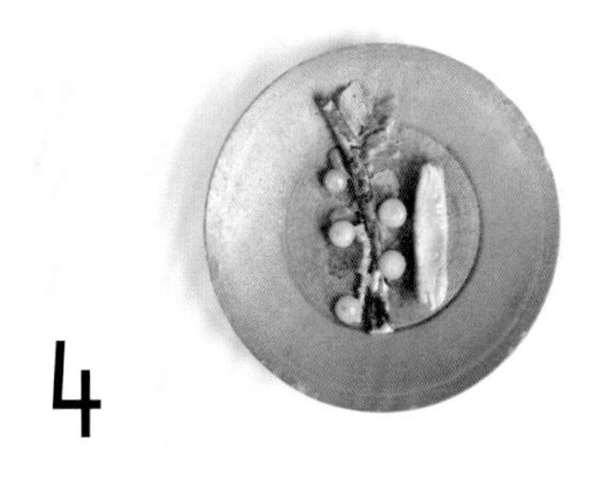

葡萄交错摆放，在纵向构图中，加入点的元素。

再摆放剖半有梗的风干番茄，摆放时剖面朝上，让纹理增添自然感，并在食材空隙处直立插放鸭皮与椰糖片。

在盘中撒入椰糖及橄榄粉，加入白色跳色，并完成最后的点缀。

摆盘结合盘形，呈现圆的层次

主厨　Olivier JEAN
L' ATELIER de Joël Robuchon

经典鱼子酱衬生食鲑鱼鞑靼

当龙虾高汤盛进圆盘时，随着食器本身不同的深度产生颜色渐层变化，加上鱼子酱生食鲑鱼鞑靼的简单塑形，以及罗勒酱与莳萝的环状饰盘，里外呼应圆的层次。

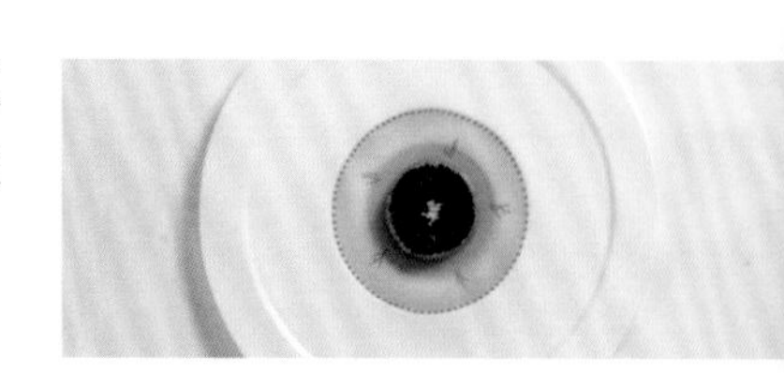

材料｜生食鲑鱼肉、葱、胡椒、盐，橄榄油、特调酱料、鱼子酱、龙虾高汤、吉利丁、罗勒酱、莳萝、金箔等。

做法｜将生鲑鱼肉切碎，拌入葱、胡椒、盐、橄榄油以及特调酱料，制成生食鲑鱼鞑靼；龙虾高汤中加入吉利丁。

摆盘方法

将加入吉利丁煮好的龙虾高汤舀入白色圆盘，放入冰箱冷藏约一个小时成冻，取出。

以罗勒酱在高汤冻最外围等距间隔挤出小点。

在挤罗勒酱的过程中须注意距离是否平均，否则容易破坏美感只能重来。在操作时，可以一手固定画盘位置，一手转动圆盘，以确保加入酱汁的位置。

画盘完成后，可将莳萝撕成小片，环状点缀于内圈，并将圆筒模具放置于盘中心，以小汤勺挖入生食鲑鱼鞑靼，堆叠出立体高度，以汤勺使表面平整，以便鱼子酱堆叠时能展现出整齐美感。

利用小汤勺将鱼子酱堆叠于生食鲑鱼鞑靼顶端，覆盖表面平铺一层。

拿开模具，最后以牙签将金箔装饰于鱼子酱中心，便完成此道摆盘。

交叉堆叠，直列摆放的多层变化

主厨　许雪莉
台北喜来登大饭店 Sukhothai

泰式炸虾卷

由于炸虾卷为长条形，因此在进行摆盘设计时，便可从造型的特色切入，在此主厨便应用了具有长盘特质，但为叶片造型的食器。顺应食器的造型，炸虾卷的摆放位置取直线的纵列方向，但加入交错与堆叠的方式，让线性的视觉动线带有变化。

材料｜虾子、泰式酱油、大蒜、胡椒、春卷皮、泰式梅酱、生菜等。

做法｜将虾子与泰式酱油、大蒜、胡椒混合后，以春卷皮包覆油炸即可。

摆盘方法

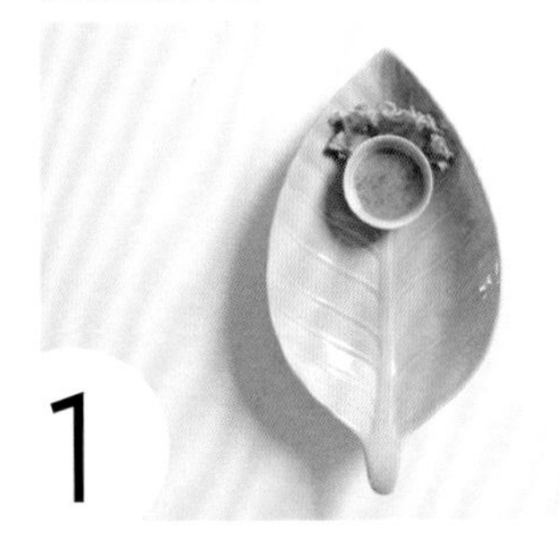

将食器纵向摆放，于盘上侧放上生菜片，并将酱料碟置于其上。

在酱料碟的下方，摆放酥炸后的春卷皮，作为基底。

炸虾卷交叉堆叠于春卷皮之上。

如将虾卷整齐直列，虽顺应食器走向，但视觉上则较单调呆板，此时可加入交叉与堆叠的趣味。

炸虾卷相互交叉倚靠，顺应食器的方向，呈现出有朝气的立体层次，摆盘即告完成。

顺应食器摆放食材，层次分明

西餐行政主厨　王辅立
君品酒店 云轩西餐厅

绿芦笋冷汤佐帝王蟹沙拉

选用有着凹槽的大圆汤碗，盛装汤品、面包及沙拉，将品尝的主权留给享用者，单吃或组合享受兼具其风味特色；其洁白的颜色更可展现绿芦笋的鲜亮之美。

材料 | 绿芦笋、洋葱、蒜头、菠菜、高汤、面包、香料油、帝王蟹、橄榄油、红酸模等。

做法 | 将绿芦笋加洋葱、蒜头、菠菜炒后，加高汤，打成冷汤备用。帝王蟹用橄榄油调味制成沙拉，即可进行摆盘。

摆盘方法

在汤碗中加入绿芦笋冷汤。

在浅凹槽处，淋上一圈香料油，加入圆圈的造型。

放入甜甜圈造型的空心面包，形成圆的三重奏。

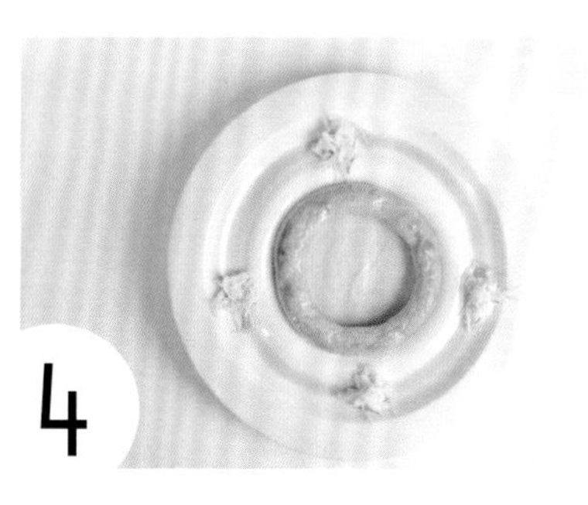

在香料油圈上，等间距摆放上 4 份帝王蟹沙拉。

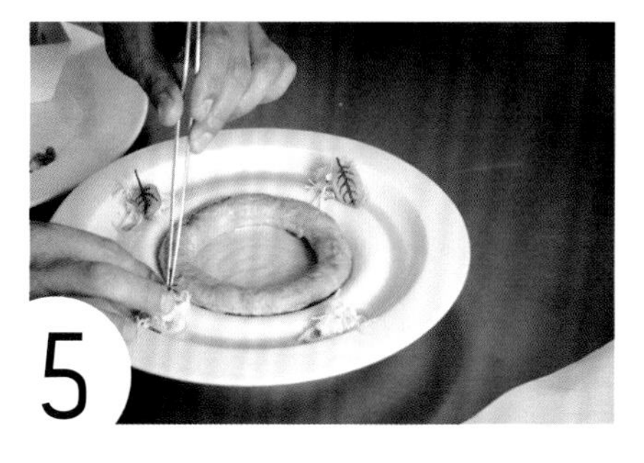

在沙拉上叠放上红酸模，加强红绿对比，即完成摆盘。

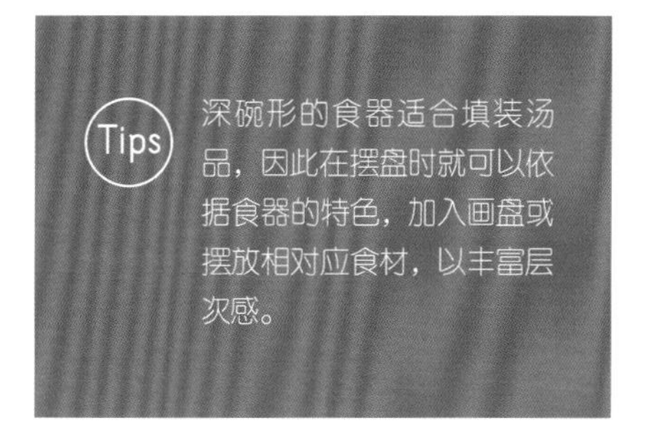

干贝金橘冻，层叠映衬晶透感

主厨 Clément Pellerin
亚都丽致大饭店 巴黎厅 1930

北海道鲜贝冷盘

食材本身呈现些微粉嫩感的干贝削成薄片后，搭配晶莹的金橘冻，随着透明圆碗的造型摆放成花朵意象。利用干贝与金橘冻皆有些微透光的特质，呼应透明食器。运用碗具有深度的特质，加入金橘冻后，便可提升料理高度，同时做出不同层次的色彩与口感变化，令这道冷盘由里到外呈现清爽的视觉效果，同时富含食材浓郁滋味。

材料 | 北海道干贝、鱼子酱、松露、金橘果冻、乌鱼子、红苋菜苗、香菜苗、食用菊花、柠檬、盐、海盐等。

做法 | 将部分干贝以柠檬加盐腌渍，待摆盘时使用；将另一部分干贝削成极薄的片，再以40℃的温度烘干水分，形成酥脆的口感。

摆盘方法

将主食材干贝削成薄片，依循碗的弧度，将干贝片交叠放入碗中，形成环状的花瓣造型。

在铺满干贝片的碗内，淋上液态的金橘果冻，并放入冰箱待冷藏成形，提升料理的高度与不同质感。

金橘果冻凝固后，在表面点状放置乌鱼子，让乌鱼子分布成一个不规则的五角形，平衡整体的色彩。

插入红苋菜苗、香菜苗以及食用菊花瓣，模仿花朵雄雌蕊的意象，透过显眼的色彩带出视觉焦点。

在表面轻撒一圈海盐，插入卷状的烘干贝片，并加入些许柠檬皮提味点缀。

最后加入少许松露刨片，强调盘饰中的局部重色，即完成摆盘。

巧夺天工的精致季节美学

料理长 五味泽和实
汉来大饭店 弁庆日本料理

八寸

日本料理中，为将当季食材精致呈现，会选用边长约 24 厘米的正方形木台，盛装新鲜小食，以呈现出自然缤纷的满盛感。摆盘时，可先取食器中央为焦点，由内至外，加入食材造型与材质的变化。这里是衬垫放射状的叶片，引导视觉，再搭配挖空的竹笋壳作为食器，佐以浪漫樱花枝，营造自然气质，成功地在有限的空间中，变化出饶有趣味的摆盘节奏。

材料 | 竹笋（以木之芽味噌调味）、手网寿司、莲藕、鲑鱼、胡麻豆腐、梅素面冻、鮟鱇鱼肝、鲔鱼角煮、竹笋、樱花枝、五爪叶等。

做法 | 将莲藕切薄片包裹鲑鱼，其余食材个别处理整形后，即可进行摆盘。

摆盘方法

1

于食器内铺摆上叶子作为基底，放入挖空对切的竹笋壳，右上方插入樱花枝。

2

将竹笋肉填入竹笋壳中，再放入手网寿司、莲根鲑鱼、胡麻豆腐、梅素面冻、鲔鱼角煮于叶面上。

3

于竹笋壳上方放入装有鮟鱇鱼肝的小碗，并将碗盖放在其左侧，即完成摆盘。

直线布局延伸料理视觉

主厨 Long Xiong
MUME

牛小排

主要配菜为洋葱和金莲花，洋葱以不同的种类与形态呈现，如焦洋葱酱汁、焦洋葱、腌制洋葱、珍珠洋葱。而金莲花素材也以花朵、花瓣与叶子来表现。在盘面格局上，作为主食材的牛小排居于左侧，而佐料配菜则位于右侧。佐料与配菜形成的线条与牛小排的长方形，构成主配菜视觉动线格外清晰的差异变化。

材料｜牛小排、金莲花、金莲花叶、蘑菇切片、焦洋葱、腌制洋葱、烤胡萝卜、珍珠洋葱、焦洋葱酱等。

做法｜牛小排经过 24 小时真空低温烹调法，再风干后炭烤而成。

摆盘方法

以汤勺把焦洋葱酱汁在盘面上画出一条直线。

顺应画盘的线条，放上细长的烤胡萝卜、焦洋葱，以及腌制洋葱；焦洋葱烤焦的部位可在盘中带入重色。

烤胡萝卜的摆放方式，以呈现细长的线条感为主，摆放在洋葱酱汁右侧；焦洋葱放在烤胡萝卜的上、下端；用腌制洋葱模拟粉红花瓣纷飞的意象，以烤胡萝卜所形成的直线条为基准，取四片置于顶部、尾端，左右侧各一。

放上蘑菇、金莲花，以及金莲花叶和金莲花瓣各三片，以平铺的形式呈现，加入点与面的造型，沿着线条由上往下轻盈铺放。

以斜着并列摆放的方式，将牛小排置于配菜和花卉形成的线条左侧，使其切面朝上，显出肉色，即完成摆盘。

强调平面构图的摆盘 | 技法 39 **视觉动线的经营**

均衡布局，流畅衔接的视觉动线

主厨　徐正育
西华饭店 TOSCANA 意大利餐厅

舒肥澳洲小牛菲力佐鲔鱼酱

选用大的圆浅盘盛装此料理，让牛肉表现其粉红色泽且与配菜的颜色做出对比，每一片深色牛肉都是视觉动线的节点，相互连接，并交错着时蔬与酱汁的层次。布局平衡，无特别突出的大型食材，但也因此使得视觉可以均衡地游走于盘饰中的各处细节。

材料｜牛菲力、鲔鱼酱、酸豆、墨鱼米饼、当季生菜、橄榄粉、橄榄油等。

做法｜将牛菲力以低温水煮后，烤 45 分钟至表面微焦后切成约 0.2 ~ 0.3 厘米的薄片。

摆盘方法

使用鲔鱼酱于以画圆的手法进行画盘，顺应圆盘的造型。

画盘的线条维持基本圆形即可，可加入粗细相间与稍微交错的变化，增添视觉效果。

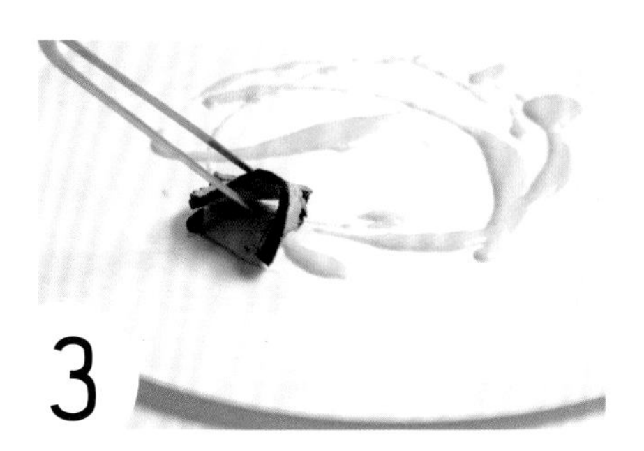

将切片并淋上橄榄油的牛菲力置于盘中，摆放时使其折叠卷曲，加入立体感。

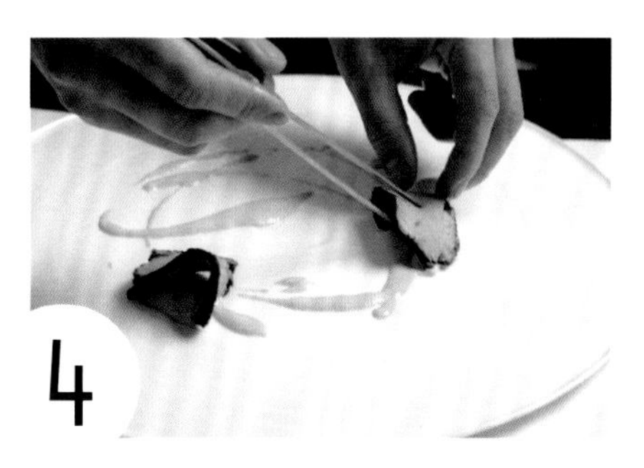

牛肉片是料理的重点，因此其布局也牵动着视觉动线；摆放的位置主要依循酱汁的动线，让牛肉片和酱汁皆采用圆形的布局，不需太整齐。

盘中间也放入一片牛肉片，让视觉更稳定，并在空缺处放入些许酸豆与当季生菜，丰富留白处的细节。

在盘中空白处撒上橄榄粉，以及压碎的墨鱼米饼，淋上橄榄油即完成摆盘。

直列摆盘侧观高低错落

行政主厨　陈温仁
三二行馆

龙虾沙拉

像龙虾这样的高档食材，往往使用最简单的烹调方式来锁住原味，因此在摆盘时，简单的构图其实也能呼应料理与食材的纯粹感。直线式的食材排列算是摆盘的入门技法，以线性组合排列食材，可先考量食材的高低起伏，如食材本身的色彩、造型或是大小较为类似，也可考量食器色彩，用以呼应或突显线条本身的存在感！

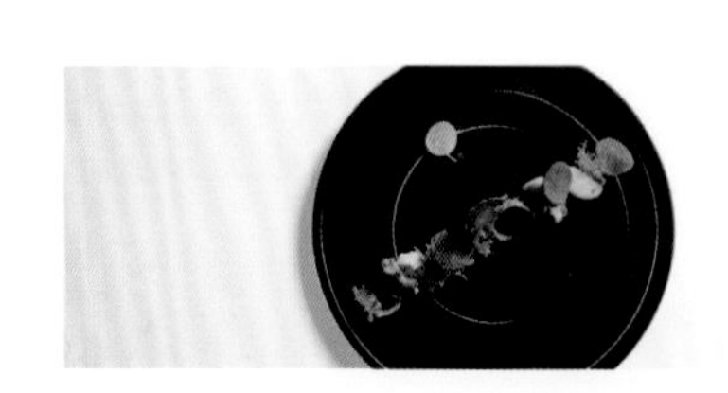

材料｜龙虾、黄蘑菇、黑松露、罗勒、紫苏、绿卷须、金莲花叶、盐、胡椒、大蒜等。

做法｜龙虾破壳拆肉，以锅煎至三分熟；龙虾头加水及少许黑松露熬煮成龙虾沙拉酱，冷却后装入酱汁瓶。黄蘑菇加入盐、胡椒及少许大蒜煎熟。

摆盘方法

1

取大圆盘，用酱汁瓶将龙虾沙拉酱在盘中央画一道斜线，此为稍后摆放食材之基座，也是整体盘饰的主要动线。

2

将龙虾肉切为不同长度的三段，将最长的螯肉放在圆心处，其余两段龙虾肉则分别置放在圆心至龙虾酱端点的中间，并以镊子依序将黄蘑菇沿着龙虾酱穿插置放。

3

虽然是直线排列的摆盘，但其中食材还是可以做出高低层次，比如线条的中央为最高点，以山状造型左右下伸，此种设计视觉上较平衡。但也可左高右低，或高低交错。

4

在龙虾与黄蘑菇间加入罗勒、紫苏、绿卷须等点缀。另外在盘面左上加入一片金莲花叶，营造点与线的效果。

5

以刨刀将黑松露刨成圆片状，再以镊子夹取调整松露片的位置，使其等距置放在动线食材上，呼应金莲花叶的圆与食器的黑，摆盘即告完成！

利用高低与深浅，带出视觉层次平衡

料理长 羽村敏哉
羽村创意怀石料理

剥皮鲭鱼

剥皮鲭鱼的颜色偏浅，因此使用其鱼皮包裹韭黄并摆放其前，做出前深后浅的对比色差；韭黄卷宽度约 2 厘米，比剥皮鲭鱼尺寸小上一号，也能利用尺寸差异，强化层次与丰富感，让前端的食材较低，后方再放重点食材，也让其具有高度，协调出前后层次的整体平衡。

材料｜鰆鱼、韭黄、梅肉酱、日本柚子皮、防风、香油、葱、盐、柠檬等。

做法｜将鰆鱼剥皮切片后，佐以烤过的鰆鱼皮韭黄卷，点缀两滴梅肉酱，搭配防风；酱料用葱、香油、盐及柠檬调配而成。

摆盘方法

取鰆鱼皮时，使用刀子紧贴鱼皮，剥下鱼皮。

鱼皮以卷寿司的方式包卷韭黄，尽可能收紧以避免内容物掉出。

将鰆鱼皮韭黄卷烧烤后，两端切齐，再切成约两厘米长的段。

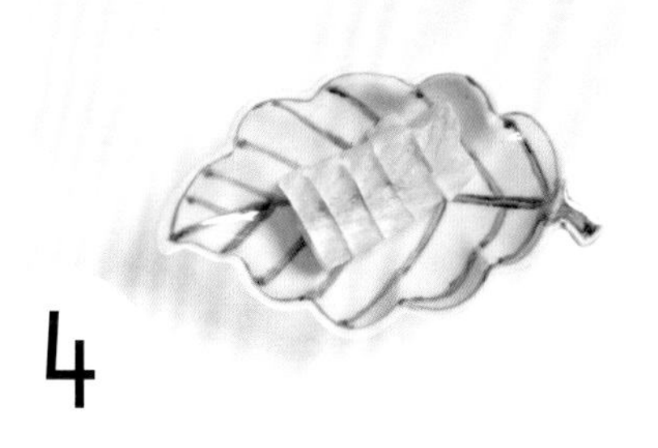

于叶片造型盘中放入剥皮后切片的鰆鱼，摆盘排列时让鱼肉微向内卷曲，以增加立体感。

将鰆鱼皮韭黄卷切面朝上，增加盘中色彩变化，放在生鱼片下方。

将梅肉酱在鰆鱼皮韭黄卷上各点一滴，摆上防风，再磨上柚子皮。最后取另一小碟，放入酱料后，即完成摆盘。

切片展现内里的平铺摆盘

主厨　连武德
满穗台菜

姜葱大卷

姜葱大卷是常见的家常菜，将青葱往大卷内塞放，粉色管身透出嫩青色彩。豪气大方的摆盘方式，不仅适合宴席请客，居家料理亦相当美观得宜。食器侧边具有立体流动曲线，模拟海浪意象，与海鲜食材相得益彰。具有深度的盘面，用以盛装鱼露酱汁，使得料理更显润泽感。

材料｜鸡蛋豆腐、大卷、葱、姜丝、鱼露等。

做法｜将大卷清洗干净后内部塞满整株葱，入锅蒸煮 8 分钟后切片即可。

摆盘方法

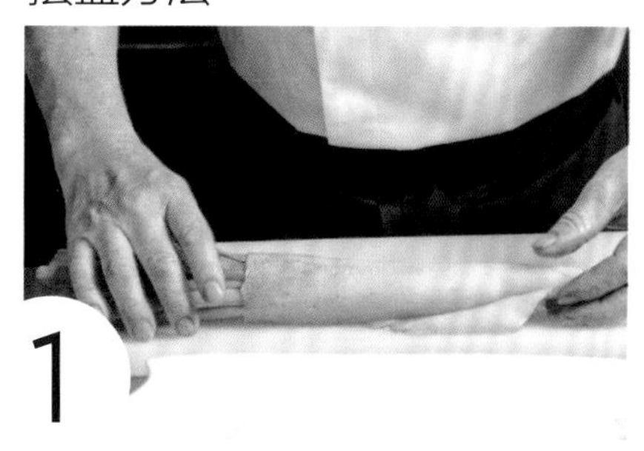

约莫取用 6 至 7 颗青葱，塞放于大卷中。

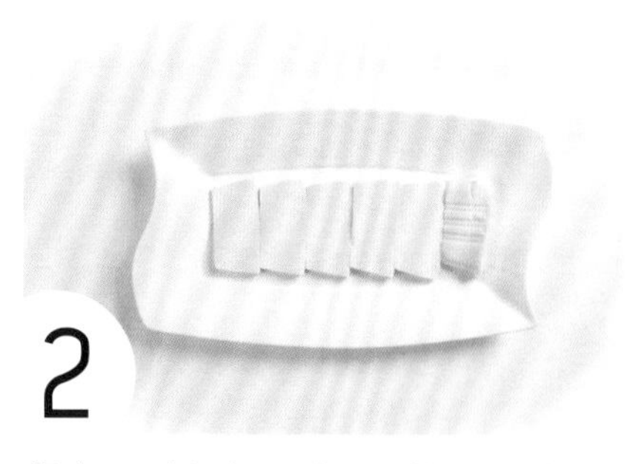

将鸡蛋豆腐切成 6 等份，平铺于盘面作为米黄饰面。

鸡蛋豆腐上层铺排葱叶，将盘景加入大量葱绿色基底。

把切片后的大卷置于其上，让头尾部位摆放于左右侧端点。

淋上香气浓郁的棕色鱼露，并于大卷尾部加上姜丝方便搭配食用，摆盘即告完成。

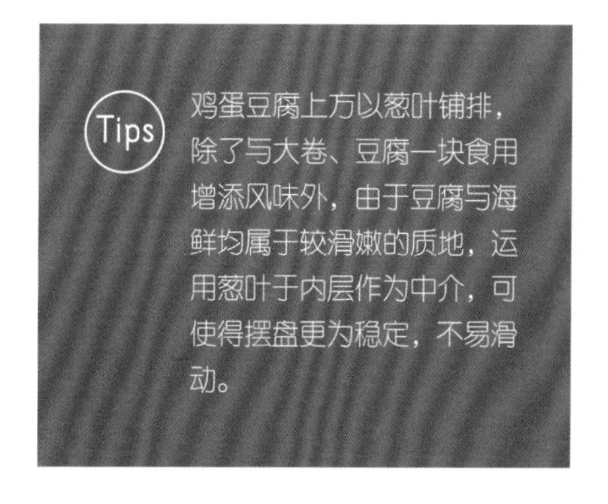

Tips

鸡蛋豆腐上方以葱叶铺排，除了与大卷、豆腐一块食用增添风味外，由于豆腐与海鲜均属于较滑嫩的质地，运用葱叶于内层作为中介，可使得摆盘更为稳定，不易滑动。

平铺堆叠，创作出澎湃与雅致的和谐圆舞曲

主厨　林显威
晶华酒店 azie grand cafe

牛菲力

利用火腿片作为平铺基底，在白盘上做出雅致摆盘，拉出主菜的横向面积，接着堆叠上牛菲力及综合生菜叶，让高度与宽度同步加量，层层叠出澎湃感受；使用刨下的起司片除增添口感外，更可加强与生菜间的空间体积，让视觉效果更为丰富及饱满。

材料｜牛菲力、腌渍鸿喜菇、意式风干火腿、芝麻叶、可生食迷你菠菜、起司、波特酒酱等。

做法｜将牛菲力微烤至适当熟度，起司刨成薄片，即可进行摆盘。

摆盘方法

盘中平铺放上火腿片。

在火腿片上淋入波特酒酱，可让酱汁集中于中间，避免溢出破坏摆盘的整齐。

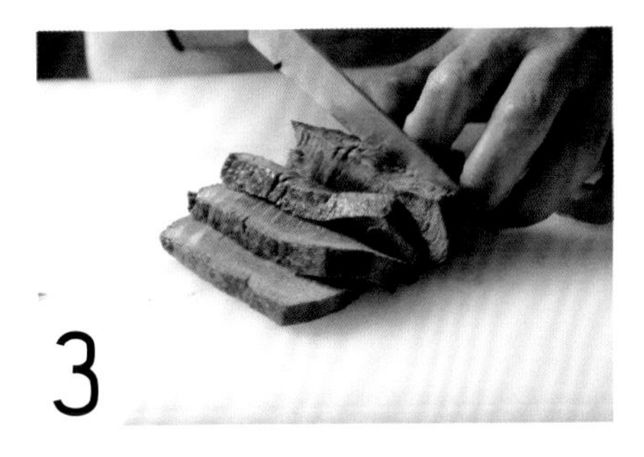

将牛菲力切割为厚片状。

在酱汁上方铺放牛菲力厚片，让牛肉与牛肉之间少部分重叠，形成阶梯般的效果。

在牛肉上再堆叠盖放芝麻叶及迷你菠菜，让表面盖上一层绿色。

在表面再加入刨削成长条薄片的起司片，及腌渍鸿喜菇，即完成摆盘。

Tips

铺盖菜叶时，可考量叶面的方向性，可以统一，也可交错变化出不同的趣味。使用两三种不同造型的叶片，则更容易制造秩序中带有繁复变化的效果。

食材大量覆盖的平铺摆盘

主厨　徐正育
西华饭店 TOSCANA 意大利餐厅

舒肥澳洲小牛菲力佐鲔鱼酱

原味的澳洲牛菲力，佐以特调鲔鱼酱是一绝配，运用平铺覆盖的表现，让菲力牛肉薄片的嫩红，相间地露出于生菜与酱汁的缝隙之间。食器选用外高内平的圆盘，适合装载有酱汁的料理，亦能将牛肉隐匿于底层。表面堆叠绿卷须，透过配菜与酱汁的遮盖，呈现出摆盘设计的和谐感。

材料 | 牛菲力、鲔鱼酱、酸豆、鳀鱼、绿卷须、红酸模、橄榄油等。

做法 | 将牛菲力以低温水煮后，烤 45 分钟至表面微焦后切成约 0.2 ~ 0.3 厘米的薄片，即可与其他配料进行摆盘。

摆盘方法

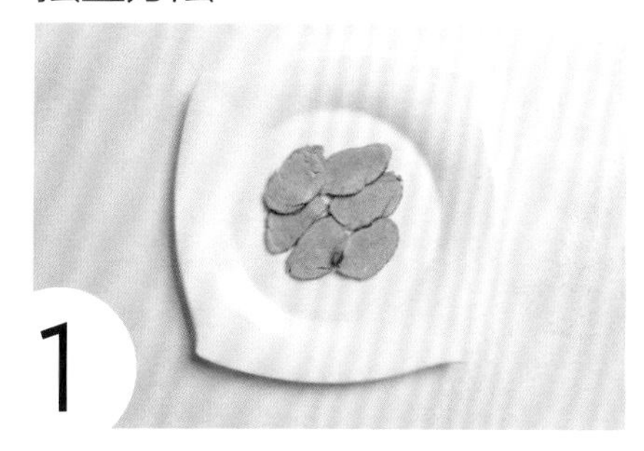

盘中均衡地平铺放上 6 片牛菲力薄片。

接着以汤勺一圈圈淋上以鲔鱼酱、鳀鱼及橄榄油调配成的酱汁。

由于肉片采用平铺摆盘，因此最底层呈现的是嫩红色，如直接叠加鲜绿生菜，色彩的对比会比较强烈。大量的酱汁有助于调和牛肉与鲜蔬的色彩，成为摆盘色彩的重要过渡。

铺盖上较为小朵，造型上偏立体的绿卷须及红酸模、酸豆，加入层次变化。

最后均匀浇淋上橄榄油。

单一主体简约布局，呈现料理优雅气质

主厨　林秉宏
亚都丽致集团 丽致天香楼

西湖醋鱼

单一主体的料理，若加入布局与画盘的缀饰，即可让摆盘呈现出优雅精致的感受。普通人家中一定有的纯白圆盘，看似平凡却是摆盘时最不受限制的完美食器。简约大气的摆盘，有时也可把食材本身的纹理与质感，用于摆盘表现。如此道料理摆盘，便运用鱼皮本身的纹理，与深色醋酱搭配，简约大气的布局，轻松呈现这道西湖醋鱼的质朴雅趣。

材料｜草鱼、酱油、绍兴酒、白糖、镇江醋、香菜、姜丝等。

做法｜清水煮滚后离火，放入已去刺去骨的草鱼中段。浸泡约两三分钟后，即可捞起待摆盘使用。以酱油、白糖、绍兴酒与镇江醋调制成酸甜醋酱。

摆盘方法

首先顺应圆盘造型，在盘面的上半部，用酸甜醋酱画出一抹水滴弧形的酱汁画盘。

接着把去骨草鱼放入盘中，让去骨草鱼与水滴形醋酱交错摆放，展现大方利落的构图。

在去骨草鱼的左下方，放入一束姜丝，摆放时可以稍微施力下压，并同时转动姜丝束，让姜丝束站立在盘中。

最后用香菜点缀于去骨草鱼上方，即完成摆盘。

田园况味
多层配菜布局

副教授　屠国城
高雄餐旅大学餐饮厨艺科

炭烤菲力牛排佐红酒田螺

盘面外缘圆弧的线条，突显此料理中的主角炭烤牛肉，使整体具有流动性，脱离过于规矩的视觉感。为营造此料理田园气息的清爽风格，将大蒜、玉米笋、胡萝卜、罗马花椰菜等蔬菜聚焦于盘面左侧，创造鲜明的色彩，带出不同比例与多层次的构图，再淋上田螺酱汁完美呼应田野况味，并以画盘增添整体跃动感。

材料｜田螺肉、培根丁、大蒜、红酒、牛肉高汤、奶油、红葱头、菲力牛肉、熟红菜泥酱汁、白兰地、白豆、黄节瓜、玉米笋、胡萝卜、罗马花椰菜、油菜花、豌豆荚等。

做法｜菲力牛肉用炭烤到需要的熟度。培根丁用奶油炒上色，加入田螺肉，再加大蒜及红葱头炒香炒软，淋上白兰地及红酒，加入高汤，制成红酒田螺酱汁。

摆盘方法

先在盘面的左侧，点入一点熟红甜菜泥酱汁，接着用刮刀，轻压酱汁表面。

用刮刀把酱汁推拉出一条短厚的画盘线条，作为底色。

在酱汁上摆放挖空后放入白豆的黄节瓜，并在周围堆放大蒜、玉米笋、胡萝卜，使其倚立或靠站，变化细微的立体效果。

将炭烤牛肉摆放在盘面中央。

持续增加配菜的层次感，加入罗马花椰菜与油菜花。浇淋上红酒田螺酱汁。

在盘左侧放置一片剖开的豌豆荚，让内里的豆仁呈现出来，打造特殊的质感，即完成摆盘。

几何造型的排列组合

主厨 Fabien Vergé
La Cocotte

沙丁鱼佐橄榄柚子醋

此道料理布局简约，摒弃过度的摆盘手法，但却能让料理呈现出如同抽象画般的优雅美感。在思考布局时，可把食材理解为几何元素，盘中出现点、线、面等不同元素变化之余，盘左侧的沙丁鱼主题，则不被其他配菜干扰，以维持其独立性，搭配颜色活泼的带花节瓜、小胡萝卜与宝宝莴苣，简单利落地呈现出食材的鲜味原貌，盘饰大气也清新。

材料｜沙丁鱼、白酒、醋、洋葱、盐、柠檬汁、带花节瓜、小黄萝卜、小胡萝卜、宝宝莴苣、红酸模、希腊薄派皮、大蒜泡沫、辣椒粉、橄榄油、柚子醋等。

做法｜沙丁鱼预先以白酒、醋混匀，加洋葱和盐腌渍两天后，淋上柠檬汁，即可视情况选择冷藏或烹调。

摆盘方法

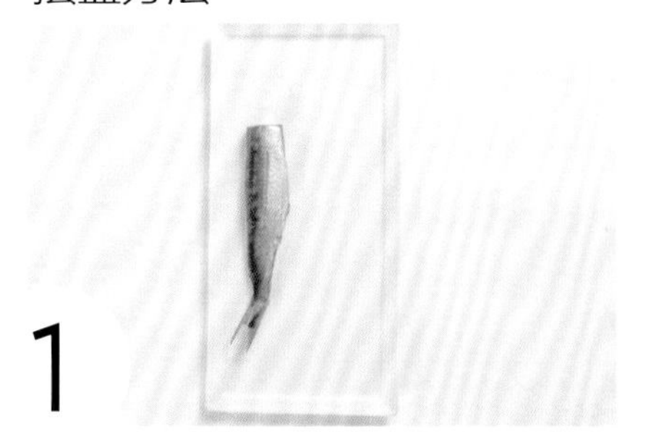

1

将沙丁鱼去掉头部，使其尾巴朝下，摆放于白色方盘的左侧，呈现出盘饰的第一条直线。

2

在盘中依序放入长条剖面的小黄萝卜与小胡萝卜，让盘中具有三条直线。

3

在萝卜上叠放剖开的带花节瓜，提升线条的层次感。

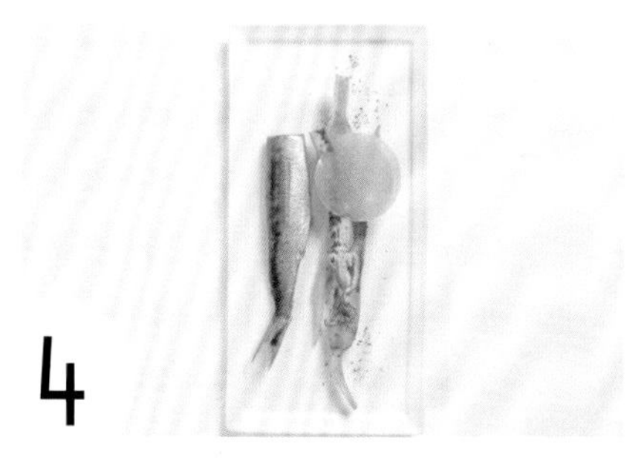

4

在盘面撒入撒少量辣椒粉，并放上圆形希腊薄派皮。

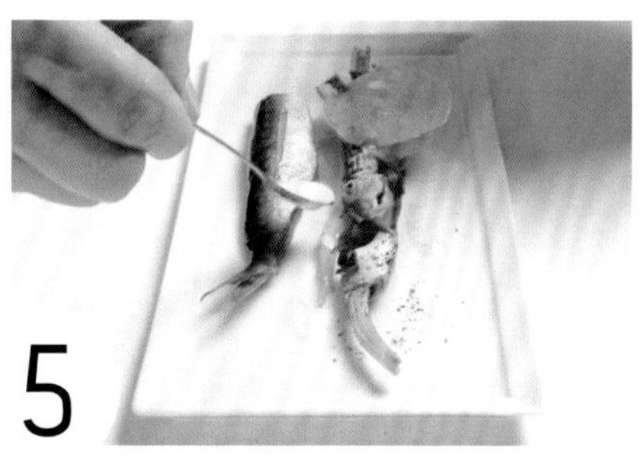

5

在盘右侧加入宝宝莴苣与红酸模，以汤勺放入适量大蒜泡沫后，淋上橄榄油、柚子醋，即完成摆盘。

折弯塑造动态美感

主厨 连武德
满穗台菜

干贝芥蓝

由于芥蓝属于较长的蔬菜，在摆盘上不便以菜叶完整平铺来呈现，但芥蓝叶在味道上别有一番风味，若要切除太过可惜，因此主厨运用叶片本身较为柔软的特性，将其折向内侧，以解决摆盘困扰，也为摆盘塑造飞舞飘逸的动态美感。

材料｜干贝、芥蓝、柳松菇、酱汁等。

做法｜将芥蓝与柳松菇各别烫熟，干贝入锅蒸熟剥成丝，加酱汁调成佐酱。

摆盘方法

将芥蓝深绿色叶片向内侧折弯。

此摆盘的重点在于蔬菜摆放整齐，并让菜叶折弯，简单的动作即可让摆盘具有设计感；此外由于菜叶的弯折具有弧度，因此可选用方盘食器，让盘景具有内圆外方、不同形状组合而成的丰富层次感。

于芥蓝根上摆上柳松菇，菇头朝向一致。

将干贝丝佐酱均匀浇淋于柳松菇中间区段之上，汤汁向下渗透，为蔬菜料理增添温润口感。

多层几何布局，增添甜美气息

主厨 Kai Ward
MUME

番茄

运用番茄食材的不同种类与形态，表现出丰富色彩与食材多样化的纹理质地。另外借由紫罗兰、紫苏和芥蓝花的装点，也为内敛的深色食器所构筑的盘景，增添甜美柔和的感性气质。

材料｜圣女番茄干、日本金黄番茄、意大利金黄番茄、日本桃太郎番茄、荷兰芝麻绿番茄、圣女番茄、黑美人番茄、番茄果冻、哈密瓜干、红酸模、紫罗兰、紫苏、柠檬醋、枇杷丁、法式酸奶（使用柑橘果汁，以液态氮凝固制作）、黑胡椒、芥蓝花等。

做法｜将番茄切成块、片等不同造型。

摆盘方法

1

利用黑盘对比番茄的鲜艳色彩，保留圆心的空间，摆放上片状立放的日本桃太郎番茄、荷兰芝麻绿番茄、意大利金黄番茄、日本金黄番茄，呈现出多彩的放射状布局。

2

加入枇杷丁，并在中央放置一颗圣女番茄，且以三角形的方式嵌入黑美人番茄切片，以及圣女番茄干。

3

撒上些许黑胡椒，加入细节的质感差异。

4

放上哈密瓜干与番茄果冻。

5

放上紫罗兰、芥蓝花、紫苏和红酸模，最后加上法式酸奶，摆盘即告完成。

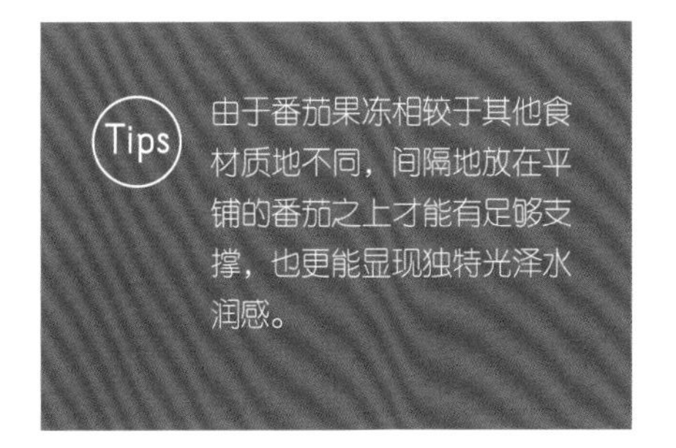

Tips

由于番茄果冻相较于其他食材质地不同，间隔地放在平铺的番茄之上才能有足够支撑，也更能显现独特光泽水润感。

抽象留白 | 技法 42 **集中摆放**

小空间长盘集中食材，留白与满盛的同时展现

主厨 Angelo Agliano
Angelo Agliano Restaurant

百里香烤蔬菜佐水牛乳酪与葡萄酒醋

一叶扁舟似的狭长形白色瓷盘，盘面以突起波纹逐渐向外层扩散，涟漪似的渐层为视觉平添动态美感。底部以四块水牛乳酪为基底，乳白膏状的馥郁口感令人垂涎，运用芦笋、玉米笋、青花椰、胡萝卜、节瓜和百里香等鲜蔬的交叉罗列，变化红、绿、黄等丰富色彩层次，除与双侧留白形成对比外，更尽显集中满盛的丰盈感。

材料｜水牛乳酪、节瓜、胡萝卜、西芹、青花椰、百里香、玉米笋、绿芦笋、腌洋葱、蔬菜油醋、青酱、陈年红酒醋、橄榄油、葡萄黑醋、盐、胡椒等。

做法｜将西芹和部分节瓜、胡萝卜切丁。将另一部分节瓜、胡萝卜切条，玉米笋、绿芦笋切段，加入腌洋葱、蔬菜油醋、盐、胡椒、橄榄油、陈年红酒醋和青酱拌匀。水牛乳酪切成小片，撒上盐和胡椒调味。

摆盘方法

将蔬果丁放在水牛乳酪片上，以铁勺盛至盘中摆放。

将调好味的蔬菜间隔放入盘中，加入深浅不一的色彩，提升润泽可口的效果。

水牛乳酪间的鲜蔬，按黄、红、绿的顺序，由淡至深，取V或X形的罗列方式逐一摆放，加入色彩的韵律感。

葡萄黑醋与青酱以点状挤压方式，交错滴落于菜肴外围，将摆盘重点圈点而出。

放上百里香，并由内而外淋洒橄榄油提味，摆盘即告完成。

以圆堆叠盘心焦点，突显主食材角色

主厨　许汉家
台北喜来登大饭店 安东厅

南瓜黄金炖饭、慢炖杏鲍菇、海苔酥

纯白圆盘为普通人家中最常见的食器之一，主厨刻意将炖饭塑为金黄圆形，并将杏鲍菇、南瓜球等食材集中铺置在炖饭上方，使得盘中呈现极为醒目的橙黄色调，最后搭配顶端的海苔酥与火箭菜，突显摆盘色彩的变化。此道摆盘所用及之食材为全素料理，是许汉家主厨为茹素客人精心设计的套餐菜单！

材料｜南瓜炖饭、杏鲍菇、南瓜球、海苔酥、火箭叶、打碎的胡椒粒等。

做法｜南瓜炖饭以意大利炖饭专用米加入南瓜汤汁，于浇汁与收干的过程反复熬煮 30 分钟以上，使米粒达到理想熟度方可上桌。

摆盘方法

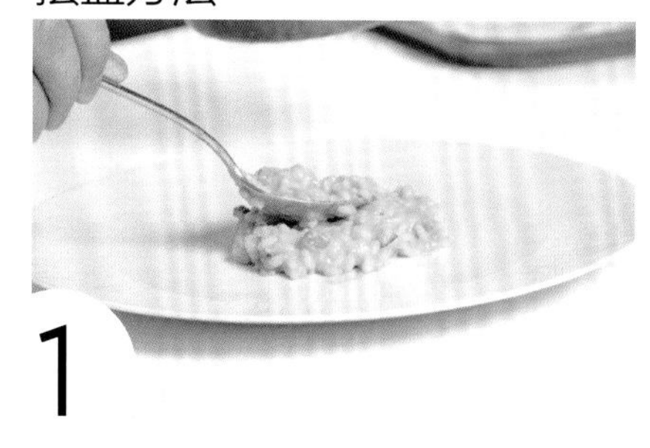

1

南瓜炖饭盛放于圆盘正中央，利用汤勺修整成圆形并铺出厚度。

2

因为要集中摆放食材，最底层炖饭不宜太薄，有一定厚度作为基底，摆盘会更为坚固。

3

将卤过的杏鲍菇切成圆柱状，将杏鲍菇以四角形摆放在炖饭上方，持续增加中央焦点的层次感。

4

南瓜球同样摆放于炖饭上。

5

堆叠海苔酥与火箭菜。

6

于炖饭外围轻撒胡椒粒，如此一来，上菜时便能传递些微胡椒香气，弥漫多层次风味。

集中摆盘，突显主食材位置

主厨　林凯
汉来大饭店 东方楼

燕窝酿凤翼

方盘的留白空间较圆盘多，更能渲染出以简驭繁的简约意境，因此在这道料理呈现上，主厨刻意将食材集中于盘面中央，使得盘面左右各自留下大量空间，但加强主食材立体感，延伸出纵向高度，最后再以黑醋画盘创造细致感，整道料理摆盘在视觉上不仅协调，更留下了想象的空间。

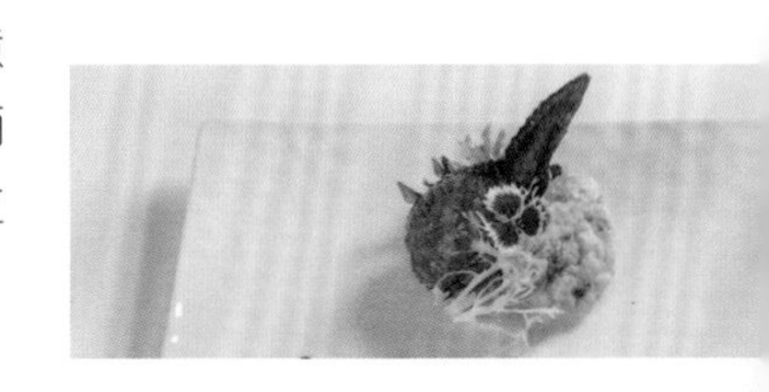

材料｜鸡翅、燕窝、绿紫色生菜、绿卷须、食用花、脆皮水、黑醋、琵琶豆腐等。

做法｜把琵琶豆腐炸成淡黄色。将鸡翅去骨，清洗干净后擦干水分，填入燕窝后，封口固定，于外皮抹上脆皮水后沥干，先稍烘烤使封口更紧密，再油炸。

摆盘方法

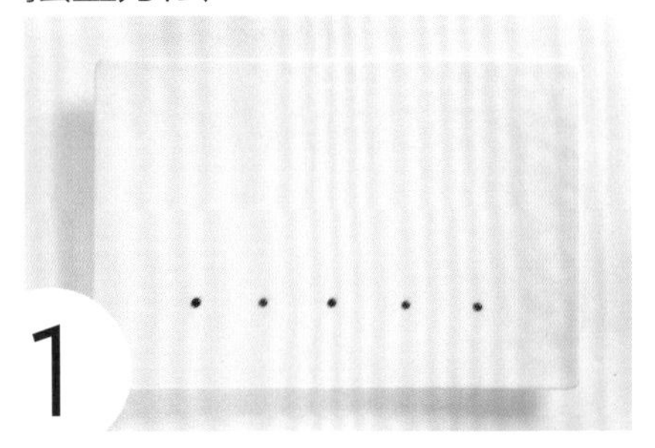

使用黑醋在方盘下方点上五个距离大小相同的圆点。

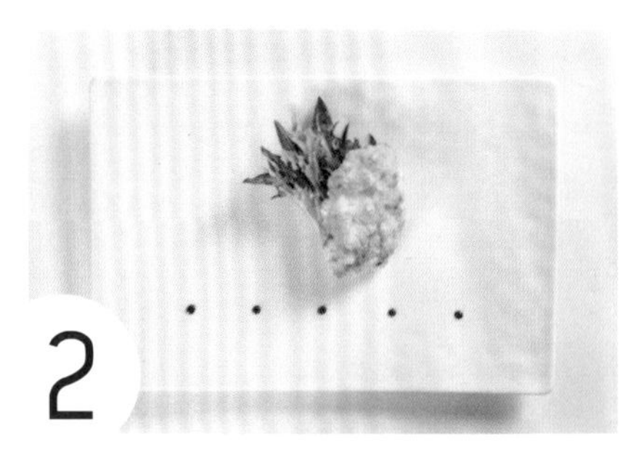

将淡黄色的炸琵琶豆腐、绿紫色的生菜摆放在方盘中央，做出造型与色彩的对比。

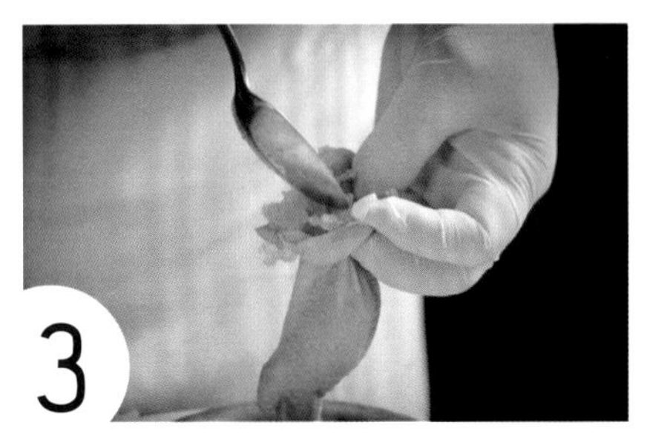

在去骨的鸡翅中，用汤勺慢慢将燕窝装填进鸡翅里，装满后将封口压紧，以牙签固定下锅油炸；除了燕窝，也可加入炒饭等其他食材，自行加入变化的创意。

摆放上填入燕窝炸成的鸡翅，将之倚靠在炸琵琶豆腐上，带出高度。

将绿卷须及食用花放置在主食材上，加强色彩点缀，即告完成。

抽象留白 | 技法 42 **集中摆放**

强调留白黄金比例，展现田园风情

副教授　屠国城
高雄餐旅大学餐饮厨艺科

红酒西洋梨佐鸭胸

此道摆盘设计，选择将主菜摆放于方盘的中央，应用层次的交叠，引导视觉重点。将鸭胸、绿叶苣菜、蜜梨以平铺摆放的方式，形成多层次的视觉飨宴，而错落有致的红椒酱汁，有如大小雨滴落在荷叶上，尤其在色彩变化上，营造出闲适自然的田间风情。

材料｜西洋梨、红酒、鸭胸带皮、白糖、蒜苗、橄榄、红椒、鸡高汤、洋葱、蒜、绿叶苣菜等。

做法｜鸭胸两面煎上色，放入烤箱烘烤。浓缩红酒，用白糖调味，放入去皮的西洋梨炖煮后切片，制成蜜梨。红椒烤过去皮，加入鸡高汤、洋葱、蒜制成红椒酱汁即可。

摆盘方法

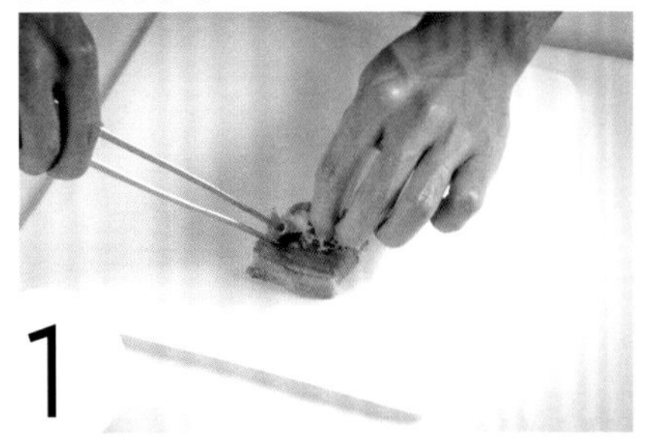

先将切成厚片的鸭胸摆放于白色方盘上，上方再叠盖一片绿叶苣菜。

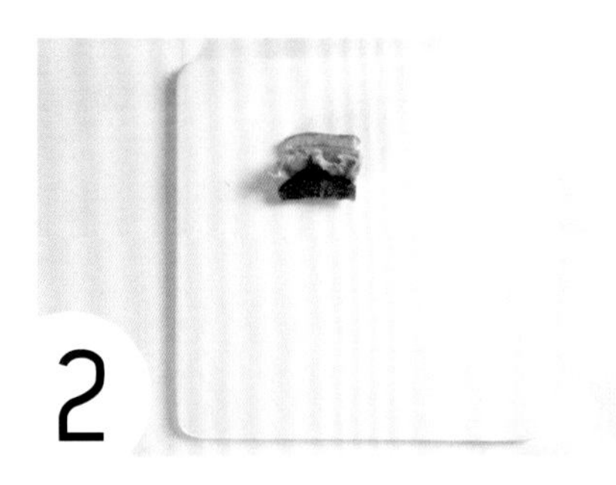

绿叶苣菜上方再加上一片长形的蜜梨片。

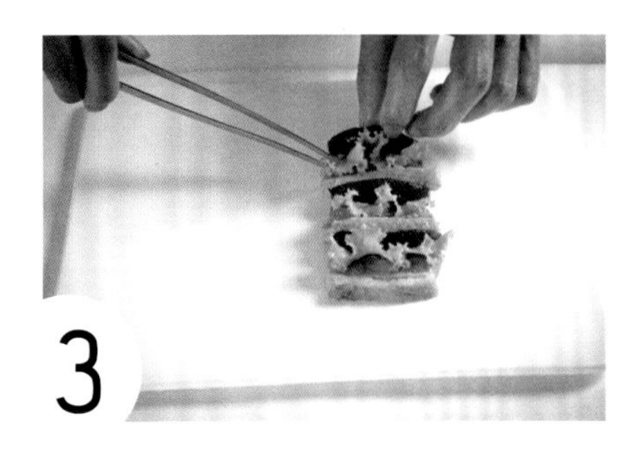

以直列的方式层铺三组。

接着进行第二列的铺叠，此时可调整摆放顺序，先放绿叶苣菜，再放蜜梨，最后则是鸭胸片。

将洋葱、蒜苗、橄榄以散落的方式摆放上。

最后将红椒酱汁错落滴落于方盘周围，突显主食材并聚焦整体视觉亮点。

抽象留白 | 技法 42 **集中摆放**

浓汤隐藏
中央堆积布局

主厨 Fabien Vergé
La Cocotte

法式南瓜浓汤

此道汤品料理将食材细腻堆叠于汤盘中心，上桌到客人面前时，才将浓汤倒入汤盘，一道料理囊括两种视觉享受。将杂粮面包片作为摆盘第一层后，放入薯泥与培根丝等堆叠，再加上一片南瓜冻，便衍生出汤盘中心的立体高度。大蒜泡沫则在盘景中带来画龙点睛的效果，泡沫可以提供不同质感的元素，也让汤品显得更具鲜度与温热感。

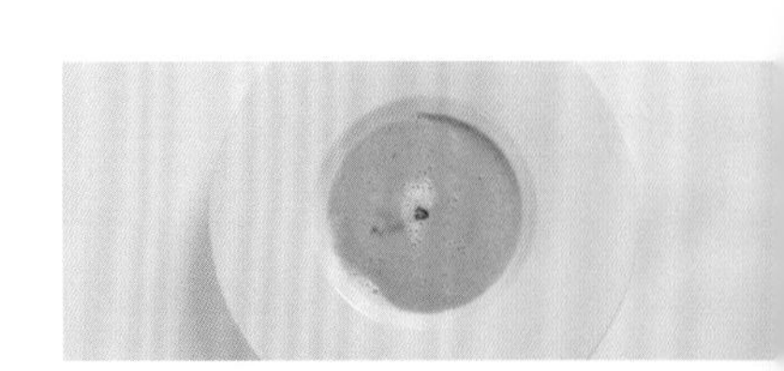

材料｜南瓜、杂粮面包片、黑蒜泥、鲜奶油、马铃薯泥、培根丝、南瓜冻、油封洋葱、大蒜泡沫等。

做法｜将南瓜切块，蒸软后制成南瓜泥，加入适量鲜奶油，调味成浓汤即可。

摆盘方法

1

在杂粮面包片上加入一点黑蒜泥，再用两只汤勺塑形后放入一团薯泥。

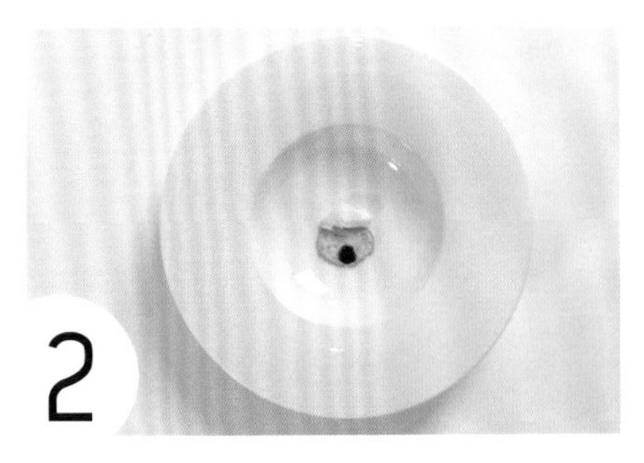

2

放在盘子中心处。

3

在面包片上堆叠适量油封洋葱与培根丝，变化食材的口感，但分量不超过面包片。

4

取一片南瓜冻，覆盖于培根丝与薯泥上，并加入些许大蒜泡沫。

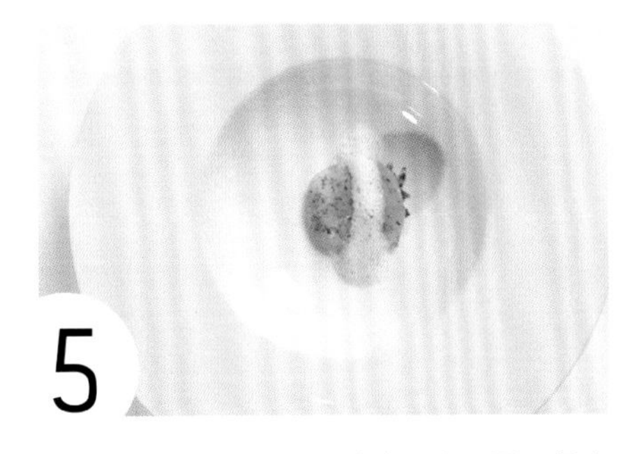

5

让大蒜泡沫由左至右横跨南瓜冻，画一条中心线。

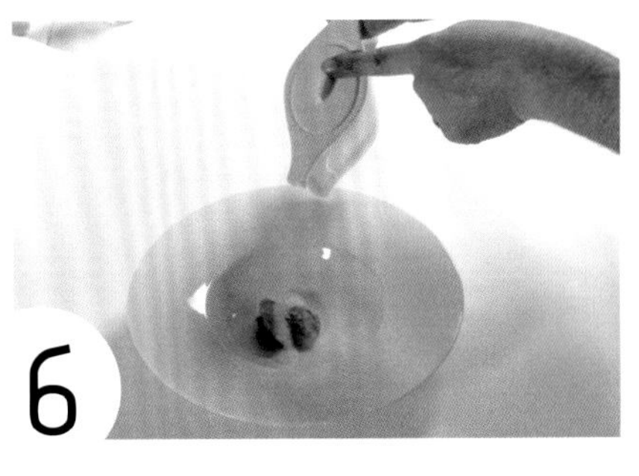

6

料理上桌后，沿着中心食材的周围倒入南瓜浓汤。中央的大蒜泡沫，也会因为汤品的灌注，而在中央形成明晰的泡沫质感。

抽象留白 | 技法 43 **点与线的构图**

四点平衡构图，视觉沉稳大气

主厨　许汉家
台北喜来登大饭店 安东厅

香煎澳洲和牛肋眼牛排

此道法式料理采用平整的大方盘为戏剧背景，主厨刻意将盘内主、配菜都塑造成圆形来对比方正。如此一来，法式料理中属于重头戏的主菜，也就借着平衡盘景的稳重而磅礴登场。此道摆盘皆以点连成线为构思，分别将食材摆放于四角，创造出平衡对称的视觉构图。酱汁画盘时，些许线条的效果，又比单纯点状的画盘，更能引导视觉动线。

材料 | 澳洲和牛肋眼牛排、马铃薯、起司粉、糖果芜菁、紫山药、玉米笋、芦笋、胡萝卜、格拉帕酒酱汁、香草橄榄油等。

做法 | 将煮熟的马铃薯混和起司粉，以汤勺挖塑成圆形，下锅油炸至外表金黄酥脆。

摆盘方法

在大方盘左上角堆叠紫山药、糖果芜菁、玉米笋、胡萝卜、芦笋等清脆蔬菜，运用交叉堆叠的摆放法，堆叠出小巧的盘景高度。

将金黄酥脆的马铃薯球摆放于右上角。

将格拉帕酒酱汁以汤勺在大方盘下方由左至右，压画出一道圆头直线。

在画盘线条的终点，摆上一块澳洲和牛肋眼牛排，让下方的盘景呈现出重轻重的交错变化。

在左上方的时蔬上淋上香草橄榄油提味。

抽象留白 | 技法 43 **点与线的构图**

三段直线平衡盘景空缺

主厨　许汉家
台北喜来登大饭店 安东厅

烤西班牙伊比利猪菲力、清炒野菇、法国芥末子酱汁

四方白盘具有工整利落的食器形象，因此在摆盘时，也可加入线条的变化，以不同形式的表现，呼应四方食器的摆盘布局。主厨以直列式构图刻画出三条平行线，刻意将主菜、配菜及酱汁分别盛盘。透过食材的布局，变化出构图的视觉趣味！

材料｜西班牙伊比利猪菲力、野菇、风干番茄、芜菁、百里香、迷迭香、法国芥末子酱汁。

做法｜将伊比利猪肉低温煎烤至约八分熟。芜菁切成薄透的片。

摆盘方法

在方盘左侧放上一颗风干番茄，以其当作起点，线性地交错摆列清炒野菇。

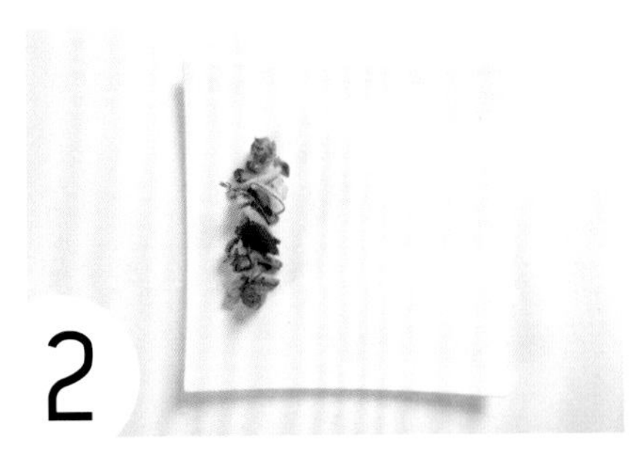

中间填入芜菁片，并插入百里香和迷迭香增加立体感，线条的终点同样摆放一颗风干番茄。

将烤西班牙伊比利猪菲力直放于方盘中心，表现食材的高度。

在中央的伊比利猪肉上，浇上法国芥末子酱汁提味，酱汁不需过多。

在盘的右侧，同样使用汤勺盛上法国芥末子酱汁，简单画出直线，完成第三条直线。

食材造型化身笔触，点线面交错相融的布局构图

主厨　蔡世上
寒舍艾丽酒店
La Farfalla 意式餐厅

经典意式开胃菜

本摆盘宛如一幅回归点线面基本元素的抽象画作，其间可见多种不同的平面与立体造型。搭配方形的粗犷的盘面，更有助于衬托食材本身的原貌与质地。盘中充满了许多色彩与形式的变化，左上侧的火腿腊肠冷肉组中，玫瑰粉红、鲜红、烟熏红等颜色相互映衬，显得更加纤细滑顺。而色彩与食材分配亦是一大重点，上方的冷肉与番茄均属红色系，而下方的蓝起司与炸虾饼均以块状交叠的方式呈现，看似随性的构图，细究纹理却自有逻辑。

材料｜新鲜虾子、干贝、干葱、大蒜、白酒、白兰地、鸡蛋、面粉、面包粉、巴西里、胡椒盐、萝美心、意大利生火腿、意式腊肠、丹麦蓝起司、法国布里乳酪、凯萨酱、油醋、牛番茄、苏打饼干、风干番茄、酸黄瓜、洋葱、橄榄、香咸腌渍白鳀鱼、手工酥脆面包棒、芝麻叶、青酱等。

做法｜混合新鲜虾子及干贝剁碎做成虾浆，加入干葱、大蒜、白酒、白兰地、蛋液、巴西里、胡椒盐调味，拍打使其富有弹性，捏成圆饼状后依序裹上面粉、蛋液、面包粉油炸至酥脆，即制成炸虾饼。

摆盘方法

1

将萝美心置中斜放，盘面右上角与左下角对称摆放牛番茄、法国布里乳酪与丹麦蓝起司。

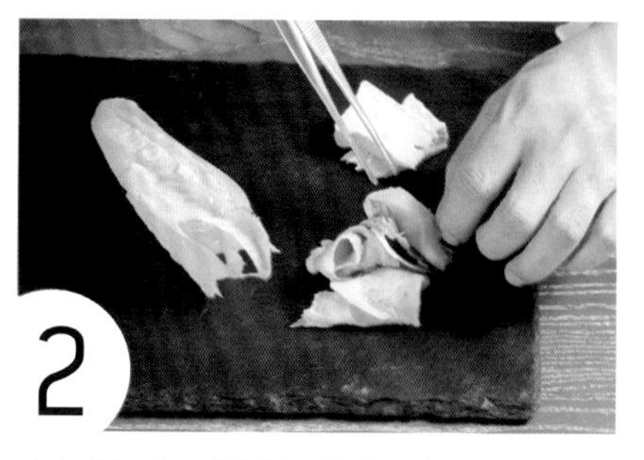

2

左上角与右下角则放上均属肉类的意大利生火腿、意式腊肠及炸虾饼。

3

左上方的火腿与腊肠，由于食材的造型属于片状，因此可以采取先卷曲再堆叠的方式摆放。

4

让火腿与腊肠的色彩与造型有所区别，增加细节处的精致感。

5

将酸黄瓜、风干番茄、洋葱和橄榄错落放置于萝美心四周，在萝美心上撒上凯萨酱后，摆上香咸腌渍白鳀鱼，并淋上油醋。

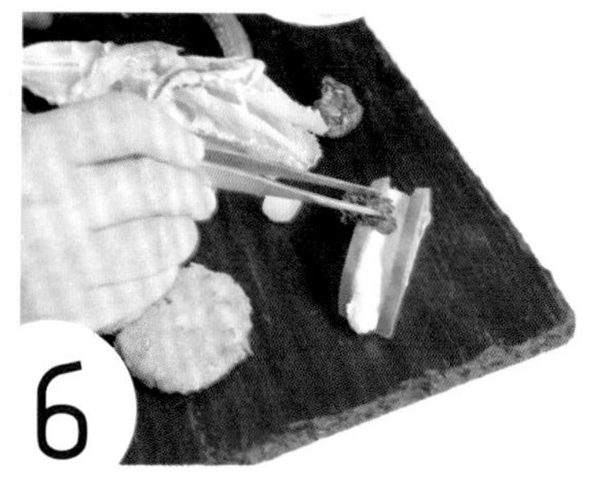

6

最后于中间配菜处加上芝麻叶进行装饰，以镊子夹取青酱置于牛番茄之上，并让手工酥脆面包棒交叉放置于萝美心之上，苏打饼干呈 T 字形倚靠于丹麦蓝起司旁。

分散食材，突显主从的大小与布局

行政主厨 陈温仁
三二行馆

红甜虾佐黑蒜泥

大小形状错置的画面，容易制造韵律感，当食材元素较少时，大小对比的表现也是一种很实用的摆盘技法。利用食材与酱汁的大小差异，设计出有秩序的摆盘布局。但在运用此技法时，还是要先确认主从关系，主食材为红甜虾，配角即为角瓜与黑蒜泥，太过分散便无法突显料理主题。

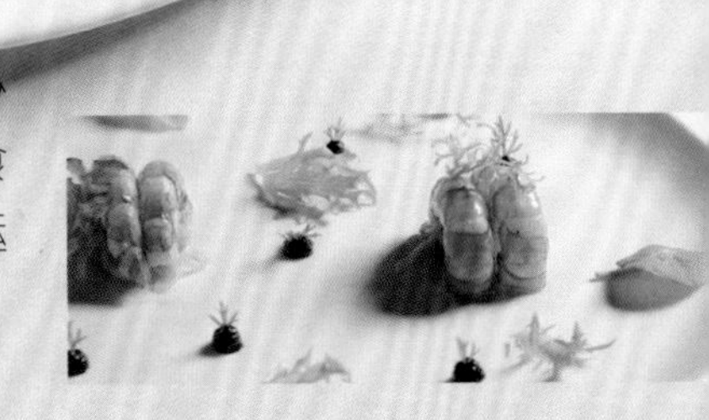

材料 | 红甜虾、角瓜（澎湖丝瓜）、盐、胡椒、黑蒜头、茴香、莳萝、金莲花叶等。

做法 | 角瓜切丝清炒后备用；红甜虾去壳去泥肠后，以盐与胡椒煎至五分熟；黑蒜头捣成蒜泥后置于酱汁瓶中便于挤用。

摆盘方法

取一大圆盘，将炒好的角瓜丝分为两小堆，放在圆心两侧，角瓜堆叠厚度需达一厘米，因要作为甜虾立放时的基座使用。

将 4 尾红甜虾，两两一组立放于角瓜丝上。

以酱汁瓶挤出 8 个黑蒜泥小丘，插上茴香。黑蒜泥与主食材的大小比例应拿捏得当。

黑蒜泥小丘的大小与位置，是此技法的重点，为了让盘饰重心维持平衡，位置应平均错开，大小也不宜有太大差别。

最后在盘面空白处加入莳萝与金莲花叶即大功告成。

抽象留白｜技法 44 **大小错落的摆盘布局**

活用大小食材，变化汤品情境

副教授　屠国城
高雄餐旅大学餐饮厨艺科

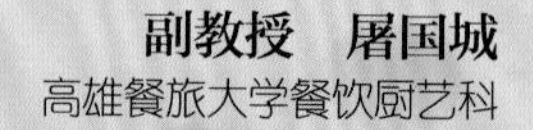

葡萄干贝冷汤

在经营汤品摆盘时，可以透过食材造型的应用，表现出面或立体的布局效果。此道摆盘则是利用中央堆叠的方式，拉高冷汤中央的高度，除了呈现立体感，也让食用者方便食用。再搭配环绕于干贝周围的大小圆形食材，呈现错落均衡的层次变化。汤盘余留空间强调留白的美感，呈现透明与穿透质感，营造出巧妙亦优雅的印象。

材料｜杏仁、吐司、牛奶、特级橄榄油、葡萄、盐、胡椒、干贝、冰花、节瓜、风干番茄等。

做法｜杏仁烤黄至熟，加入吐司、牛奶打成泥，加盐、胡椒、橄榄油调味打均匀，汤汁过滤后制成冷汤。干贝调味后煎烤至适当熟度。节瓜切成厚度为一两厘米的片，烤熟。

摆盘方法

在透明盘中倒入冷汤。

在盘正中央放置一个节瓜片。

在节瓜片的上方，放置干贝、风干番茄与冰花，并在周围以放射状的方式，放入3颗去皮去子的完整葡萄，用大小圆点的食材经营汤品的画面。

周围的空白汤面上，加入些许杏仁片，增添整体层次美感。

在冷汤的外缘，滴入橄榄油画盘，制造汤面上的点点造型，变化整体视觉上的趣味感，即完成摆盘。

由于透明汤盘具有穿透性，上桌时下方也可再衬垫一块有颜色的秀台或其他盘器，变化色彩层次。

抽象留白 | 技法 45 **大面积留白的盘景构图**

繁复布局
对比空缺意境

主厨 Kai Ward
MUME

巧克力、香蕉冰淇淋和花生

1/2 盘面留白就像是悬而未决的故事结局，吊足读者胃口。而“空”的摆盘意境，尤其适合使用在甜点上，因当餐点已近尾声，无需喧哗立异，而是静待顾客将今日愉悦且满足的用餐感受，自由地挹注于空白盘面，拼上飨宴的最后一块拼图。

材料｜花生酸奶酱、巧克力甘纳许、焦糖花生、栗子饼干、花生粉、巧克力慕斯、香蕉冰淇淋、巧克力拉糖片等。

做法｜将巧克力慕斯烘干，掰成小块；栗子饼干一部分掰成块，一部分压成粉。

摆盘方法

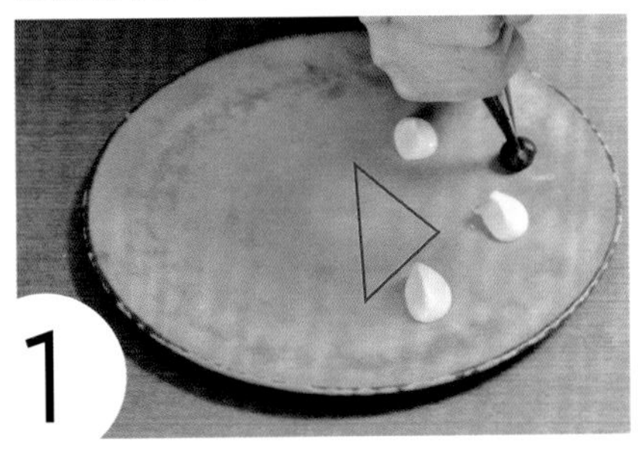

以汤勺取用花生酸奶酱，在盘左侧加入三角的花生酸奶酱布局。再用裱花袋挤出巧克力甘纳许。

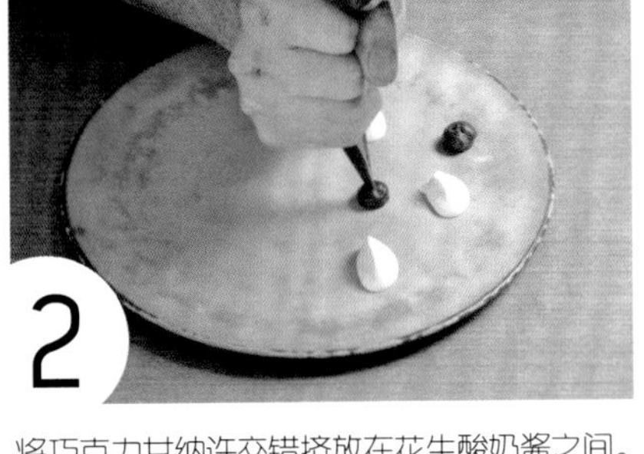

将巧克力甘纳许交错挤放在花生酸奶酱之间。

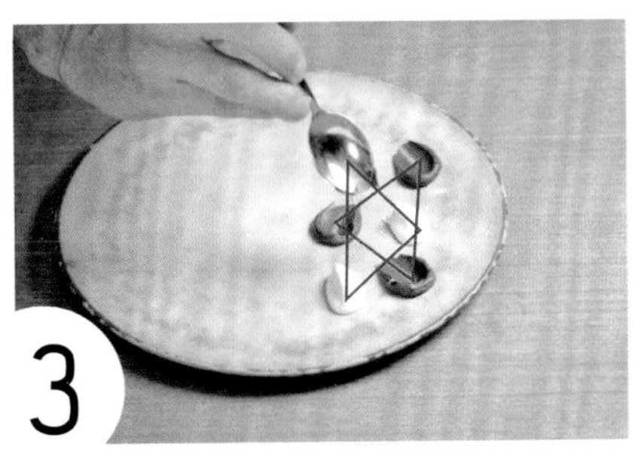

在盘面上形成两个三角布局的重叠。以汤勺的柄部压抹巧克力甘纳许，形成高低倾斜的造型，与立体突起的花生酸奶酱形成对比。

于布局的空隙处，摆入栗子饼干碎块、巧克力慕斯碎块与焦糖花生，并轻撒些许栗子饼干粉及花生粉。

将巧克力拉糖片以立体方式嵌入，香蕉冰淇淋放在栗子饼干粉末上。

抽象留白 | 技法 45 **大面积留白的盘景构图**

亲见季节转变，适度留白刻划盘中风景

主厨　徐正育
西华饭店 TOSCANA 意大利餐厅

炉烤长臂虾衬西班牙腊肠白花椰菜

以绿、红、褐三色为发想概念，呈现自然界中开花、落叶、枯萎的季节转变，适度于盘中留下大面积的空白，让季节感刻划于盘中。大量的留白可让料理呈现静物感，但也可能让料理失去生命力，此时可运用食器造型，或加入撒粉或小型配菜，加强局部细节变化，让焦点回归食材的搭配及表现。

材料｜长臂虾、西班牙腊肠、番茄、酸豆、皇帝豆、白花椰菜、火腿、鸡汤、高丽菜、甜菜根粉等。

做法｜将长臂虾去壳后烤熟。将西班牙腊肠、番茄、酸豆混合熬煮成酱汁。另起一锅将白花椰菜、火腿、鸡汤混合熬煮后打成泥状。将白花椰菜切片，烤干。

摆盘方法

因要加入大量留白，故先选用了一块盘缘有色，不规则边缘的圆盘；首先用汤勺以白花椰菜泥于盘中右边 1/3 处画盘，画出两道一重一轻的交错线条。

依循画线，间隔地放上 3 片烤过的白花椰菜切片。

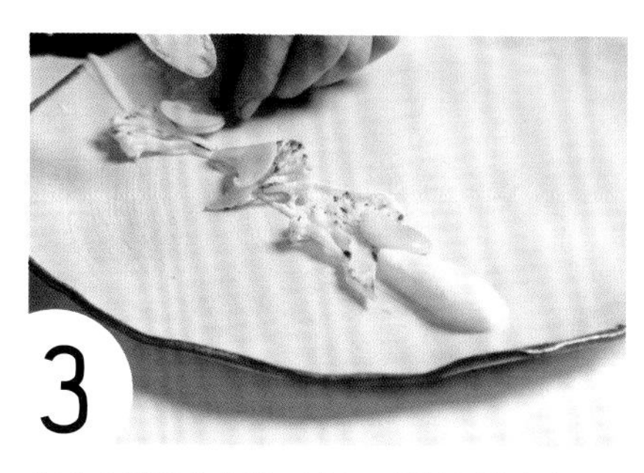

在白花椰菜的空隙，放入 3 颗炒过的皇帝豆，同样维持小分量，带出空间感。

在皇帝豆上方，叠放约一小勺的西班牙腊肠酱汁。

画盘上已有 3 小堆的食材组合，在每堆上各放上一个长臂虾，并交错摆放上两片高丽菜片跳色。

在左侧撒上甜菜根粉，在大量的留白盘面中加入细微色彩装饰，即完成摆盘。

抽象留白 | 技法 45 **大面积留白的盘景构图**

卷曲状鸭肝与洛神花，揉塑秋风落叶情境

主厨 Clément Pellerin
亚都丽致大饭店 巴黎厅 1930

洛神花、松露鸭肝

由于洛神花盛产季节大约于秋季，因此主厨设计此道摆盘时便以此为创作灵感，刻意将鸭肝刨成细长卷曲的薄片，搭配散布的洛神花与薄姜饼，演绎出一幅秋风落叶的美景。由于摆盘时刻意使盘面大片留白，盘中央的鲜艳红色，便能有效地稳定视觉重心，让盘饰不至于产生左右倾斜的效果；搭配水波涟漪纹样的白盘，具有画龙点睛的效果，运用食器本身的造型特色，留白的盘面部分反而充满了扩散般的视觉效果。

材料 | 洛神花、洛神花汁、鸭肝、白松露、姜饼、地榆叶、食用花、核桃油、盐等。

做法 | 刻意将鸭肝刨成卷曲的薄片，搭配洛神花与薄姜饼即可进行摆盘。

摆盘方法

经过冷冻后的鸭肝削成薄片成为卷状后，交错堆叠在盘面的左下方。

堆叠时可让鸭肝呈 V 字摆放，两条鹅肝卷确认位置后，第三条便可以交错或斜放的方式加入，逐渐延伸布局。摆盘时动作要快，因为鸭肝在室温下很容易就软化了。

把料理的主体集中在盘左侧，让鸭肝卷的布局排出线条感，其中的空隙还可加入其他食材变化；盘右侧的留白，则让涟漪纹样带出视觉上的变化。

在摆盘布局的上中下各放入三片洛神花瓣，可稍微手压塑形成落叶状，表现出如秋季落叶般的自然感。

空隙中陆续加入地榆叶以及食用花，变化色彩的丰富度后，在盘子中间加入洛神花汁。

在洛神花汁中滴入一些核桃油，创造点状层次，撒上少许盐，并以花瓣点缀延伸落叶萧瑟感。于左半边放入酥脆的薄姜饼，与滑润鸭肝取得口感平衡，最后点缀松露薄片即完成摆盘。

大笔挥洒出
山水泼墨般的盘景

西餐行政主厨　王辅立
君品酒店 云轩西餐厅

香煎海鲈、鲜虾衬珍珠洋葱

不规则的浅白盘，为搭配鲜味的海鲈与虾子，同样以海味的墨鱼作为酱汁基底，使用刮刀贴合盘子刮抹，创造出如大师笔下的气度非凡的山水名画，展现其大气脱俗之风貌。

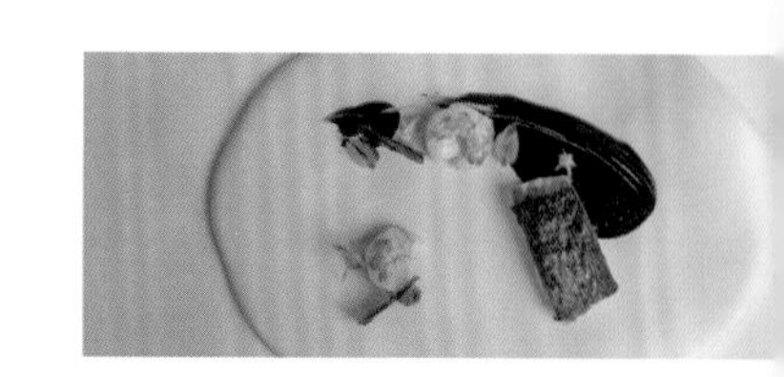

材料 | 海鲈、鲜虾、珍珠洋葱、墨鱼汁、美乃滋、香菜梗、酱油芝麻片等。

做法 | 将鲈鱼与鲜虾煎上色，珍珠洋葱烤好，墨鱼汁与美乃滋调和成酱汁，即可进行摆盘。

摆盘方法

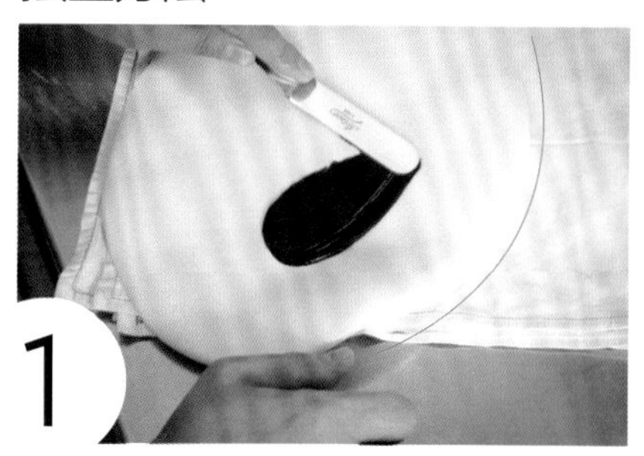

于盘右上 1/3 处挖上一勺墨鱼酱汁，以刮刀往左刮画出弧形，在其尾部再刮画一次较小的画盘，变化轻重。

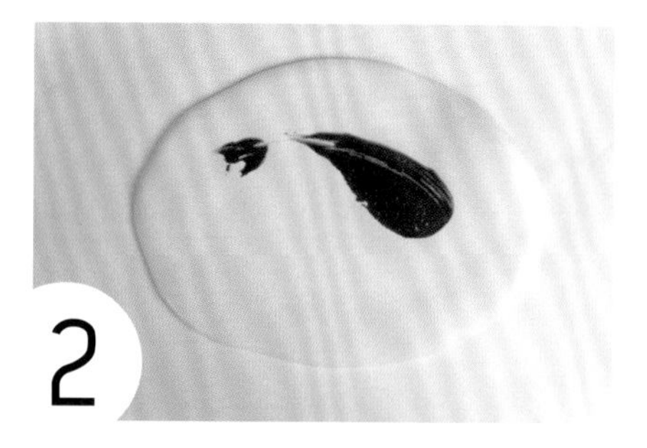

此道画盘技巧采用刮刀绘画，用刮刀紧贴盘底后往左侧 45° 画出弧形，能造成较为利落的表现，其表面会比汤勺画盘的线条更为圆润，且能造成飞白效果。

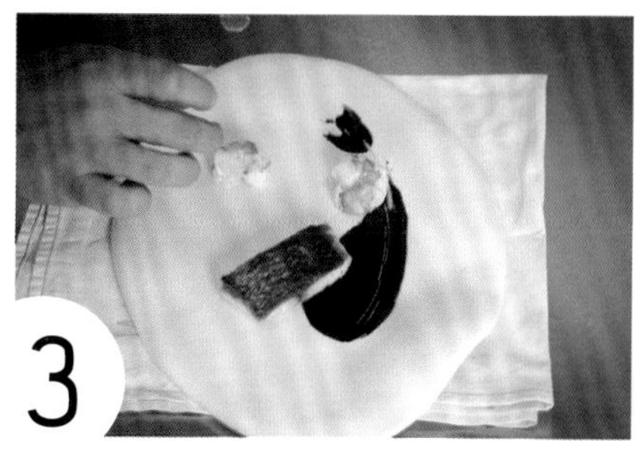

以三角布局的方式，在盘右下放上煎好的鲈鱼，左下放上一尾鲜虾，盘中上方则放置另一尾鲜虾。

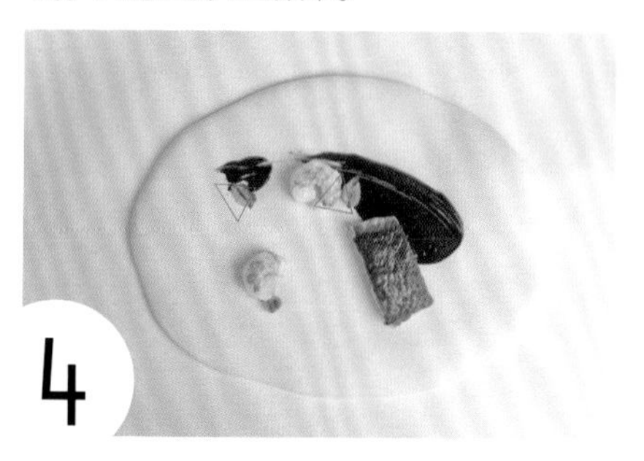

再加入三个烤好对切的珍珠洋葱。

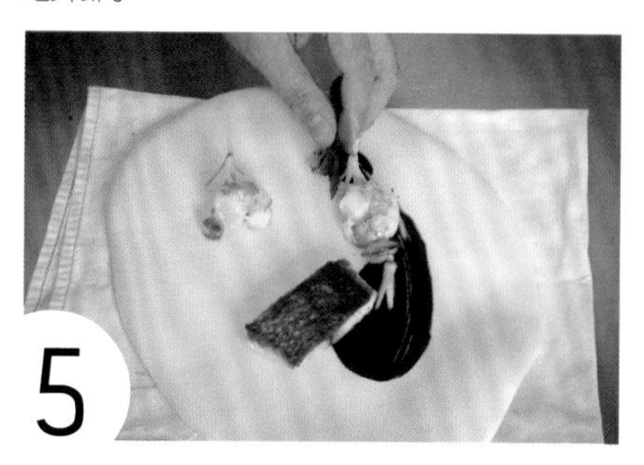

放上立起的香菜梗，并在食材间插上酱油芝麻片，运用立体效果，平衡大片的留白。

抽象留白 | 技法 46 **不规则的盘景构图**

综合食材质感，构筑特异造型

主厨　林显威
晶华酒店 azie grand cafe

明虾、羊肚蕈、龙松菜、黑松露

此道摆盘的布局较为特别，主厨统合了多种不同质感的食材，并将之排列为线性的构图。整体摆盘就像是多条特色线段的连接，串起不同材质、不同颜色的料理。回归到纯粹线段的盘饰，衬以黑色食器，反而更有助食用者对于食材本身的注意。横直斜向变化的线条，做出连接摆盘画面的桥梁，让整体视觉呈现不同于以往的印象与感官魅力。

材料｜明虾、羊肚蕈、龙松菜、黑松露、小黄瓜等。

做法｜将明虾去壳保留尾巴，虾腹肉上划上一刀后煎熟，龙松菜烫熟，小黄瓜去皮切成小丁状后清炒，黑松露刨成片状，即可进行摆盘。

摆盘方法

把明虾摆放在盘中。

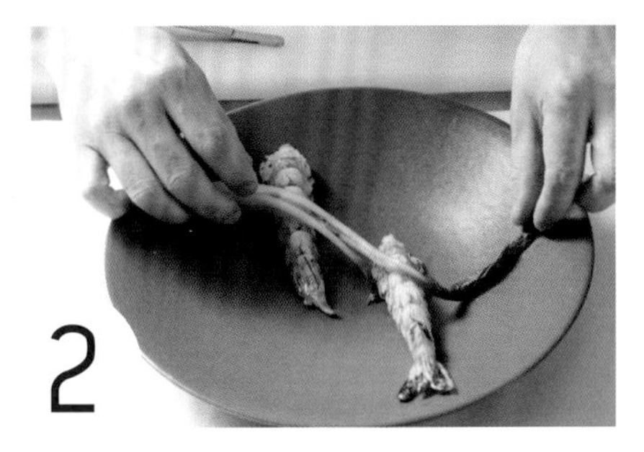

于明虾上横跨放上一条烫熟的龙松菜。

将龙松菜做出“团”与“线”的变化，把龙松菜团集中放在下方的明虾上。

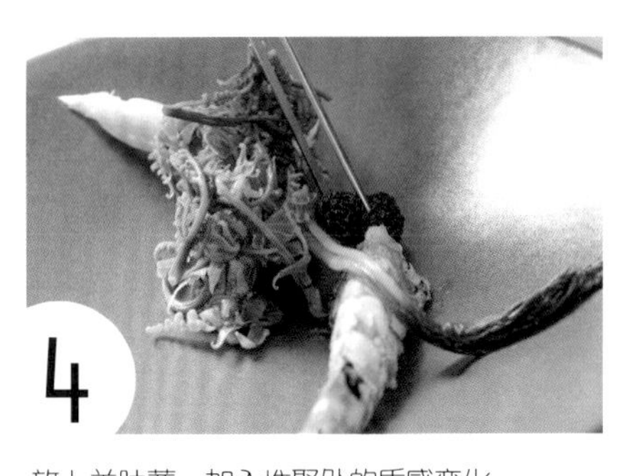

放上羊肚蕈，加入堆聚处的质感变化。

放入小黄瓜碎粒，让布局渐渐扩张，并丰富其中不同的质地。最后于在虾上与龙松菜的交界处，点缀黑松露片，在不同材质交会的地方，加入重色，即完成摆盘。

抽象留白｜技法 46 **不规则的盘景构图**

移步易景的多重视角布局

主厨　李湘华
台北威斯汀六福皇宫 颐园北京料理

三品前菜

所谓三品指的是海蜇丝、乌鱼子、椒麻鸡，是用餐前的开胃小点。食材的布局是视觉焦点，居中作为点缀的草莓，侧边宛如屏风的水梨切片，除作为美丽装点外，也可搭配乌鱼子食用。中式建筑有所谓“移步易景”园林景貌，本道摆盘亦有同工之妙，每个小细节均有一番景致。此摆盘有趣之处在于主厨把多样食材，各自拆解为数个独立的个体，但又同时存在于同一盘景中，综合了切割、堆叠、画盘与跳色的多样技法；此盘饰设计仿佛带有立体派多重视角的观点，不同角度皆可见其多元布局趣味。

材料｜凉拌海蜇丝、乌鱼子、椒麻鸡、小番茄、乌豆沙、稻穗、薄荷、紫色芋头番薯、草莓、小黄瓜、蒜片、水梨、椒麻酱、果酱等。

做法｜将海蜇丝、乌鱼子、椒麻鸡切成适当大小。水梨、小黄瓜切片。

摆盘方法

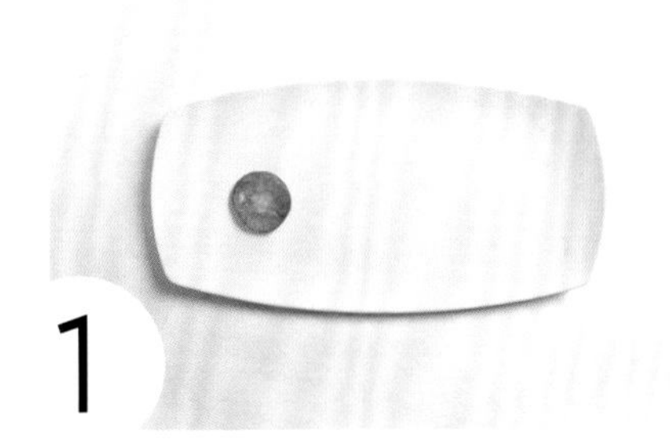

1

先将小番茄切成圆片，置于盘心左侧作为铺底。

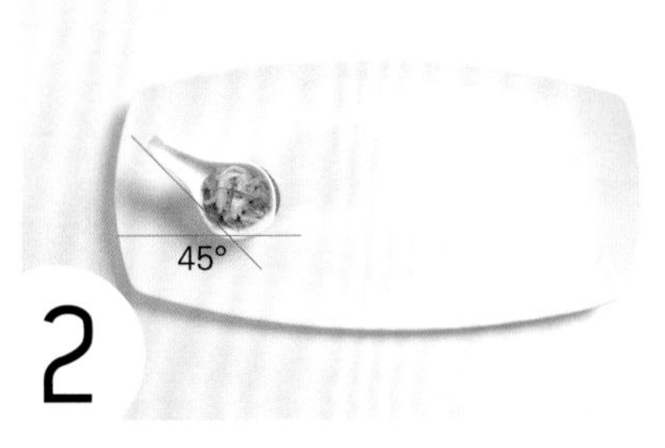

2

将凉拌海蜇丝装入汤勺内，放于小番茄之上，摆放位置与盘面成 45° 。

3

将乌豆沙搓圆，当成摆饰的底座。

4

插入稻穗与薄荷装饰，放入盘左上角。

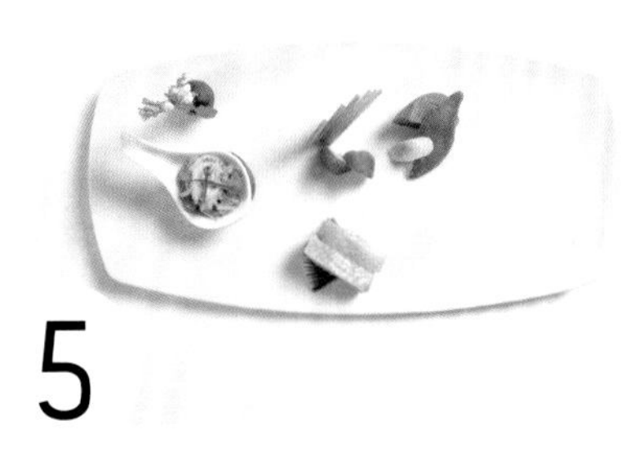

5

紫色芋头番薯放在右上角，叠上乌鱼子及蒜片；草莓切开，放在盘子中上部，边上加上水梨切片；下方放上小黄瓜切片，摆上鸡肉。

6

于盘中用果酱加入画盘表现，并于鸡肉上加上椒麻酱，摆盘即完成。

抽象留白 | 技法 47 **运用酱汁、佐料平衡留白**

运用泡沫与撒粉
稳定盘饰平衡

主厨　Olivier JEAN
L' ATELIER de Joël Robuchon

炙烧鲍鱼缀南瓜慕斯及洋葱卡布奇诺

主厨首先于圆盘中心的长方形里，以西班牙辣椒粉拉出斜线，强调了南瓜慕斯与炙烧鲍鱼，鲜黄的南瓜慕斯点状摆盘形成跳跃感，借着橘红色的线条延伸构图戏剧性。

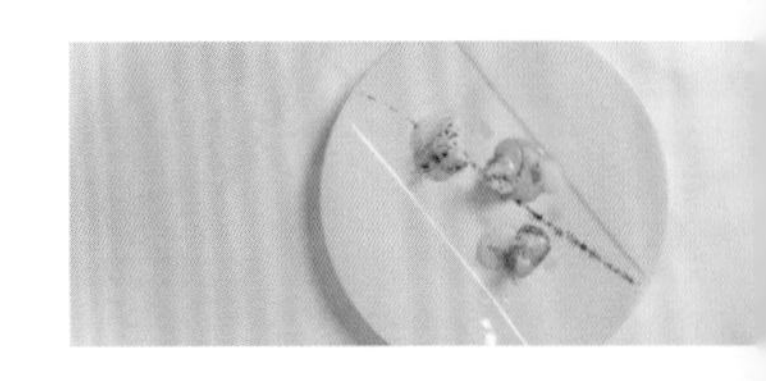

材料｜鲍鱼、南瓜、块状奶油、鲜奶油、洋葱卡布奇诺、天妇罗粉、芝麻叶、莳萝、胡椒粉、辣椒粉、姜、虾夷葱、橄榄油等。

做法｜天妇罗粉加水调匀，在烤盘纸上画出水滴状，撒上胡椒粉与辣椒粉，炸至双面金黄，冷却后剥离使用。将南瓜切半以锡箔纸包覆后放入烤箱烤制，取出后加入块状奶油与鲜奶油打匀混和成浓汤，打发制成南瓜慕斯；将带壳鲍鱼清洗后放入冷清水煮至小滚，移开火炉后包覆保鲜膜使其闷煮至水降温变冷，去壳加姜、虾夷葱以奶油煎至入味。

摆盘方法

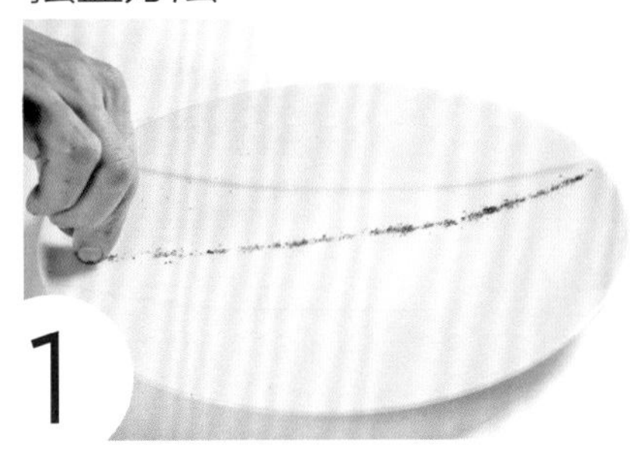

以辣椒粉在圆盘的长方形中拉出对角斜线。

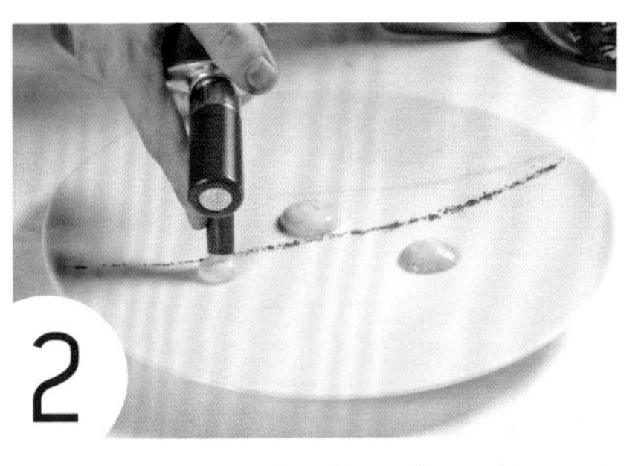

将南瓜慕斯在辣椒粉对角斜线上下挤出 3 个点状造型。

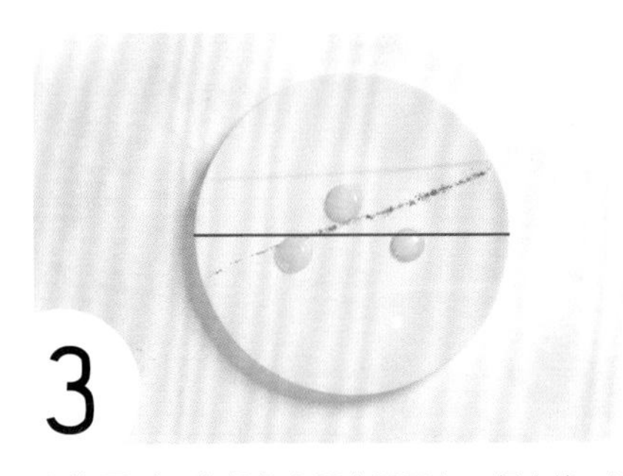

在构图时，先想象食器中间具有一条中线，运用辣椒粉拉出对角线，除了营造视觉张力，亦可借南瓜慕斯的摆放位置形成上下构图动线。

将炙烧鲍鱼顺着食材纤维斜切为 3 块，分别摆在南瓜慕斯上方。

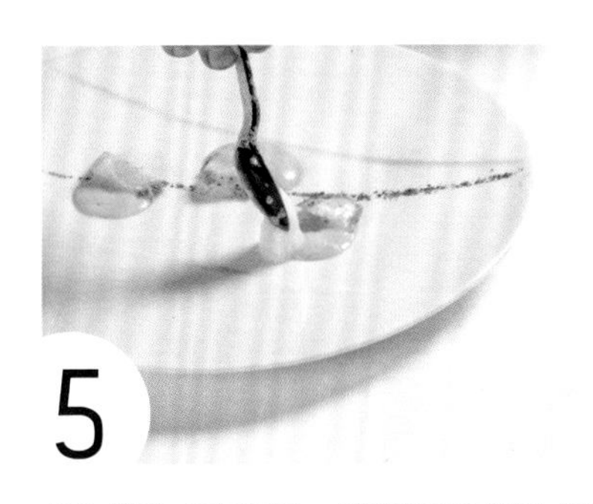

加入洋葱卡布奇诺，并将炸天妇罗片分别直插于南瓜慕斯中。

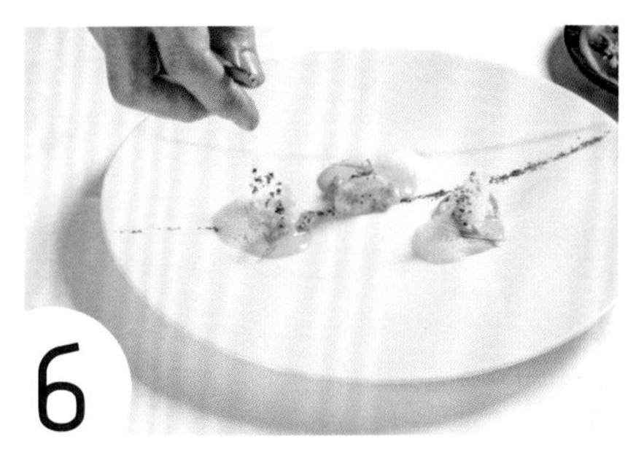

用芝麻叶与莳萝点缀 3 个点状摆盘，于食材周围滴上橄榄油，即告完成。

抽象留白 | 技法 47 **运用酱汁、佐料平衡留白**

爽口鲜甜绿芦笋，配角翻身挑大梁

行政主厨　陈温仁
三二行馆

芦笋蟹肉佐鱼子酱

由于本料理分量较少，因此食器的选用空间也不需太大，但如何在小空间的盘面中进行变化，且不使盘饰过于单调，此时便可用更细微的佐料进行摆盘。所用的食材佐料，可依食器大小进行调整。像番红花晶球等食材，在小型碟盘中的散落布局，即可变化出抽象自由的视觉效果。

材料｜绿芦笋、蟹肉、鱼子酱、番红花酱、海藻胶、莳萝、食用花等。

做法｜绿芦笋切成两段，上段的芦笋尖汆烫后冰镇，下段的芦笋以刨刀刨成薄片，汆烫冰镇后，包裹已蒸熟放凉的蟹肉，制成蟹肉卷。另使用晶球模具，用海藻胶、番红花酱等制作番红花晶球。如无法制作番红花晶球，可将番红花与高汤煮成汁，加吉利丁或菜燕（洋菜冻）做成果冻代替。

摆盘方法

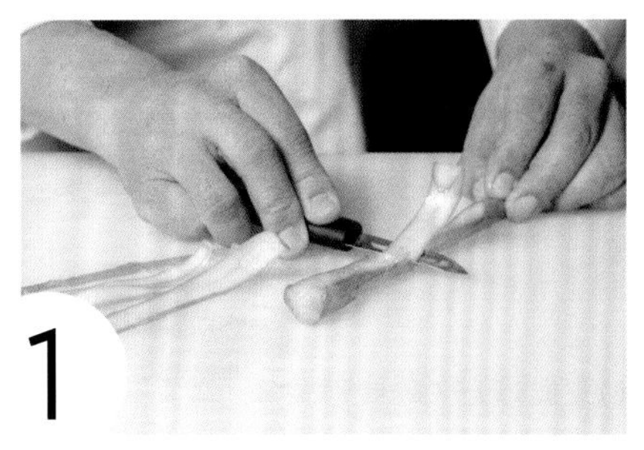

1 绿芦笋切两段，把下段的芦笋刨成薄皮以包裹蟹肉。

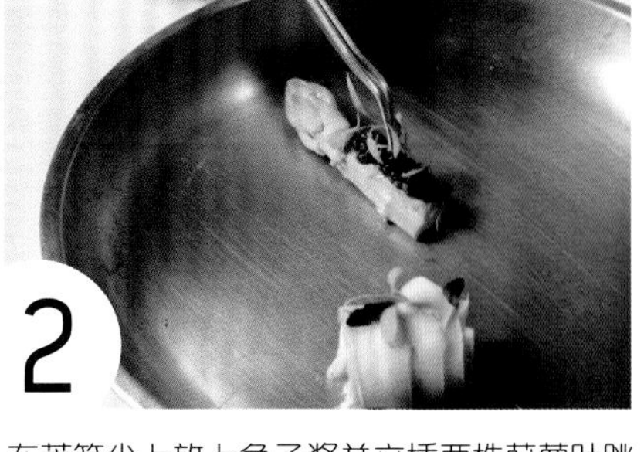

2 在芦笋尖上放上鱼子酱并立插两株莳萝叶跳色，同时夹取少许食用花瓣在芦笋尖与蟹肉卷上加入细微变化。

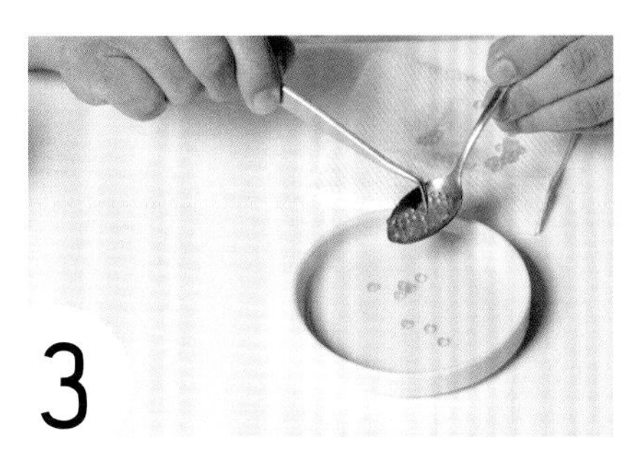

3 在小碟上，不规则撒放番红花晶球，务必保留部分空间，不宜撒满。

4 用镊子将蟹肉卷小心平移至碟中。

5 再小心放入芦笋尖，两个作为主体的食材，可取不对称的摆放，对应背景散落的番红花晶球，盘面的感觉更为奔放。

Tips

番红花晶球虽是自由撒放，但建议可以酌量加入，如有不足，再做添加；而靠近盘缘处可尽量留白，以突显主食材的地位。

抽象留白 | 技法 47 **运用酱汁、佐料平衡留白**

瞬间凝视之美，黑盘上的火焰微光

主厨　杨佑圣
南木町

焰烧鲑鱼握寿司

为使平面摆盘更具层次及临场感，淋上甘蔗酒并点火，燃起短短几秒的火焰，如同凝聚全世界的温度，给予视觉极大的享受，同时为口感增添焰烧的丰富与酒香，选择内凹盘形除了做出高低差距，更是焰烧时须注意的安全考量。

材料 | 鲑鱼、寿司饭、覆盆子酱、蜂蜜黄芥末、韩式辣椒酱、巴萨米克黑醋、盐、甘蔗酒等。

做法 | 将鲑鱼切片，与寿司饭捏成鲑鱼握寿司，即可进行摆盘。

摆盘方法

选用一黑色长盘，盘中加入覆盆子酱和蜂蜜黄芥末的画盘，以汤勺的侧面，画出略斜的线条，并搭配与点状相间的表现。

斜切鲑鱼肉片，在鲑鱼肉生鱼片上放上寿司饭，捏制成握寿司。

把鲑鱼握寿司放在食器的正中间，顺应画盘线条，斜放之后，再于鲑鱼握寿司上挤上大量的韩式辣椒酱和巴萨米克黑醋。

用火焰枪炙烧表面，让韩式辣椒酱和巴萨米克黑醋入味。

在握寿司上放 上盐，再倒上甘蔗酒。

点火，透过火焰的炙烧使甘蔗酒的酒味进入鲑鱼肉中，即完成摆盘。

素雅食器，突显食材本身的美感肌理

主厨 詹升霖
养心茶楼

千丝豌豆仁

本道摆盘所应用的食器宛如一艘白色的小船，虽然食器本身颇具特色，呼应其所盛装的米色豆腐千丝，反而容易让摆盘的视觉重点，停留于豆腐千丝本身的细微纹理。搭配甜红椒丝与豌豆仁的点缀，整体摆盘形成一幅写意风景画，底部斑驳的枯枝，对比细微的食材纹理，清淡口感却有视觉效果冲击。

材料｜豆腐千丝、葱末、素高汤、豌豆仁、甜红椒丝等。

做法｜葱末先以油爆香后，加入素高汤、豆腐千丝略煮即可。

摆盘方法

将纯白食器置放于枯枝的开口处，使其能放稳当。

将豆腐千丝盛入纯白食器，运用汤勺分次盛装较好控制此道摆盘的分量。

豆腐千丝上放入甜红椒丝。

甜红椒丝上放入豌豆仁，即完成此道摆盘。

Tips

以食材本身肌理作为摆盘呈现的技巧，重点在于食器搭配与审美判断。豆腐千丝纹路细腻，主厨以此特点切入，搭配自然原始的树枝，传递细致与粗犷的鲜明对比，最后加入少许豌豆仁，除了点缀色彩，也平衡了盘景中的大量线条表现。

包卷变化抽象食材纹样

主厨　徐正育
西华饭店 TOSCANA 意大利餐厅

波士顿龙虾衬乌鱼子及酪梨

使用酪梨作为外皮包裹丰富的馅料，片片细切并列排放，包卷后形成色彩与线条交错的抽象纹样，除了视觉上的优美效果，更具有入口后的难以忘怀的记忆。

材料｜波士顿龙虾、苹果、优格、虾夷葱末、酪梨、乌鱼子、马斯卡彭起司、牛血菜、茵陈蒿、山萝卜叶、红酸模、橄榄油、橄榄粉、特调酱料等。

做法｜将切块的波士顿龙虾肉、苹果与虾夷葱末及优格混合为馅。将酪梨切片。

摆盘方法

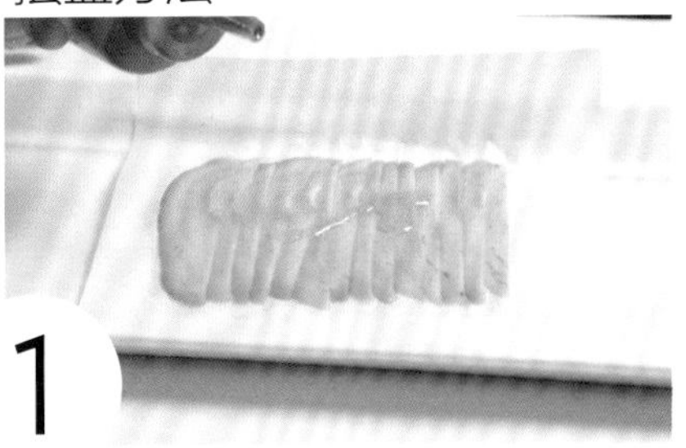

在干净纸布上，以层叠铺盖的方式，排放酪梨切片，并滴洒橄榄油。

将波士顿龙虾馅铺于酪梨片上。

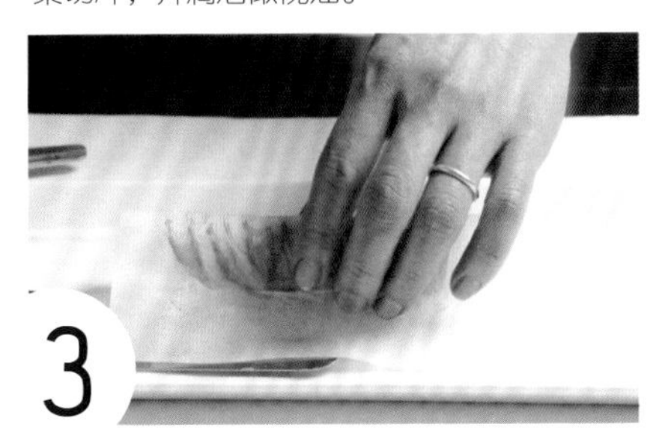

以卷寿司的方式卷紧酪梨片。

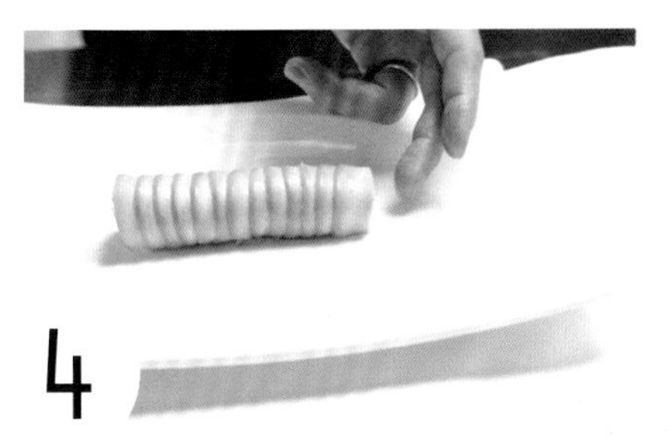

包卷时，可以稍微捏紧，使其更为紧实，完毕后即可将外层的纸布卸下，并修整头尾突出的馅。

在酪梨卷的上方，等距放上3片乌鱼子，让乌鱼子呈相同方向，视觉上较为整齐。

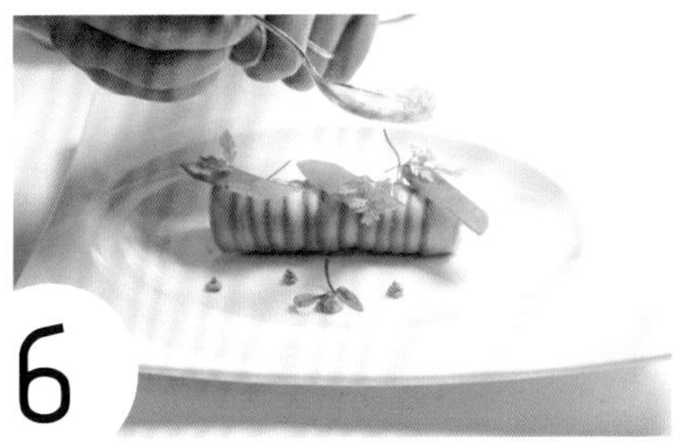

于盘中任意点几滴大小不一的酱料丰富盘面，并加入马斯卡彭起司粉、茵陈蒿、红酸模、山萝卜叶橄榄粉点缀，摆盘即告完成。

Tips 挑选的酪梨大小易影响酪梨卷成品，多操作几次则可掌握酪梨的适中尺寸。而此料理使用刀叉的频率偏高，选用浅盘能让食材在享用切割时，更加便利。

呈现食材自有造型色彩的纯粹摆盘

主厨　蔡世上
寒舍艾丽酒店 La Farfalla 意式餐厅

意大利乳酪拼盘

本摆盘食器刻意选用阿里山桧木，以自然木板为背景，突显盘中多样食材的自然样貌，让食材本身的造型与纹理，成为摆盘的话语。由于料理的主题为乳酪拼盘，因此在摆盘上亦直接呈现各种不同乳酪的造型与质感，以奔放自由的形式呈现，带入立体堆叠与错落有致的变化性摆放，让视觉的焦点回归到纯粹的食材造型与色彩上。而在口感的经营上，由于乳酪较为干燥，摆盘时亦可加入草莓或葡萄等酸甜多汁的水果，让口感显得更为滑顺。

材料｜法国香草大蒜干酪、丹麦蓝起司、法国布里乳酪、荷兰高达起司、葵花子、杏桃干、饼干、腰果、核桃、酸黄瓜、草莓、芝麻叶、雪豆苗、油渍风干番茄等。

做法｜将丹麦蓝起司、法国布里乳酪、荷兰高达起司切块，法国香草大蒜干酪撕为碎屑。

摆盘方法

将丹麦蓝起司、法国布里乳酪、荷兰高达起司各自交叠或铺展放置，让整体摆盘形成ㄇ形。撒上葵花子。

将杏桃干放置为四角形，油渍风干番茄同样采用四角形放置。

再加入核桃碎块、酸黄瓜与草莓，草莓剖半，内里的深浅颜色为盘景更添层次。

将法国香草大蒜干酪碎屑撒于盘中，加上雪豆苗与芝麻叶装饰，摆盘即完成。

3 食器选配

顺应食器布局，带入立体思维，选用对的食器，活用食器的造型与色彩，不仅可以让摆盘事半功倍，表现也会更为丰富！

色彩对比的活力乐章

主厨 许汉家
台北喜来登大饭店 安东厅

春季鲜蔬海鲜交响曲

食器特色：

1. 黑色岩盘与五颜六色食材容易形成色彩对比。
2. 岩盘外观质地较为粗犷，能够和秀气的海鲜、生菜食材衬托出刚柔对比的效果。
3. 轻薄的长方岩盘适用于冷盘和前菜，呼应法式料理的清爽口味。

餐具哪里买 | 昆庭

材料｜鲑鱼卷、牡丹虾、芜菁、山药、牛血叶、红酸模、红生菜、冰花、柳橙、食用菊花、鸡高汤、松露油醋酱等。

做法｜将牡丹虾经过炙烧处理，山药与芜菁以鸡高汤烹调后切为圆柱状及块状。

摆盘方法

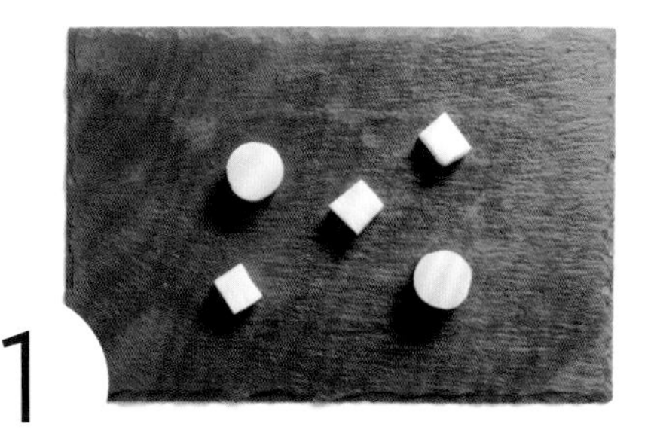

1

把山药与芜菁摆放于长方形岩盘上，拉出盘景对称构图的斜角线条。

2

两只牡丹虾各别堆靠于山药上，并将鲑鱼卷放在旁边。

3

加入柳橙、牛血叶、红酸模、冰花、红生菜等，利用斜角线条为基准，错落撒放于主食材周围，使紫红和鲜绿衬托岩盘形成刚柔对比的对称构图。

4

薄切芜菁直立摆放，让光线可以穿透，撒上食用菊花瓣作为若隐若现的色彩点缀，最后滴淋松露油醋酱于食材上方，点出光泽感。

Tips

料理中使用的鲜蔬配菜可随个人喜好挑选当季食材，并选择是否经过烹调处理，仅把握色彩丰富之原则，将岩盘衬托出鲜艳的视觉对比即可。

鲜艳食材衬黑底，聚焦盘中风情

副教授　屠国城
高雄餐旅大学餐饮厨艺科

脆皮菠菜霜降猪佐椰奶酱汁

食器特色：

1. 深色食器特别适合用于需要展现鲜艳色彩的食材。
2. 黑色背景会使食材原色更显清晰，因此在配色上可更加大胆。
3. 圆盘内拥有同心圆纹理，为整体视觉增添精致感。

餐具哪里买 | 金如意餐具

材料 | 霜降猪、菠菜泥、面包粉、意大利香料、黄芥末酱、椰奶、鲜奶油、胡萝卜、鸿喜菇、红酸模、红葱头、白酒、盐、胡椒等。

做法 | 将霜降猪以盐、胡椒调味煎至半熟，抹上黄芥末酱，放上拌匀的菠菜泥、面包粉、意大利香料，放入烤箱烘烤。红葱头以白酒浓缩，加入椰奶再浓缩，最后调味即完成。

活用色彩的食器搭配法 | 技法 49 深色食器的摆盘

漆黑色系映衬碗里配色

料理长　五味泽和实
汉来大饭店 弁庆日本料理

吸物

食器特色：

1. 选用漆黑色系，便于映衬碗内的高汤光泽及主食材的洁白质感，让视觉聚焦不失真。
2. 碗形适合盛装汤品，附有外盖能锁紧香气，此尺寸适合以碗就口，不需使用汤勺。
3. 外盖繁美花纹与碗围的猪肝红线条相互呼应，具有传统日本食器之美。

餐具哪里买 | 日本进口

材料 | 樱鲷、真薯、明虾、紫苏、胡萝卜、芽葱、鸿喜菇、柚子皮、柴鱼高汤、葱白丝等。

做法 | 樱鲷真薯包裹明虾及紫苏，蒸熟，即可进行摆盘。

大红盘底为画布，巧映抽象美感

西餐行政主厨　王辅立
君品酒店 云轩西餐厅

比目鱼甘蓝慕斯

食器特色：

1. 艳红圆盘，视觉张力十足，运用此种色彩抢眼的食器，可让食材色彩作为陪衬，用食器作为摆盘主色调。
2. 红色带有温热、微辣的色彩印象，搭配冷前菜可制造反差效果。
3. 应用强色进行对比时，小分量布局细致的盘饰更容易跳脱形成视觉重点。

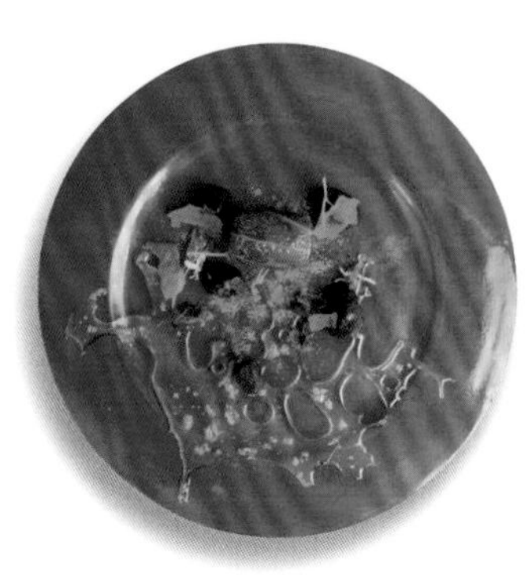

餐具哪里买 | 一般餐具行

材料｜比目鱼慕斯、甘蓝叶、墨鱼汁、马铃薯泥、海藻、乌鱼子粉、海苔片、巴西里粉、葡萄糖、盐等。

做法｜以甘蓝叶包裹比目鱼慕斯蒸八分钟。将墨鱼汁混合马铃薯泥做成马铃薯饺。将葡萄糖、水、盐煮沸搅拌后，塑出需要的造型，进行冷却后即可制成糖浆片。

摆盘方法

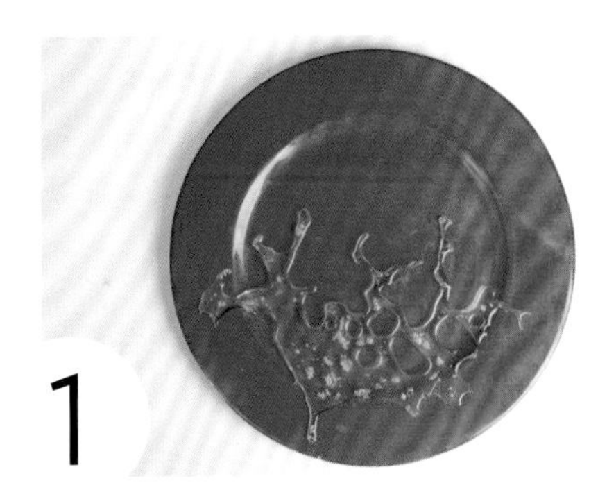

把糖浆片放入盘中。

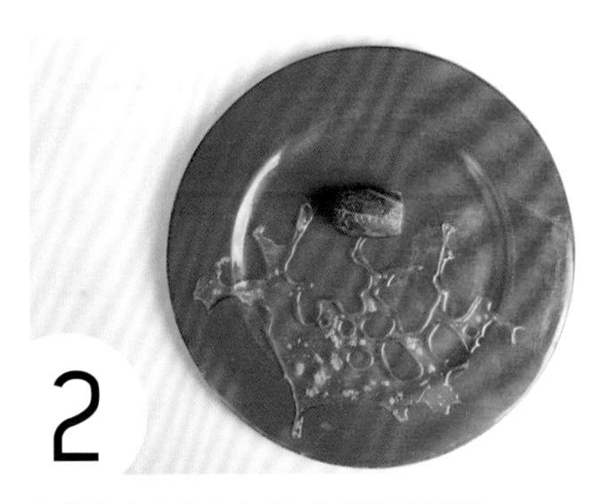

糖浆片上方放上主食材甘蓝比目鱼卷。

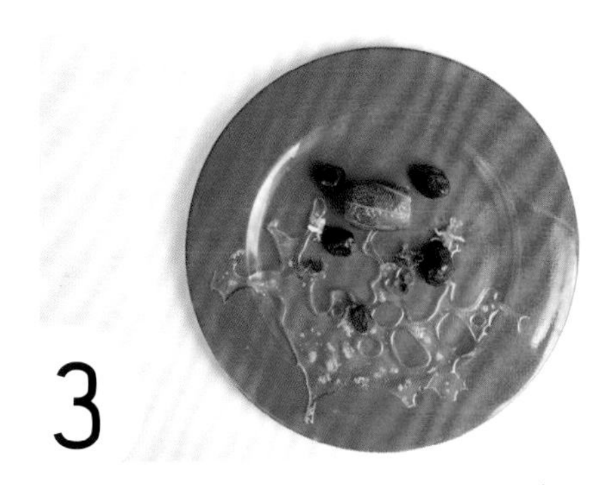

在甘蓝比目鱼卷的周边摆放数颗马铃薯饺，并在马铃薯饺上点缀海藻。

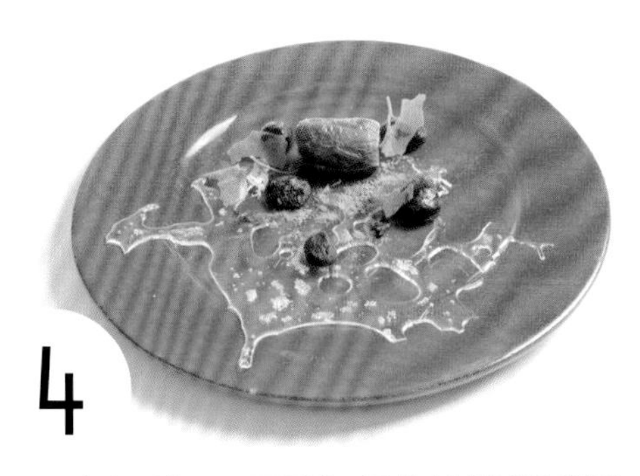

撒上乌鱼子粉、巴西里粉，用粉末制造盘饰细节，并马铃薯饺旁立体摆放上海苔片即完成摆盘。

Tips

撒粉的点缀，集中于盘饰中央，因为糖浆片取流动造型，有向外扩散的效果，粉末集中有助汇聚盘饰重点。

深邃食器，大面积深色食材聚焦摆盘重心

主厨 蔡世上
寒舍艾丽酒店 La Farfalla 意式餐厅

焗烤波士顿龙虾衬费特西尼宽扁面

食器特色：

1. 眼睛般的狭长椭圆形，左右紧收，可以简单营塑料理的集中满盛感。
2. 餐盘相当深邃，盘面且宽，适合将龙虾螯脚做立体摆放，增添视觉上的戏剧效果。
3. 外侧为高雅低调的雾银色泽，内部为吸睛的亮面黑色，轻易突显食材的质感对比。

餐具哪里买 | 昆庭

材料｜波士顿龙虾、白酱、起司、干葱、洋葱、蒜头、卡真（Cajun）、鸡汤、番茄、芦笋、宽扁面、帕玛森起司薄片、芝麻叶等。

做法｜新鲜龙虾放入热锅煎至金黄，抹上白酱及起司后放入烤箱焗烤。以干葱、洋葱、蒜头、卡真等香料先爆香后加入鸡汤、番茄及芦笋熬煮至三分熟，放入面香丰富且具嚼劲的宽扁面，待面条收干后起锅。

摆盘方法

将宽扁面以长夹卷曲旋转，理齐面条的顺序，放入食器中。接着放入番茄、芦笋等。

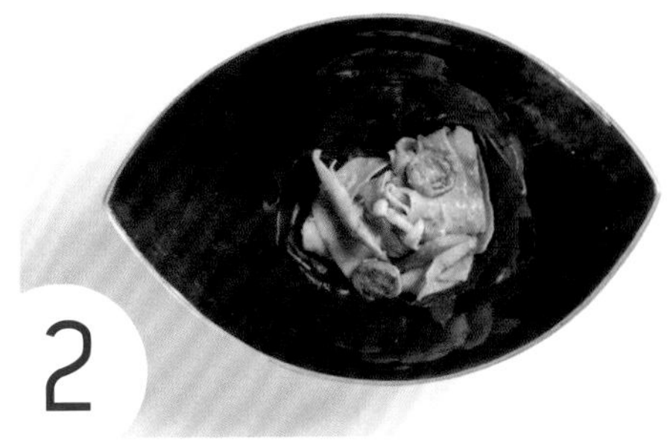

摆放在底部。

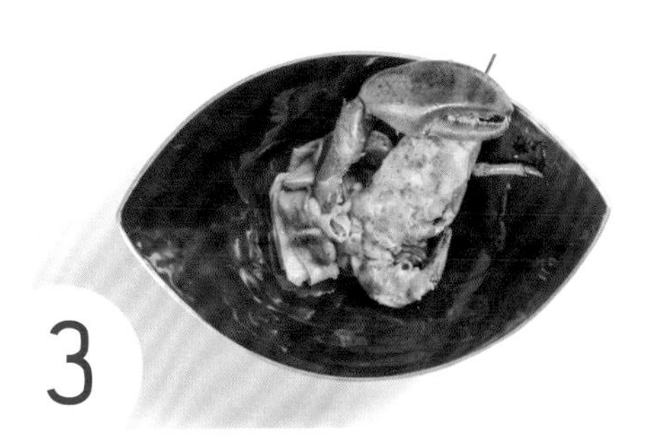

将焗烤龙虾斜放于宽幅盘面，做立体摆放，刻意让龙虾螯脚突出盘缘，增加盘景的气势与张力。

将帕玛森起司薄片镶嵌立于龙虾与宽扁面之间，最后加上芝麻叶装饰，摆盘即完成。

Tips

将宽扁面以长夹卷曲后，将长夹直立，慢慢地把面条推入盘中。一方面可以使面条造型更为整齐，另一方面也可避免使用筷子夹面，造成面条断裂与造型散乱。

镜面效果产生上下对映

行政主厨　陈温仁
三二行馆

地瓜乳酪佐抹茶冰淇淋

食器特色：

1. 黑色的亮面圆盘，具有镜射的效果，摆放料理后，可以制造有倒影的有趣盘景。
2. 运用镜射效果的摆盘，布局不需繁复，纯粹的线性或摆放主体，便可产生良好效果。
3. 食材的选用可加入对比的效果，让映射的镜面展现出厚薄高低的视觉变化。

餐具哪里买 | 俊欣行

材料 | 台湾黄地瓜、白糖、奶油、奇异果泥、面粉、抹茶粉、覆盆子、话梅、奶油起司酱、抹茶冰淇淋、草莓等。

做法 | 将台湾黄地瓜烤熟后加入白糖与奶油搅拌为泥状，再以手捏塑形成球状。将加入奇异果泥、抹茶粉、覆盆子与话梅的面糊烤干后塑形，即制成叶片脆饼。

活用色彩的食器搭配法 | 技法 50 浅色食器的摆盘

花瓣般食器，点亮料理春意色系

料理长　羽村敏哉
羽村创意怀石料理

鲔鱼明虾

食器特色：

1. 明亮鲜艳的黄色，带有时令感的春意，使得碗中物更有生命力，活化食材的新鲜度。
2. 花朵般的造型食器，视觉呈现抢眼可爱。
3. 深碗形的设计，适合运用食材堆叠技巧，集中呈现食物的精致与分量。

餐具哪里买 | 日本进口

材料 | 鲔鱼、明虾、玉笋莴苣、海苔、芥末、辣椒丝等。

做法 | 鲔鱼切片放入盘内，续摆入切块明虾，一旁放入玉笋莴苣与海苔、芥末，搭配辣椒丝即可。

浅色雾盘衬托留白效果

主厨 Kai Ward
MUME

巧克力、香蕉冰淇淋和花生

食器特色：

1. 米色低调特质的食器，带有些许复古与工业风的气质。
2. 盘缘带咖啡色细边，具有类似画框般紧缩摆盘视觉的效果。
3. 朦胧的雾色盘面，适合表现大片留白的摆盘，可纯粹以食器材质衬托留白效果。

餐具哪里买 | 特别订制

材料｜花生酸奶酱、巧克力甘纳许、焦糖花生、栗子饼干、花生粉、巧克力慕斯、香蕉冰淇淋、巧克力拉糖片等。

做法｜将巧克力慕斯烘干，掰成小块；栗子饼干一部分掰成块，一部分压成粉。

摆盘方法

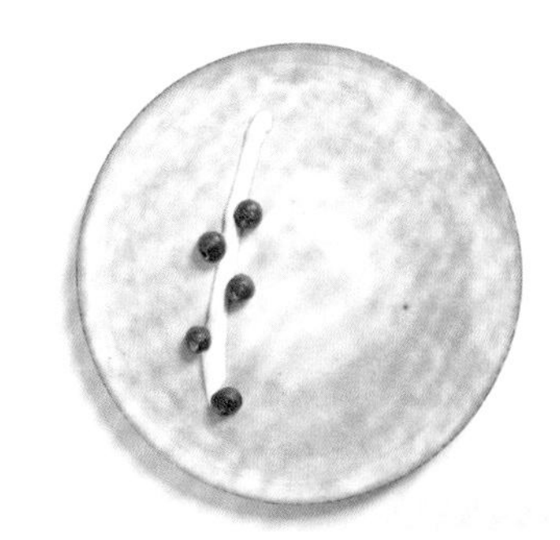

1

以汤勺取花生酸奶酱，于盘面左侧由上而下画上乳白色直线条，将巧克力甘那许在花生酸奶酱两侧挤出点状。

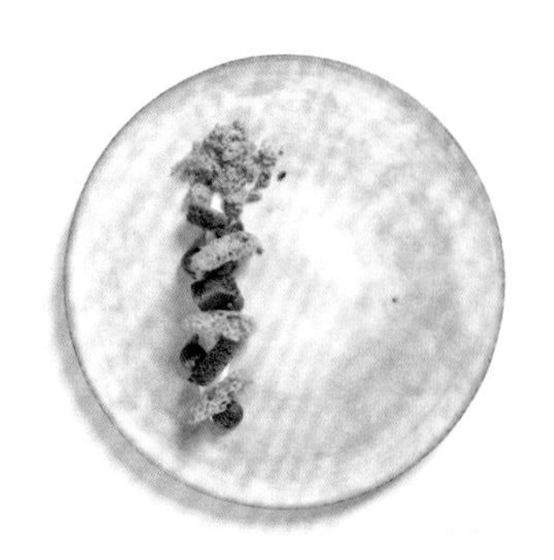

2

栗子饼干粉撒于线条顶端、栗子饼干块与烘干巧克力慕斯块交错叠放于花生酸奶酱汁上。

3

以汤勺盛装花生粉，用手指轻敲勺面，将花生粉均匀薄撒三处，放入焦糖花生，镶上两片巧克力拉糖片。

4

最后将香蕉冰淇淋置于顶端栗子饼干粉之上，摆盘即完成。

浅色映衬暖调，对比冷前菜的味蕾想象

主厨 Olivier JEAN
L' ATELIER de Joël Robuchon

经典鱼子酱佐熏鲑鱼镶龙虾巴伐利亚

食器特色：

1. 浅蓝色的圆盘食器适用于海鲜料理或温度低的前菜，渐层的颜色分布让盘景视觉效果更加活跃，也具有清凉的心理效果。
2. 食器具有些许高度，能够提升料理的立体感，并赋予摆盘艺术品展示台般的气质。
3. 扣除盘缘空间，本食器空间相对显得稍小，在有限空间中经营比例与层次的设计，亦能让料理呈现出小巧细致的精华感。

餐具哪里买 | Bernardaud

材料｜熏鲑鱼片、龙虾巴伐利亚、白萝卜、胡萝卜、小黄瓜、鱼子酱、芥末酱、橄榄油、西班牙辣椒粉、金箔等。

做法｜将熏鲑鱼片包覆龙虾巴伐利亚以平卷塑形放入冷冻，取出后将前后两端斜切。将白萝卜削成薄片，包入胡萝卜丁、小黄瓜丁，制成萝卜包裹（做法参加 193 页）。

摆盘方法

放入切成三等份的鲑鱼镶龙虾巴伐利亚，在圆盘中加入一个三角构图。

把萝卜包裹填入鲑鱼卷的空隙之间，与第一个三角构图交错形成环状。

芥末酱以酱汁瓶滴入不规则大小的圆点，缓和冷暖色系强调的对比。加入橄榄油与西班牙辣椒粉。

将鱼子酱以两支小汤勺轻压，塑造类似杏仁的形状，堆叠于鲑鱼卷上，点缀金箔。萝卜包裹上方装饰红酸模即完成。

Tips

主要食材采用六芒星构图，点状芥末酱的画盘消弭了构图的尖锐感，但在画盘时应掌握分量，以免喧宾夺主。

白盘衬底，
聚焦食材纹理的立体搭配

主厨　林显威
晶华酒店 azie grand cafe

鸭胸、高丽菜苗、青蒜

食器特色：

1. 白餐具可突显深色食材料理，操作画盘时让酱汁不过于突出，巧妙地与盘子相互融合。
2. 淡色的圆形盘，是很基本的盘型，也很容易促成视觉平衡的表现，即便是长方形或点状的食材，都有助于让料理摆盘显得圆融。
3. 食器材质带有光泽，可与盘中蔬菜纹理做出对比，增添其原始面貌。

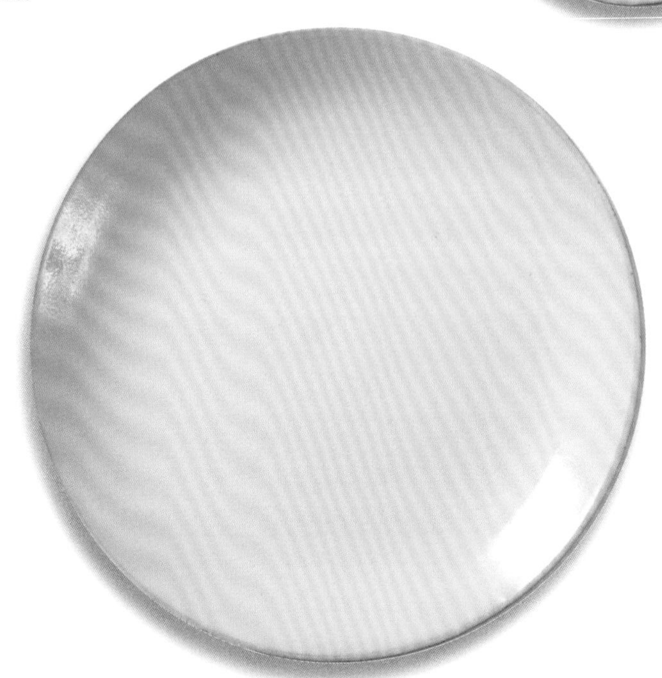

餐具哪里买 | SERAX Collections

材料 | 鸭胸、高丽菜苗、青蒜、焦糖红酒酱、焦糖奶油酱、香蜂草、红酸模、盐片、黑橄榄粉等。

做法 | 将鸭胸煎熟，两边切齐呈现如长条状，青蒜切成长度比鸭胸略短一些，煎至表面金黄，高丽菜苗烤干后，即可进行摆盘：此外，料理亦可加入烤面包片，蘸取甜味酱料佐烤鸭胸，化身创意版的北京烤鸭。

摆盘方法

1

在盘中的左方，放入切呈长条状的鸭胸肉，使其肉面朝上，呈现粉嫩的红色。

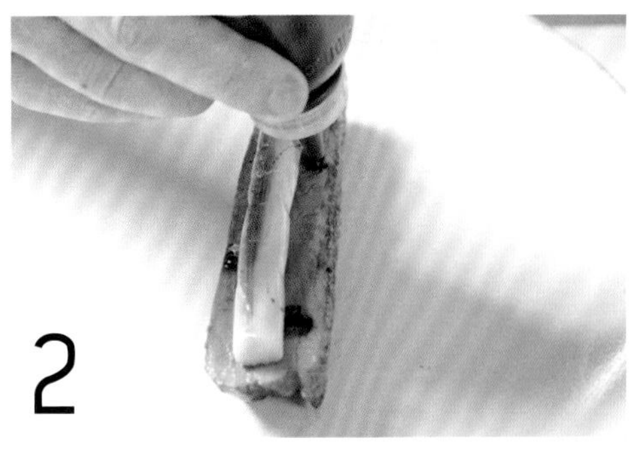

2

取一长条青蒜，将之叠放在鸭胸上，接着在鸭胸肉与青蒜上滴上数滴焦糖红酒酱，不要让酱汁流入盘面。

3

盘右侧空白处，则滴上数滴焦糖奶油酱，于酱上堆放上高丽菜苗，让视觉看来不至于太过方正，增添画面张力。

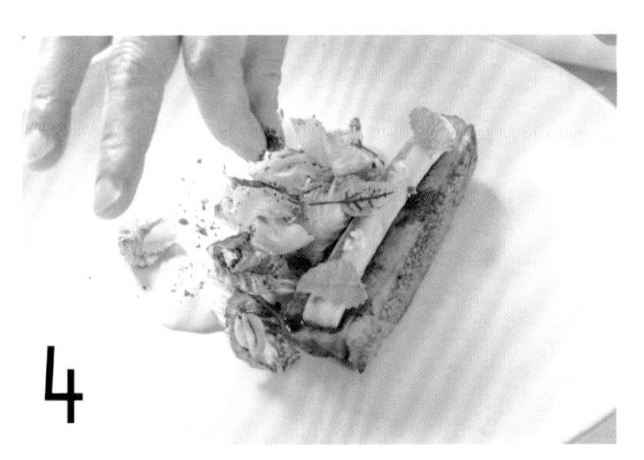

4

在青蒜上放上香蜂草及红酸模，撒上盐片及黑橄榄粉，即完成摆盘。

Tips

选用浅面白盘，盘中物可更易展现其粉红肉质与蔬菜纹理，加上旁侧的留白，因此盘中的食材，更能突显出直线与折线的造型趣味，让盘面显得活泼不死板。

透明食器，
呼应原始纯粹海味

主厨 Angelo Agliano
Angelo Agliano Restaurant

红鲻鱼薄片搭配新鲜海胆

食器特色：

1. 透明圆盘特别适合用于海鲜贝类等强调新鲜感的食材。
2. 穿透感会将食材原色清晰显现，因此在摆盘配色上可更加利落大胆。
3. 盘身遍布同心圆纹理，当映衬有色桌面时，即可在摆盘中带入纹理的线条趣味。

餐具哪里买 | 进口餐具行

材料｜红鲋鱼薄片、新鲜海胆、综合生菜（绿卷须、绿珊瑚、红球、芝麻叶）、节瓜、胡萝卜、西芹、虾夷葱、彩椒、巴斯特辣椒粉、柠檬茴香蔬菜酱、盐、胡椒、橄榄油等。

做法｜将节瓜、胡萝卜、西芹、彩椒切丁，加柠檬茴香蔬菜酱、盐及胡椒调味，制成蔬菜酱汁。

摆盘方法

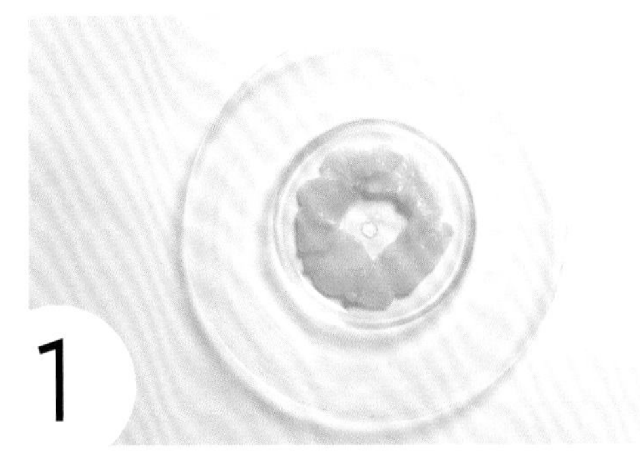

以橄榄油打底，由内圈到外围以顺时针方向淋洒。红鲋鱼薄片以切片条状放置外围一圈，中间巧妙形成圆心。

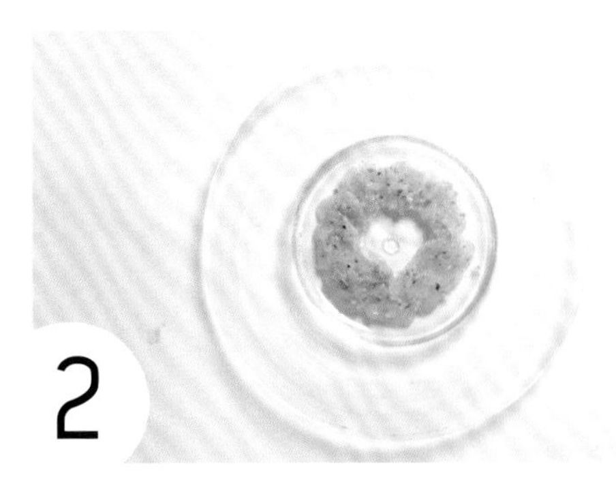

淋上蔬菜酱汁，让半透明的鱼片多了缤纷的焦点。

把综合生菜轻搓成团状，蓬松绵密的交织意象，与紧实的海鲜肉质形成张弛有度的鲜明对照。

在鱼片上加入海胆、橄榄等，轻撒虾夷葱和辣椒粉，辅以橄榄油提味，摆盘即大功告成。

Tips

海胆置放时将其形塑弯曲，同时错落缀放于半透明薄鱼片的四个方向之上，透过弯曲造型，增加视觉上的层次美感。

妙用透明食器，刀工色泽现惊喜

副教授　屠国城
高雄餐旅大学餐饮厨艺科

乡村猪肉冻

食器特色：

1. 小烈酒杯适合使用于一口分量的小食品，搭配托盘或秀台的使用，制造料理的时尚感。
2. 透明杯器能够完整呈现食材的色泽与造型，除了装盛小巧的食物，也可广泛应用于酱汁与饮品等不同类型的食物。
3. 黑色长盘在此作为秀台，以黑色的重，映衬质地的轻，并有助于食材多样色彩的跳色。

餐具哪里买 | 金如意餐具

材料 | 霜降猪、洋葱、西芹、胡萝卜、白酒、吉利丁、炸过的意大利面等。

做法 | 以大火煮霜降猪，加入洋葱，倒入水后加入白酒转小火，炖煮后猪肉捞起切丁。起锅煮水至沸腾时，放入西芹丁及胡萝卜丁，将猪肉丁与蔬菜丁等倒入小杯中，加入吉利丁融于汤汁，倒入小杯中冷藏。上桌时插入一根炸过的意大利面。

活用色彩的食器搭配法 | 技法 51 透明食器的摆盘

素雅瑰丽，用透明与金边创造高级印象

料理长 羽村敏哉
羽村创意怀石料理

红喉

食器特色：

1. 想突出料理的色彩表现时，可运用透明的食器，淡化食器的色彩。
2. 简单的金色边缘，可以营造高级、素雅的视觉效果，也将焦点锁定于碗中，由上往下看时，宛如画框般将料理固定其中。
3. 透明方碗具有深度，适合装盛丰富或是存在感较为强烈的食材。

餐具哪里买 | 日本进口

材料 | 油菜花、红喉、炒蛋、味噌乌鱼子、白萝卜泥、陈醋酱等。

做法 | 红喉切块后，汆烫时将皮面朝下，仅烫皮几秒后再烫整块鱼肉，可使其保持软嫩不失口感。

透明密封罐搭配岩盘，分散单一主体的散落布局

主厨 Fabien Vergé
La Cocotte

巧克力慕斯佐橙渍玛德莲

食器特色：

1. 透明密封罐与岩盘搭配应用后，便可构筑料理情境，在岩盘上加入呼应食材的点缀或其他布局，使料理呈现出故事性与趣味感。
2. 热食或冷食，皆能用密封罐装盛。
3. 可直接透视罐中食材，用视觉传递料理的凉与热。
4. 逐层堆叠不同食材，便可呈现出多彩与不同质感差异的视觉感受。

餐具哪里买 | REVOL

材料｜巧克力慕斯、橙渍玛德莲、可可豆、可可粉等。

做法｜巧克力慕斯为店家特制，摆盘时亦可自行换置为冰淇淋或其他类型的甜点。

摆盘方法

1

将橙渍玛德莲摆放于长方岩盘的左侧，把可可粉和可可豆随意撒满岩盘空白处。

2

可可粉为盘景增加细腻的构图，可可豆的颗粒感则会平衡密封罐巧克力慕斯和橙渍玛德莲悬殊的体积，让整体摆盘的视觉效果更为精美。在密封罐中填入巧克力慕斯，约九分满，摆放于岩盘右侧，即完成摆盘。

Tips

由于料理被收纳在玻璃罐中成为单一主体，因此摆盘在情境上会比较单薄，此时便可在岩盘上加入设计，在岩盘的左侧，放置一份橙渍玛德莲搭配慕斯食用，并将可可豆撒于岩盘空白处。可可豆的分量不需过多，维持可可豆颗颗分明的布局，视觉焦点便不会仅停留于密封罐，让盘面呈现出散布均衡但又不至于过度聚集的效果即可。

小块料理的连续序列铺陈

主厨　蔡世上
寒舍艾丽酒店 La Farfalla 意式餐厅

海胆干贝佐茴香百香果醋

食器特色：

1. 长方形瓷盘，应用于小型、块状食材时，可分隔摆放位置，做等比例构图。
2. 食器外观质地较为平滑温润，搭配表面薄焦的料理，更能衬托其内里软嫩质感。
3. 食器造型两侧稍高，呈凹字形，亦适合装盛有汤汁的料理。
4. 上下的盘缘空间还能加入画盘或其他配菜装饰。

餐具哪里买 | 一般餐具行

材料｜加拿大干贝、小黄瓜、鱼子酱、茴香百香果醋、优格、海胆、食用花、红酸模等。
做法｜以干煎手法将加拿大干贝煎至外表微焦。

摆盘方法

将小黄瓜刨成片后，轻捏塑形，呈现微微隆起的蓬松感，卷曲铺展于盘面。

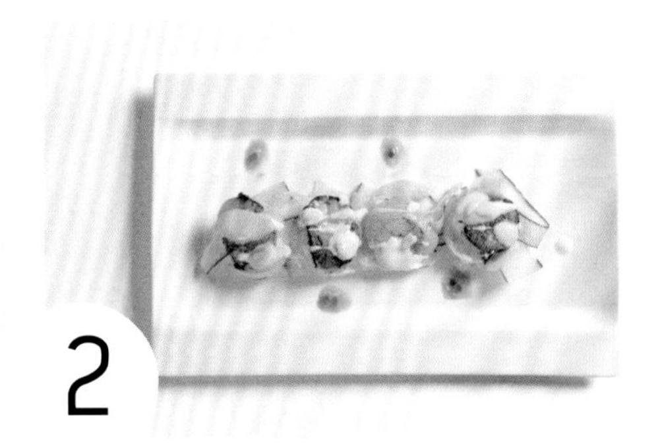

将干贝煎至微焦，置于黄瓜片上方，淋上清爽的优格后，把茴香百香果醋以汤勺在空白盘面处酌量点缀。

将海胆与鱼子酱层叠于干贝之上。

最上层交叠摆放食用花与红酸模，为盘景加入最后的色彩装饰，摆盘即告完成。

Tips

小黄瓜片摆放时可卷曲，不要整齐排列，让其呈现自然清爽的蓬松感；小黄瓜片放置不久后便易出水软塌，但作为支撑干贝的基底已经足够，因此不必担心基底不稳固。

运用食器本身气质，赋予料理传统情境

主厨　许雪莉
台北喜来登大饭店 Sukhothai

泰式金袋

食器特色：

1. 芭蕉叶形的造型餐盘，具有浓浓的泰式风情。
2. 小巧的长盘形体，适合装盛精致分量的一口料理；有深度的长盘也可装盛带有汤汁的食材，应用范围非常广泛。
3. 盘中段的芭蕉叶梗可引导视觉，如采取直线摆盘，也具有延伸视觉的效果。

餐具哪里买 | 泰国进口

材料 | 春卷皮、猪肉末、炸清江菜丝、泰式梅酱等。

做法 | 以春卷皮包覆猪肉末，并简单造型后经过酥炸后即可上桌，蘸取酱料食用。

特色造型的食器搭配法 | 技法 52 长盘的摆盘

方形对称结构，营造丰盛视觉

副教授　屠国城
高雄餐旅大学餐饮厨艺科

无花果佐鸭胸

食器特色：

1. 波浪状的食器，盘面摆放料理的形状则为长方形，因此在设计食材的造型时可因应食器做变化。
2. 波浪状的食器带给人的感觉较为动感活泼，可选色调轻盈的配菜映衬主菜。
3. 方形的盘面需注意食材摆放的位置，可用对称的方式摆盘。

餐具哪里买 | 金如意餐具

材料 | 无花果、胡椒、盐、红酒、鸭胸带皮、白糖、节瓜、芦笋、圣女番茄、酱汁等。

做法 | 鸭胸撒上胡椒、盐，两面煎上色，放入烤箱烘烤后，切成厚片。无花果撒上白糖炙烧上色。

利用食器凹凸纹理，制造纯色流泻效果

西餐行政主厨　王辅立
君品酒店 云轩西餐厅

鸡肉慕斯衬缤纷五彩酱

食器特色：

1. 食器特有的纹理仿若树皮般，搭配质地细滑的料理，可呈现不造作的新鲜原始风貌。
2. 凹凸纹路，有助于固定食材不移位，还可填装酱汁及调味粉，如同附设蘸料碟的多功能盘一样方便。
3. 洁白色系可展现多色酱汁的丰沛及缤纷，突显各种酱汁的可口及色泽饱和度。
4. 此盘形有高低起伏，亦可用于盛装油炸料理，具有沥油的效果。

餐具哪里买 | 进口餐具行

材料 | 鸡胸肉、鲜奶油、蛋白、泰式咖哩酱、泰式酸辣酱、罗勒酱、吉利丁、橄榄粉等。

做法 | 将鸡胸肉、鲜奶油、蛋白等打成慕斯，塑形后蒸八分钟；将三种酱料搭配吉利丁片，做成三色酱汁冻圆片后，即可进行摆盘。

摆盘方法

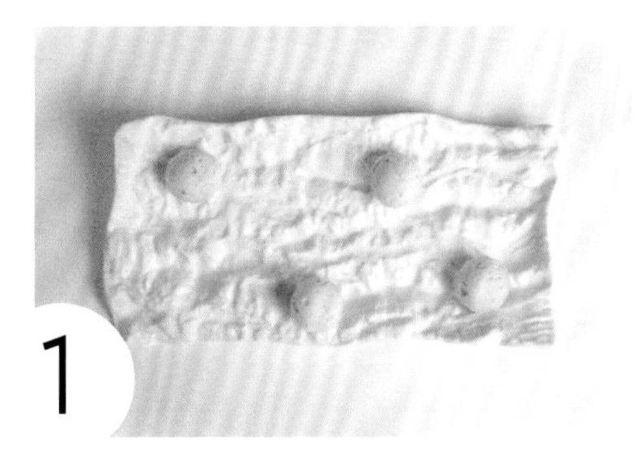

将鸡肉慕斯球以四角交错的布局，摆放于盘内。

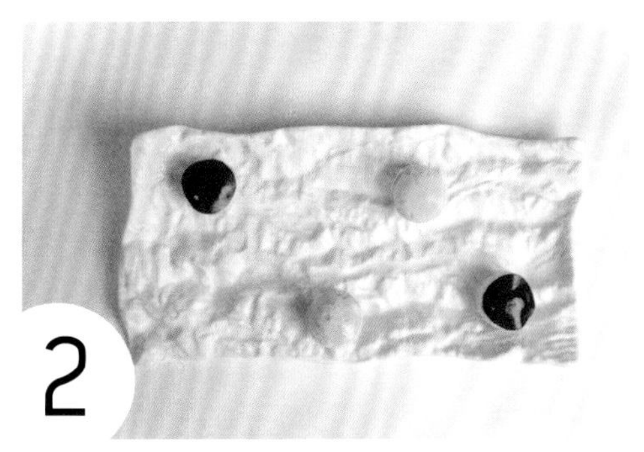

将三色酱汁冻圆片覆盖于鸡肉慕斯球上，摆放时可让色彩对称，维持视觉均衡感。

在食器中淋洒少许泰式咖哩酱、泰式酸辣酱与罗勒酱，让酱汁在凹槽内自然流动，并局部撒上橄榄粉即完成摆盘。

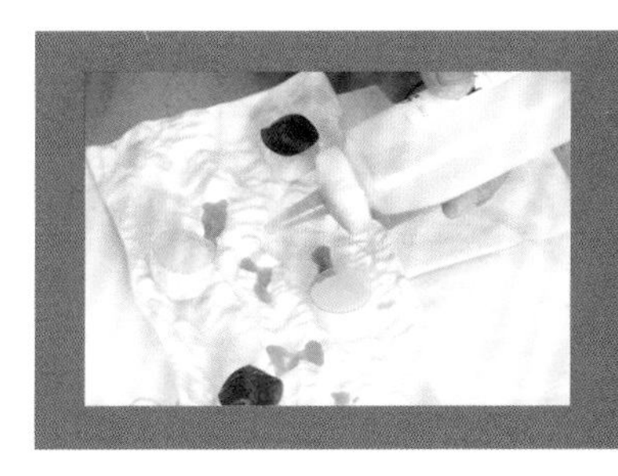

Tips

活用食器高低凸凹的特色，让酱汁带有不同的造型变化，不同于画盘的描绘，此种酱汁呈现的方式更为自然，且具有流动感。

带有家族记忆，适合共食的大分量摆盘

主厨 Angelo Agliano
Angelo Agliano Restaurant

蛤蜊乌鱼子意大利面

食器特色：

1. 大型汤碗圆幅宽厚，适宜将食材集中堆高。
2. 适合聚焦中心的摆盘方式，周围以大片留白作为对应。
3. 主厨表示，少时在意大利，母亲总是使用此种大型汤碗盛装满满的美食，全家共同分食；故此种食器亦很适合应用于多人份的亲友共食料理。

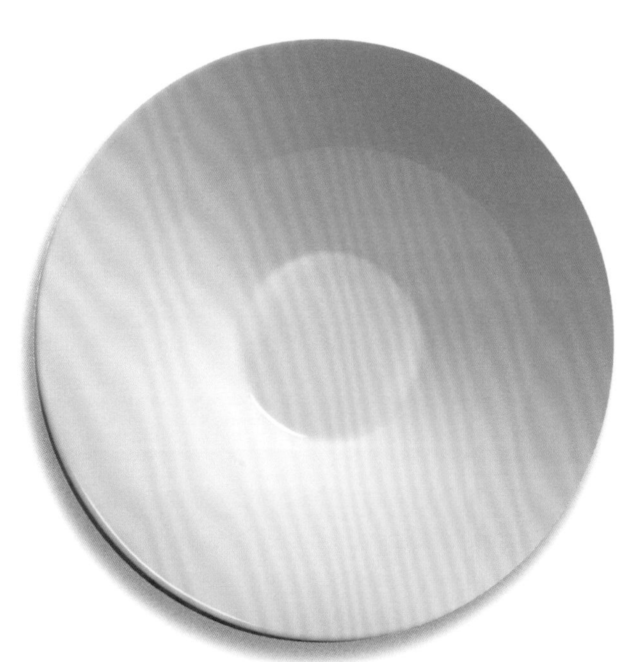

餐具哪里买 | 进口餐具行

材料｜洋葱丁、蒜头、番茄丝、蔬菜高汤、橄榄油、软丝、香料碎、番茄丁、芥蓝、意大利面、蛤蜊、乌鱼子、芝麻叶等。

做法｜先将芥蓝切段，汆烫后备用。锅子加热后放入洋葱丁、蒜头、番茄丝和蔬菜高汤，放入煮熟的意大利面，再拌炒 1 分钟，加入软丝、蛤蜊、乌鱼子和香料碎、番茄丁、汆烫的芥蓝段，最后拌入橄榄油，即告完成。

摆盘方法

意大利面与鲜蔬拌炒过后，卷放至汤碗的中心位置。

以大勺浇淋蔬菜酱汁。

用镊子夹取蛤蜊摆放成三角形，角度上略微倾斜；并将乌鱼子以嵌入的方式，镶于面体的立面，最后夹取芝麻叶点缀。

Tips

在摆放蛤蜊时，可让蛤蜊的肉面朝上，自然展现食材样貌，摆放时尽可能保持均衡的距离。

碗搭底座，展缤纷相间四季

行政主厨 蔡明谷
宸料理

四季甜品

食器特色：

1. 造型素雅精致的日式风格碗，其碗缘带有缺口，可摆放木勺，很适合装盛甜品。
2. 除了将碗独立呈现，亦可将之摆放于压克力的黑色秀台上，加强摆盘的情境感，亦可带入其他小的组合。
3. 碗下可衬垫小方巾，在盘中带入色彩与图纹的变化。
4. 黑色秀台原本是用来放置生鱼片的食器，其质感比较亮，具有镜面反光效果，盛放生鲜食材时，有助于表现鲜美滋味。

餐具哪里买 | 莺歌瓷器行

材料｜抹茶寒天、原味寒天、抹茶生八桥饼皮、红豆、糯米、芒果泥、牛奶、鸡蛋、吉利丁、栗子、薄荷、椰奶、紫苏、紫苏花等。

做法｜将芒果泥用分子料理的技术，做成芒果晶球。将红豆煮至微烂但仍是颗粒状，制成红豆馅。以糯米蒸熟风干制成的外皮包裹红豆馅，即为道明寺红豆卷。抹茶生八桥饼皮包裹红豆馅即为生八桥。牛奶、鸡蛋、吉利丁、栗子熬煮成为栗子豆腐。

摆盘方法

1

在碗中依序放入抹茶寒天、原味寒天，并叠上一层红豆馅。

2

在红豆馅上方加入一颗芒果晶球，在芒果晶球上插入薄荷叶点缀后，从碗侧倒入椰奶丰富甜品的口感。

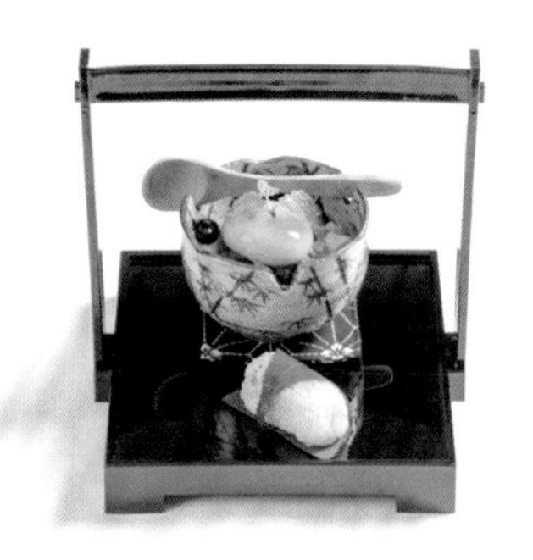

3

将碗放置在秀台的后方，秀台前的中央再斜摆上一只用紫苏包裹的道明寺红豆卷。

4

在秀台的右侧交错堆叠放上两卷生八桥；左侧放上栗子豆腐，豆腐上再放上栗子，并点缀紫苏花，即完成摆盘。

Tips

铺放抹茶与原味寒天时，分量约一比一，抹茶口味在下，原味在上，更可突显上端续放的红豆馅与芒果晶球之色彩。更重要的是，在铺放红豆时，量不可过少，需要做出与芒果晶球约略相同的凹槽，便于盛装固定，避免滚动造成晶球破损。

以拔高均衡下凹，菜叶垂落呈现自然气息

主厨　徐正育
西华饭店 TOSCANA 意大利餐厅

炉烤长臂虾衬西班牙腊肠白花椰菜

食器特色：

1. 白色具有简约干净的气质，可降低食器存在感，让食材颜色得以突显及发挥。
2. 下凹式的汤盘设计，可轻松做出画面层次感，如搭配不规则形状食材，可简单呈现立体对比的效果。
3. 下凹汤盘亦适合盛装带有浓厚酱料的料理，有助于稳定食材，不易移动及塌陷。

餐具哪里买 | 进口餐具行

材料｜长臂虾、西班牙腊肠、番茄、酸豆、皇帝豆、白花椰菜、火腿、鸡汤、风干干贝片、高丽菜等。

做法｜将长臂虾去壳后烤熟。再将西班牙腊肠、番茄、酸豆混合熬煮炖熟。另起一锅将白花椰菜、火腿、鸡汤混合熬煮后打成泥状。将白花椰菜切成薄片，烤干。将高丽菜片烤干。

摆盘方法

于盘中挖上一球白花椰菜泥，再用汤勺于盘周画上一圈白花椰菜泥。

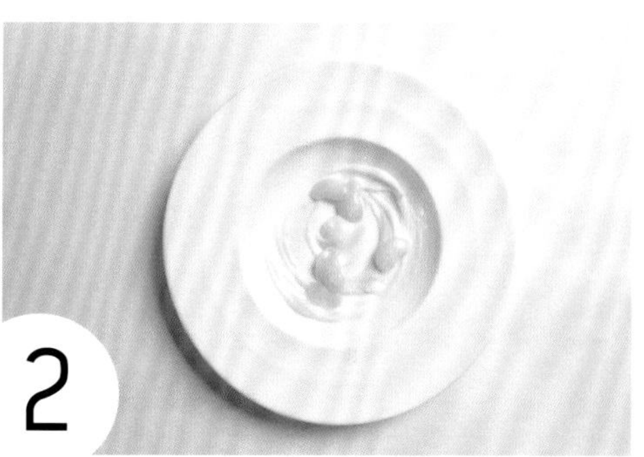

将炒过的皇帝豆错落摆放于白花椰菜泥上。

叠上数小球西班牙腊肠炖物，再以炖物为底，以不同方向放入长臂虾。

于虾上插入烤干的高丽菜片、风干干贝片及烤干的白花椰菜薄片，交错摆放出高低层次感。

Tips

插入高丽菜片、风干干贝片及白花椰菜薄片时，遵守着前低后高的原则，适度露出空隙中的长臂虾，才能做出漂亮的立体变化感。

素雅贝壳食器，跳色衬托盘中丽景

西餐行政主厨　王辅立
君品酒店 云轩西餐厅

水牛乳酪慢烤番茄衬中东鹰嘴豆

食器特色：

1. 模拟贝壳的特殊造型碗，素雅精致，搭配海味料理并可赋予摆盘故事性。
2. 碗内虽为斜面，但因表面有浅浅凹痕，有助于固定食材不位移。
3. 碗面大，其凹陷纹理，在填装酱汁时，亦可营造线条感，让食器显得更有层次。

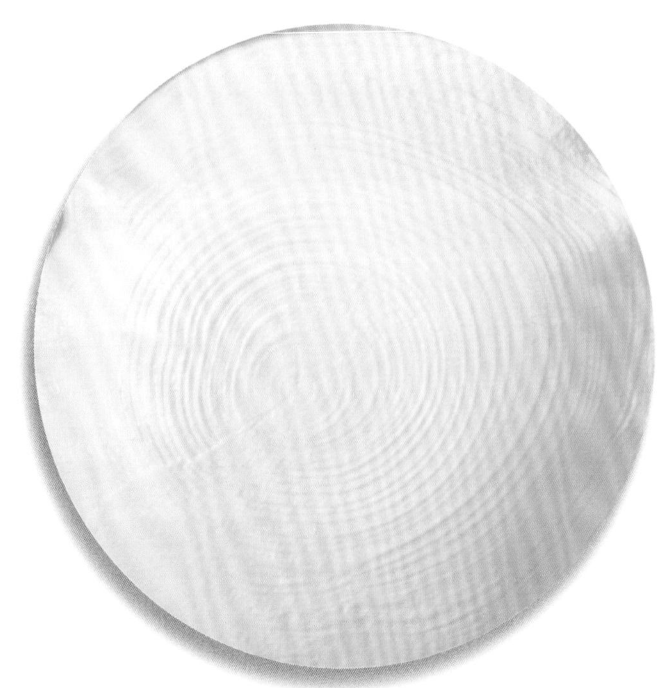

餐具哪里买 | 进口餐具行

材料｜水牛乳酪、番茄、中东鹰嘴豆、香料油、橄榄油、食用花、罗勒、黑胡椒等。

做法｜将慢烤风干的番茄对切，鹰嘴豆打成泥，水牛乳酪装入氮气瓶内，即可开始进行摆盘。

摆盘方法

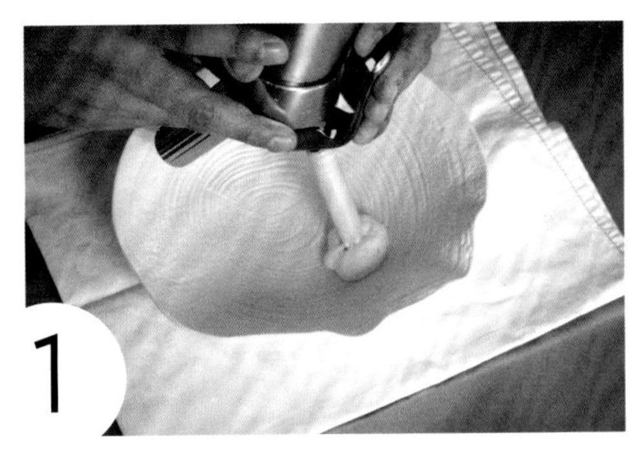

于盘中线偏右上方，挤出装入氮气瓶中的水牛乳酪。

于水牛乳酪的外圈淋上香料油及橄榄油，左侧排入切面朝上的风干番茄。

在盘缘右斜下方，抹上一勺鹰嘴豆泥，制造出血般的效果。

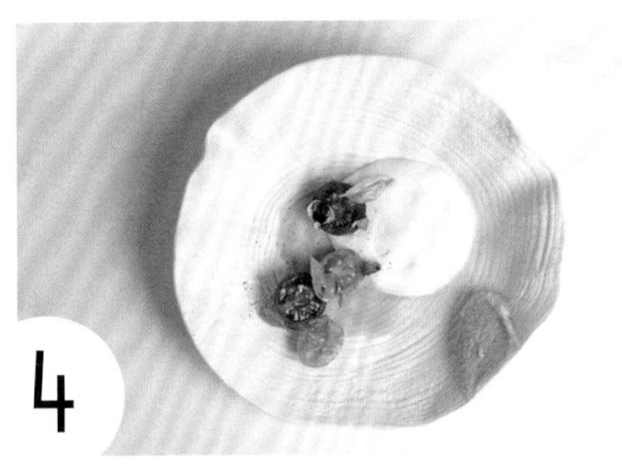

于番茄侧边点缀罗勒及食用花，撒上现磨黑胡椒，提升细节感即完成摆盘。

Tips

由于此料理元素单纯，因此番茄切面朝上，以丰富视觉素材，而最后加入黑胡椒时，却要避免直接撒在水牛乳酪上，一来可让食用者自行斟酌口味轻重，二来可不覆盖乳酪本身，做出颜色上的层次感。

以蛋代酒的雪莉酒杯摆盘应用

主厨　詹升霖
养心茶楼

梅子溏心蛋

食器特色：

1. 雪莉酒杯深度较浅，口径较小，适合用于溏心蛋等点心类料理的摆盘应用。
2. 酒杯的玻璃材质能表现出料理的层次堆叠，视觉上更加精致。
3. 金属盘具有光影折射效果，带有时尚感，很适合派对时使用。

餐具哪里买 | 昆庭

材料｜鸭蛋、紫苏梅、紫苏梅酱、白糖、白醋、酱油、海菜、小黄瓜等。

做法｜滚水放入带壳鸭蛋煮 6 分钟后取出，浸泡冷水并去壳，再以酱油腌渍 10 分钟即可。

摆盘方法

取海菜放入雪莉酒杯，分量约九分满，作为溏心蛋的底座。

海菜上方堆叠半颗溏心蛋，蟹膏般橙色的蛋黄朝上摆放。将小黄瓜切圆片再切半，插立于溏心蛋黄中，同时挤入紫苏梅酱。

将雪莉酒杯摆在长方形金属盘的左侧，将造型长竹签插入溏心蛋，如此一来食用时较为方便。

金属盘右侧加入三颗紫苏梅为配菜，并层叠为金字塔造型，透过梅子的视觉观感打开食客味蕾。

Tips

在制作此类一口吃料理时，如能善用竹签或叉子等方便饮食的道具，在摆盘上将会更受欢迎。

酒杯掀盖，幻化浪漫花园的晨雾面纱

行政主厨 蔡明谷
宸料理

鲜虾采食樱花香气

食器特色：

1. 摆盘趣味在于烟雾效果的浮现，使用透明白兰地杯，可让烟雾效果完整呈现，缭绕的余烟，如晨雾般缓缓飘散于食器之中，不至于快速消散。
2. 透明白兰地杯盛装，可应用于沙拉概念的料理，具有清凉沁心的视觉感受。
3. 除了视觉上的烟雾效果之外，香气也为其摆盘特色，白兰地杯加上盖子后有助于保留香气，也方便食用者品尝前先闻其香。

餐具哪里买 | 俊欣行

材料｜水果醋冻、马粪海胆、草虾仁、草虾仁泥、紫苏花、紫苏芽、食用菊花、木之芽、鱼子酱、樱花木屑、樱桃萝卜等。

做法｜将虾子烫熟、樱桃萝卜切成薄片，即可进行摆盘。

摆盘方法

在白兰地酒杯中先铺上一层水果醋冻，接着加入草虾仁泥，放入一只立着的草虾仁。

放上并排的海胆，在虾旁边放上一小片樱桃萝卜点缀。

在表面点缀紫苏芽、紫苏花及菊花瓣、木之芽、鱼子酱，让酒杯中呈现出多种色彩细节的组合。

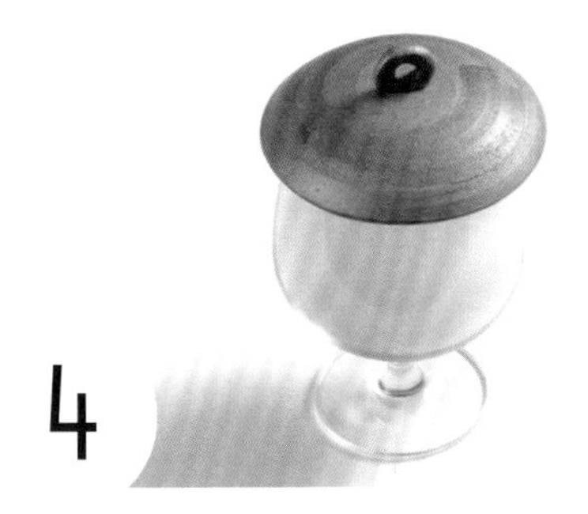

将樱花木屑以烟熏器做出烟雾效果，灌入白兰地杯中，盖上盖子封存香气。

Tips

灌入烟雾后，可先将酒杯盖起，上菜时再将盖子掀开，避免烟雾过早散去。

浅锅摆盘，展现满盛风景

主厨 连武德
满穗台菜

丝瓜野百菇

食器特色：

1. 大面积浅锅，因此只要加入大量食材，便可简单形塑丰富满盛的摆盘效果。
2. 锅底稍浅，因此方便食材倚靠立起，不会塌陷于盘中，适合有立体感的表现。

餐具哪里买 | 昆庭

材料｜丝瓜、蛤蜊、百菇、小虾皮、姜丝、枸杞等。

做法｜丝瓜去皮切薄片，小虾皮以猪油爆香，熬煮成高汤。

摆盘方法

将丝瓜剖成两半后分别切片，在锅边分九组围摆，在中间铺置一层。

在中间的丝瓜上放上姜丝与百菇。

百菇与丝瓜的中间，摆上一圈蛤蜊，蛤蜊扇形开口朝外。

浇淋上虾皮跟猪油熬煮而成的高汤，再撒上橘红色枸杞于浅锅内，做最后的装饰点缀。

Tips

在摆放丝瓜时，让丝瓜片立放，排列出放射线般的阶梯状；中央装填其他食材时尽可能呈现满盛的效果，让盘饰具有视觉张力。

厚实铸铁锅，散发料理温润分量感

主厨 Fabien Vergé
La Cocotte

红酒炖澳洲和牛颊佐马铃薯泥

食器特色：

1. 铸铁锅的造型容易令人联想长时间炖煮的意象，呈现于炖肉料理上更能表现温馨感。
2. 铸铁锅的材质保温性能好。
3. 尺寸大小适用于一人份料理。

餐具哪里买 | 法国进口

材料｜澳洲和牛颊、马铃薯泥、青豆、圣女番茄、红酒酱汁、橄榄油等。

做法｜将一大片牛颊肉如纸筒般卷起，并以绳子固定后切成圆形块状，放入红酒酱汁炖煮至肉质软嫩即可。

摆盘方法

将一汤勺马铃薯泥放入食器中心，并用汤勺向外画圆使其平整。

于马铃薯泥上方放入一块炖煮多时、口感软嫩的澳洲和牛颊肉。

利用刷子蘸上少量橄榄油，轻轻刷涂于牛颊肉表面，看起来更为明亮。

炖肉的酱汁中加入圣女番茄、青豆，熬煮后浇在锅内。

Tips

炖煮牛颊肉的红酒酱汁加入青豆与圣女番茄熬煮，浇入牛颊肉与马铃薯泥上方，分量约为铸铁锅一分满即可。

朴质食器，提升摆盘精致韵味

料理长　五味泽和实
汉来大饭店 弁庆日本料理

煮物

食器特色：

1. 此食器可加热，边煮边吃，保持最适享用温度。
2. 朴实的造型，搭配日文及汉字密布之图样，展现十足的亚洲风情。
3. 大地色系可融入主食材牛肉之中，强调与酱汁融合的浓郁鲜甜。

餐具哪里买 | 进口餐具商

材料 | 厚切牛肉、豆腐、魔芋丝、葱、山椒粉、酱汁等。

做法 | 将以山椒粉调味的酱汁备好，牛肉及葱经熬煮备用，再将豆腐表面炙烤后，即可进行摆盘。

特色造型的食器搭配法 | 技法 56 有图纹食器的摆盘

运用食器图纹，配衬单一主食材料理

主厨 许雪莉
台北喜来登大饭店 Sukhothai

泰式香料烤鸡腿

食器特色：

1. 大面积的立体花纹图样，造型素雅清新，搭配简单平实的食材，有助于带来盘景的变化。
2. 大圆盘形体，装盛大小分量的料理皆合宜，小分量的料理可将食材集中于盘上方摆放，可突显纹饰。
3. 边缘有高度的盘子，可装盛带有汤汁的料理，应用范围广泛。

餐具哪里买 | 泰国进口

材料 | 鸡腿肉、大蒜、黑胡椒、香茅、泰国酱油、泰式咸辣酱、泰式甜酱等。

做法 | 先将鸡腿肉以大蒜、黑胡椒、香茅、泰国酱油腌制一个晚上，放入烤箱烤半小时，搭配主厨自制的泰式咸辣酱与泰式甜酱即告完成。

特殊纹理的食器，呼应食材多样质地

主厨 林凯
汉来大饭店 东方楼

香煎百花刺参

食器特色：

1. 大面积的圆盘，适合摆放呈现单一主题，突显食材存在感的料理。
2. 白色圆盘能使食材原色清晰显现，盘缘的纹理有助聚焦盘面中央的主食材。
3. 盘面边缘呈放射状的纹理，无须画盘，即具有盘饰效果。

餐具哪里买 | Legle

材料｜刺参、香菜根、干葱末、金华火腿末、有机嫩豆腐、新鲜手剥虾浆、盐、罗勒酱、巴萨米克黑醋、绿卷须、辣椒丝等。

做法｜将豆腐抹干、压碎，加入香菜根、干葱末、金华火腿末、新鲜手剥虾浆、盐调味拌匀制成馅料。将刺参中间部分以刀划开填入馅料，下锅煎熟，起锅摆盘即可。

摆盘方法

在圆盘中央平整铺上绿卷须，保持一定的厚度。

将炸过的刺参摆放在绿卷须上方。

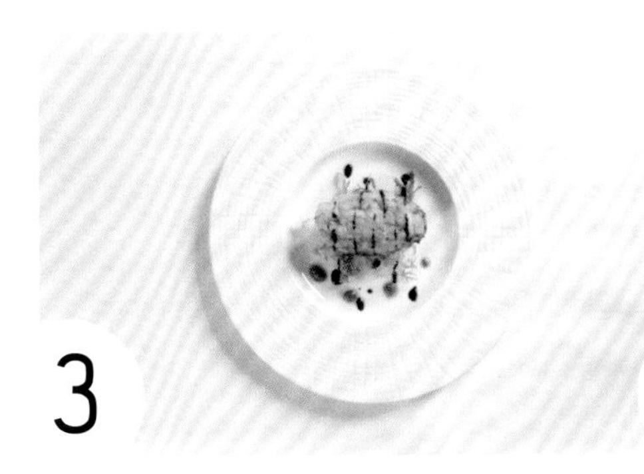

使用罗勒酱、巴萨米克黑醋点缀盘面。

将适量的辣椒丝摆放于刺参上拉高整体高度，在配色上则呈现渐层般的美感，产生巧妙的互动性。

Tips

由于刺参具有不规则造型，放入盘中很容易歪斜，因此需要先垫衬绿卷须，或可先把刺身的底部削平，确定摆盘的稳定性。

海鲜食材与蓝纹圆盘的里应外合

主厨 许汉家
台北喜来登大饭店 安东厅

主厨特制海鲜盘佐柴鱼冻

食器特色：

1. 蓝色花纹相当适用于海鲜食材的主题料理，容易令人联想起海洋的景象。
2. 圆盘外围镶嵌的蓝色花纹以及盘内的金色边框，提供了一般料理缺乏的色彩元素。
3. 大尺寸有图纹的食器，如搭配多样食材便能提升盘景的豪气，也很适合用于多人分享的料理。

餐具哪里买 | 一般餐具行

材料｜明虾、鲍鱼、鲔鱼、鲑鱼、干贝、鲑鱼卵、柴鱼冻、牛血叶、红酸模、生菜、食用菊花、珠葱、烤干橄榄、红胡椒皮、香柚醋酱等。

做法｜明虾、干贝、鲍鱼洗净清烫，鲔鱼采用炙烧烹调并切片，鲑鱼熏制后切片。

摆盘方法

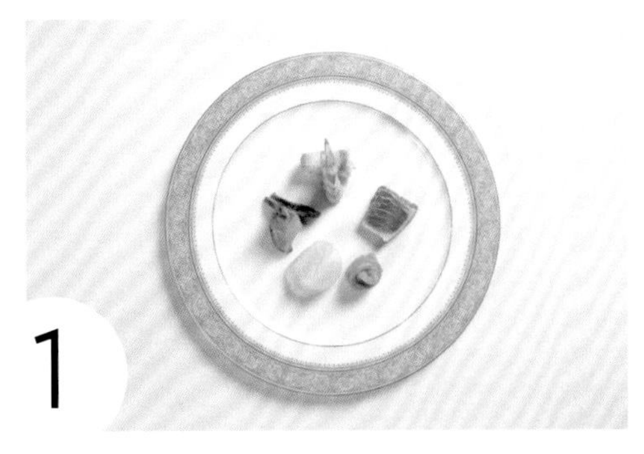

将明虾对切交叠于圆中，鲍鱼、炙烧鲔鱼、熏鲑鱼、干贝维持间隔依序排放于明虾周围，完成五角形构图。

在海鲜食材间排入柴鱼冻，增加盘景亮度。

干贝上轻放鲑鱼卵。盘景中心铺入牛血叶、红酸模、生菜，淋上香柚醋酱，让颜色产生明显对比，呼应圆盘外围的蓝色图纹，视觉效果更加舒服。

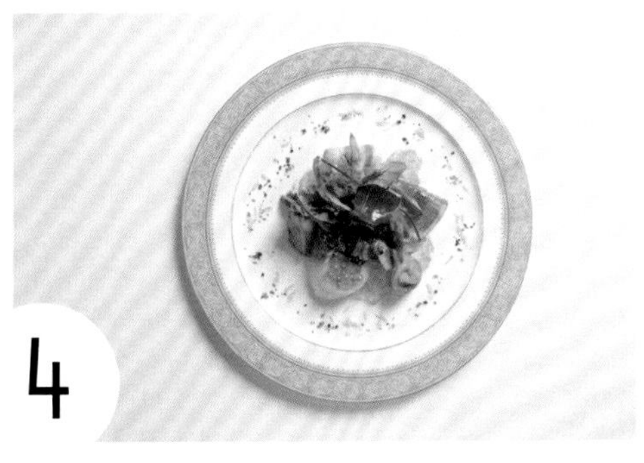

于食材外围轻撒少量的食用菊花瓣、珠葱、烤干橄榄以及红胡椒皮等，点缀盘景，一道豪华海鲜摆盘即告完成。

Tips

运用有花纹镶边的圆盘时，可顺应图纹，将食材取五角形构图。最后在食材与纹饰之间加入少许色彩的点缀，更可让色彩变化更为饱满顺畅。

皇家庭园般绮丽的华丽摆盘

副教授 屠国城
高雄餐旅大学餐饮厨艺科

美食家华丽冷盘

食器特色：

1. 圆盘周边带有花卉图案，呈现古典优雅的气质。
2. 粉红色的花卉配色柔和，花卉以外的背景图纹则综合了浅灰绿等不同色彩。
3. 食器本身的图案与色彩非常强烈，由于食器本身图纹已很复杂，在进行画盘与色彩点缀时，则需避免产生违和感。

餐具哪里买 | 金如意餐具

材料｜菠菜薄饼、红酒田螺、烟熏鲑鱼卷、炭烤节瓜、干贝、百里香、茉利菇镶鹅肝、帕尔玛火腿、圣女番茄、生菜、哈密瓜、牛肉高汤冻，金箔、三角卷等。

做法｜将菠菜薄饼包入红酒田螺备用。炭烤节瓜与煎熟的干贝以百里香串成干贝塔。将哈密瓜挖成球状。

摆盘方法

将圣女番茄、生菜摆放于带有柔和花卉图案的圆盘中央，堆叠出角锥状的高度。

在生菜周围，围绕摆放烟熏鲑鱼卷、菠菜田螺包、干贝塔、茉利菇镶鹅肝、帕尔玛火腿，以及哈密瓜球等食材。

在茉利菇镶鹅肝旁加入牛肉高汤冻，丰富口味与色彩变化。

将金箔撒在鲑鱼卷上，并放上三角卷，摆盘即告完成。

Tips

摆盘顺应食器纹饰，取五角形构图摆放多种食材，由于食器本身已具有美丽花饰，盘内亦使用缤纷色系的食材作为呼应。

应用食器既有图案
取代画盘

料理长　羽村敏哉
羽村创意怀石料理

烤胡麻豆腐

食器特色：

1. 漆器材质能衬托食材质感，仿佛无形间打上一层自然光。
2. 直接利用食器上的线条图案，取代酱汁画盘，可达到近似的视觉效果，但呈现上则又更加简洁雅致。

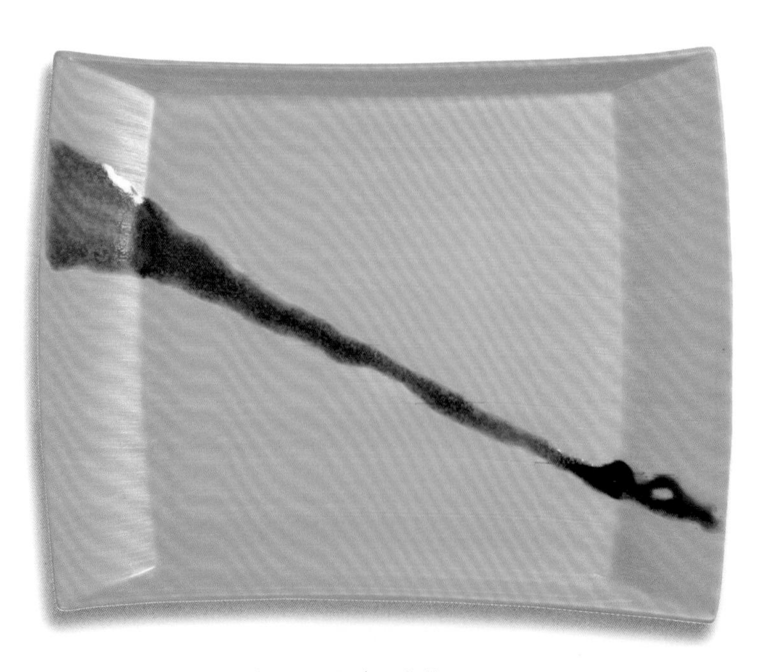

餐具哪里买 | 日本进口

材料｜水、葛粉、胡麻酱、秋葵、海胆、山葵、樱花叶、日式酱油等。

做法｜以六比一的比例将水与葛粉混合，加胡麻酱熬煮四十分钟，成形后烤为胡麻豆腐。

摆盘方法

把盘中的线条图案当作参考线，在其上方放入一片樱花叶，接着叠放一块胡麻豆腐。

在胡麻豆腐上方叠放上五片海胆，铺满胡麻豆腐。

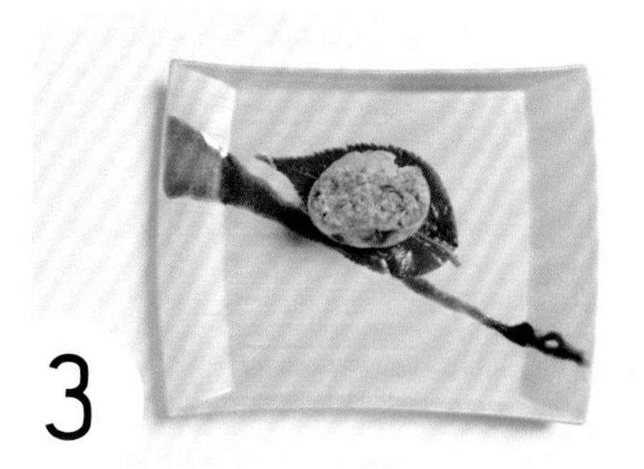

海胆上方，再叠上一层剁碎的秋葵。

从上方浇淋上日式酱油，使酱汁自然流动，量不需过多。接着将樱花叶覆盖在食材上方，并在盘饰线条的右下方放上山葵即告完成。

Tips

以樱花饼为发想概念，上下以樱花叶包裹，除了赋予淡雅香气之外，更让掀开享用时，多了兴奋和期待感。

顺应食器造型，简单表现立体盘景层次

主厨　许汉家
台北喜来登大饭店 安东厅

海鲜派佐龙虾酱汁配胡麻风味鲜蔬

食器特色：

1. 具波浪造型的下凹白盘，外形曲线的幅度小，线条柔和，可搭配海鲜食材料理。
2. 盘中为正圆形，空间充裕，摆盘时的构图变化不受局限。
3. 虽具特殊造型，但不过分花哨，除了西餐料理，此食器也可应用于中餐，十分实用。

餐具哪里买 | 昆庭

材料｜菠菜酱汁、红甜菜酱汁、红甜椒酱汁、马铃薯泥、龙虾酱汁、干贝、鱼浆、四季豆、胡麻酱、香菇、四季豆、红甜椒等。

做法｜把干贝和鱼浆以料理机打成泥，过筛做出白色海鲜派；加入菠菜可做绿色海鲜派。

摆盘方法

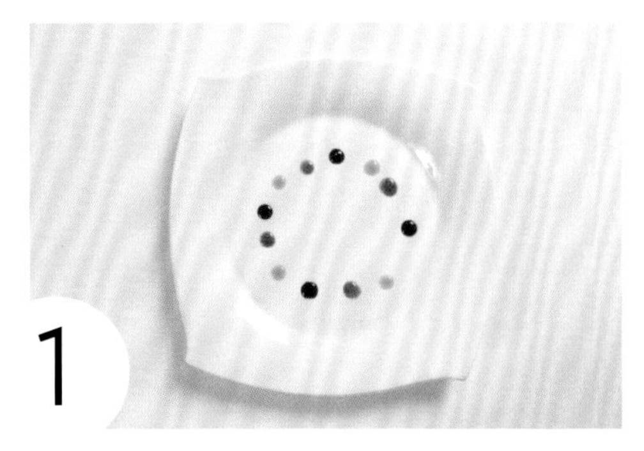

利用红甜菜酱汁、菠菜酱汁、红甜椒酱汁在圆盘内依序滴出间距相同的环状。

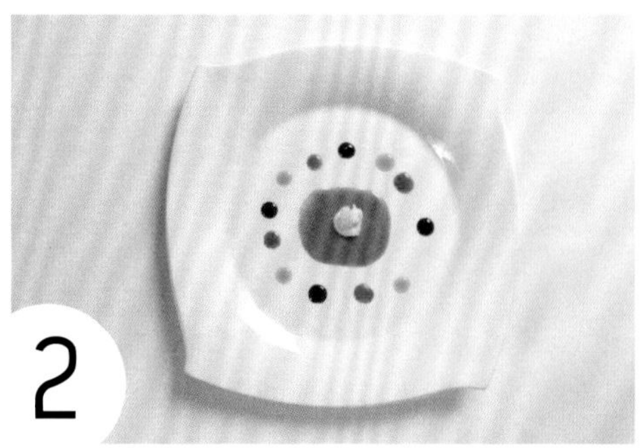

环状三色酱汁中心，放入一小球马铃薯泥并铺平，作为固定主菜海鲜派的基座。三色酱汁与马铃薯泥之间加入一圈龙虾酱汁。

把白色和绿色的海鲜派放在马铃薯泥上，再放上切成长条状的香菇、红甜椒、四季豆等。

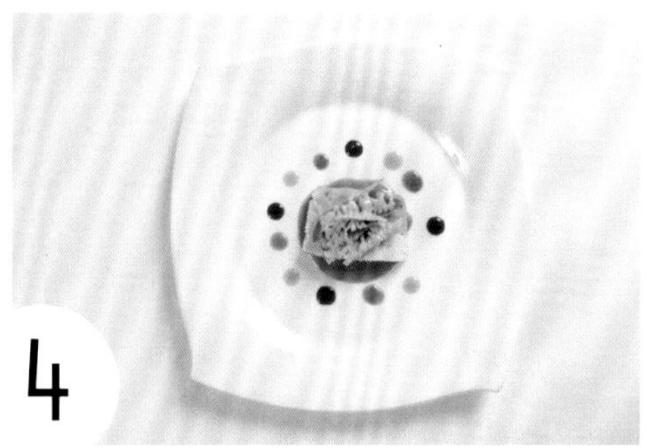

最后淋上胡麻酱提味即告完成。

Tips

此类食器盘缘升起，但盘中下凹，摆盘时可加入立体堆叠的效果，呈现上下起落的节奏。

有深度的食器，强调中央焦点效果

主厨 Olivier JEAN
L' ATELIER de Joël Robuchon

炙烧鲍鱼缀南瓜慕斯及洋葱卡布奇诺

食器特色：

1. 食器本身具有旋涡般的波纹，逐渐向盘中前进，具有视觉上的流动感。
2. 中央下凹的部分具有深度，提供大面积的盘面留白。

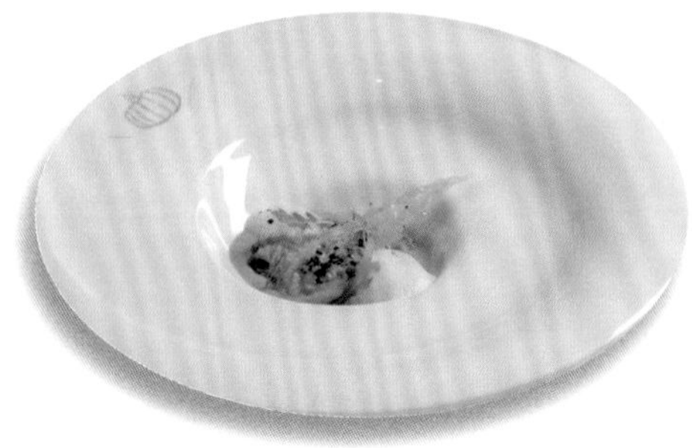

餐具哪里买 | Bernardaud

材料｜鲍鱼、南瓜、块状奶油、鲜奶油、洋葱卡布奇诺、天妇罗粉、芝麻叶、莳萝、胡椒粉、辣椒粉、姜、虾夷葱等。

做法｜天妇罗粉加水调匀于烤盘纸画出水滴状，撒上胡椒粉与辣椒粉，炸至双面金黄，冷却后剥离使用。将南瓜切半以锡箔纸包覆后放入烤箱烤制，取出后加入块状奶油与鲜奶油打匀混和成浓汤，打发制成南瓜慕斯；将带壳鲍鱼清洗后放入冷清水煮至小滚，移开火炉后包覆保鲜膜使其闷煮至水降温变冷，去壳加姜、虾夷葱以奶油煎至入味即告完成。

摆盘方法

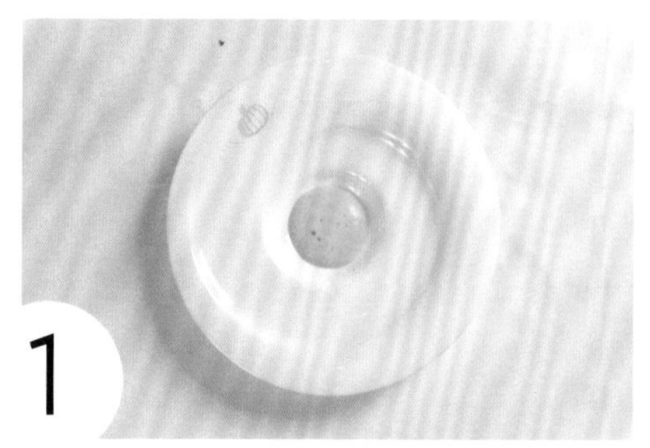

在汤盘的盘面以酱汁瓶描绘出南瓜的图案，呼应食材；并于盘内放入南瓜慕斯，分量大约覆盖住圆盘中心即可。

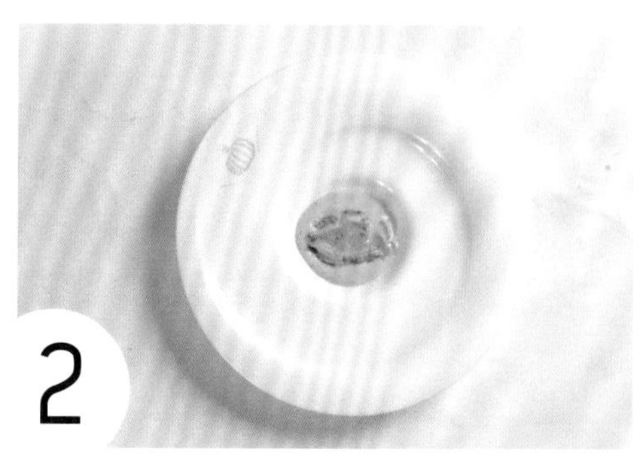

炙烧鲍鱼顺着食材纤维斜切三块，浸入南瓜慕斯，淋上加姜与虾夷葱烹调后的奶油。

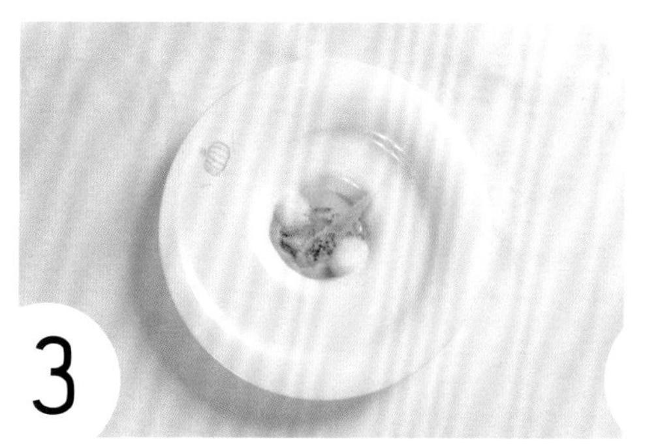

以汤勺轻轻地在南瓜慕斯上放入两球洋葱卡布奇诺，摆放位置在鲍鱼两侧。并斜插入天妇罗片，创造构图盘景的立体高度。

利用莳萝和芝麻叶造型看似海藻的特性，作为摆盘装饰，搭配鲍鱼此一海鲜食材创造海洋里海藻飘摇的意象。

Tips

由于食器具有深度，因此摆放在圆盘中心的食材，可以让它稍高、色彩鲜明，或加入材质特色以营造焦点，让整体盘景显得更有精神！

三角对称，
低中高变化摆盘层次

主厨　蔡明谷
宸料理

霜烫奶油龙虾

食器特色：

1. 带有纹理的三角盘，可以拉出视觉上的三点对称，让画面能平衡且有张力。
2. 盘子带有半透明材质，适合搭配海鲜或冷菜料理。
3. 运用三角造型食器，可将摆盘焦点置于顶角，让其距离食用者较远，稍近的两角，则可摆放其他前菜或其他佐料，从前至后暗示食用的重要性与顺序。

餐具哪里买 | 昆庭

材料 | 龙虾、马铃薯泥、龙虾酱汁、鱼子酱、茗荷丝、鲑鱼卵、樱桃萝卜、奶油、小黄瓜、黄卷生菜、紫色生菜等。

做法 | 将龙虾肉取出，水中加入大量奶油，将龙虾头煮熟，龙虾肉切片汆烫，开始进行龙虾塑形。在圆形模具外围交叠贴上小黄瓜薄片，将黄卷生菜以手塑为圆形放入中央，上层铺放上紫色生菜，最后塞入烫熟龙虾肉，淋上龙虾酱汁，即可进行摆盘。

特色造型的食器搭配法 | 技法 57 特别造型食器的摆盘

模拟生活情境的雪茄烟灰缸摆盘

主厨 Clément Pellerin
亚都丽致大饭店巴黎厅 1930

特制鸭肝酱佐龙眼糖衣

食器特色：

1. 主厨本身有抽雪茄的兴趣，因此搭配巴黎厅 1930 实际使用的雪茄烟灰缸进行摆盘。
2. 以使用实际的烟灰缸作为食器，摆盘的设计上就要使料理更贴近主题，在有限的盛盘空间中，表现出雪茄、烟灰的情境。

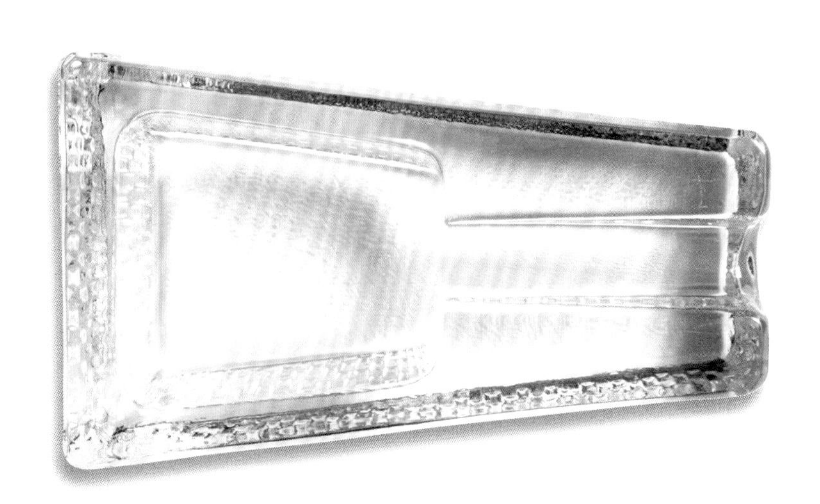

餐具哪里买 | 订制的巴黎厅 1930 雪茄烟灰缸

材料 | 鸭肝酱、龙眼、树薯粉、竹炭粉、葡萄籽油。

做法 | 烟灰粉末的做法是将龙眼壳泡入葡萄籽油，再与树薯粉混和调制，最后加入竹炭粉调配出浅灰色，模仿雪茄烟灰。雪茄则是以龙眼糖衣塑形，再注入鸭肝酱制作而成。

炊烟阵阵，现场感十足的食器摆盘秀

主厨 徐正育
西华饭店 TOSCANA 意大利餐厅

巴罗洛酒桶木烟熏美国干式熟成老饕牛排

食器特色：

1. 以可呈现熏烤炊烟的网架取代餐盘，让效果于上桌时显现，增添现场感。
2. 透过网架的摆盘方式，加深肉品烟熏、烧烤的印象，视味合一，极具特殊魅力。

餐具哪里买 | 进口餐具商

材料 | **美国干式熟成牛排、牛肉酱汁、海盐、圣女番茄、小胡萝卜、紫萼等。**

做法 | **将美国干式熟成牛排烤至三分熟后备用，将圣女番茄、小胡萝卜、紫萼烤熟后，与牛排进行摆盘；底部以熏烤的方式呈现。**

特色造型的食器搭配法 | 技法 57 特别造型食器的摆盘

扬起风帆，驶向大海的小船

料理长 五味泽和实
汉来大饭店 弁庆日本料理

扬物

食器特色：

1. 如扬起风帆的小船造型，强调食材的新鲜感，为视觉带来具有张力的表现。
2. 由于食器本身具有立体提把，摆放简约食材也能简单呈现立体感。
3. 六角形盘比起长方形盘，更为有趣且有变化，与盘中圆形扬物共构画面的协调感。

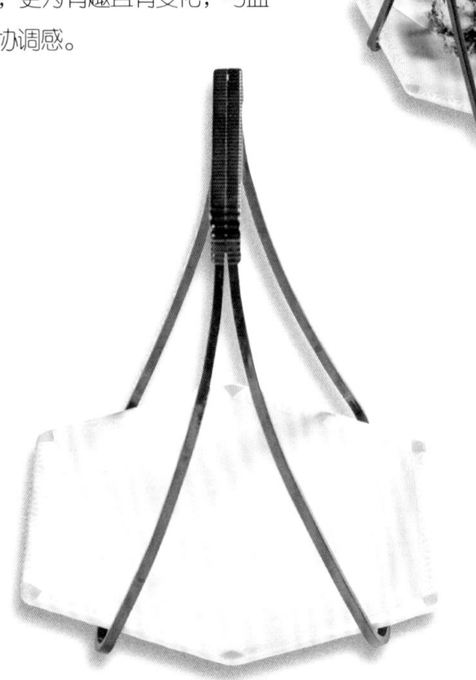

餐具哪里买 | 日本进口

材料 | 帆立贝、鲷鱼、柴鱼、面扇扬、葱、柴鱼、辣椒等。

做法 | 将鲷鱼皮包裹现削柴鱼、葱、鲷鱼肉泥后油炸，即可进行摆盘。

双层食器，营造剧场般的生动画面

副教授　屠国城
高雄餐旅大学餐饮厨艺科

蟹肉蔬菜塔

食器特色：

1. 双层食器特别适合用于强调主食材与配菜的关系，相互衬托。
2. 双层食器本身即能制造出高低落差的层次美感。
3. 不只是规矩的方盘，双层食器的上层塑造如同纸张的柔软感，中间凹陷部分用来摆放食材，摆盘时可以分割出上下不同的印象与情境。

餐具哪里买 | 金如意餐具

材料 | 螃蟹、红椒、洋葱碎、西芹碎、美乃滋、盐、胡椒、莴苣叶、红酸模、绿卷须、橄榄油醋、鸡尾酒酱汁、鱼肉冻、圣女番茄、金莲花叶、三色堇、波斯菊花瓣、虾夷葱、紫苏花枝等。

做法 | 将螃蟹蒸熟，拆肉，拌入美乃滋、洋葱碎、西芹碎、盐及胡椒调味。红椒烤后去皮，与蟹肉一同放入长形模具中堆叠，淋上鱼肉冻，制成蟹肉塔。将配菜拌入橄榄油醋。

摆盘方法

将鸡尾酒酱汁以整齐排列的方式滴落在双层食器的下层。

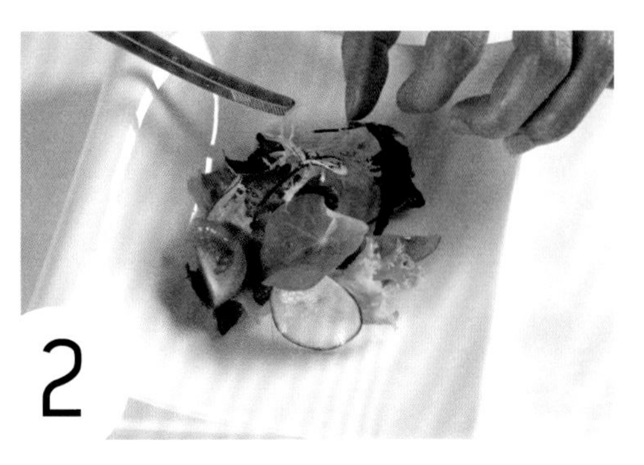

将莴苣叶、绿卷须等生菜放在双层盘的上层，再放入圣女番茄、 红酸模、金莲花叶、三色堇、波斯菊花瓣、虾夷葱，使上下层形成强烈的对比色调。

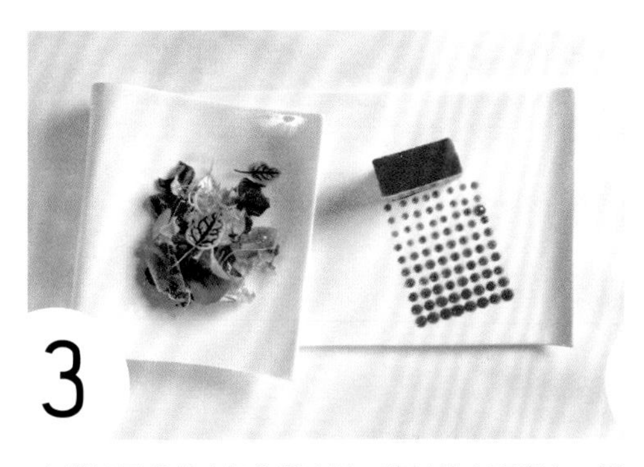

在酱汁画盘前方加入蟹肉塔，使其站立于盘中，呼应左侧生菜的高度。

于蟹肉塔上放上紫苏花枝点缀，再用虾夷葱交叉装饰，呈现立体感，翠绿的虾夷葱将上下层盘面的整体色调连接在一起，勾勒出绿中带橘，橘中掺绿的趣味视觉。

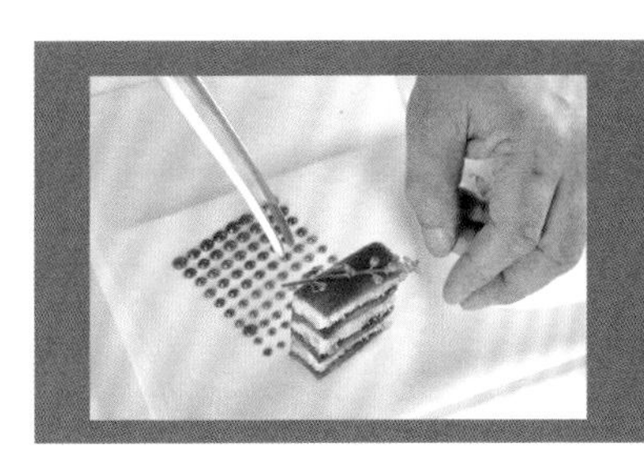

Tips

此摆盘的趣味在于，双层食器本身即具有一定的高度，而蟹肉塔则搭配鲜明红色的酱汁，让酱汁像是蟹肉塔的影子一般。

应用食器与烟雾 模拟临场料理情境

主厨 詹升霖
养心茶楼

咖哩烧若串

食器特色：

1. 烤盘作为烧烤料理的食器选配再适合不过，一眼便能了解摆盘的重点。
2. 烤盘下层有置放内容物的空间，使摆盘设计的应用具有更多可能。
3. 食器本身具有一定高度，简单呈现高耸大气的料理气势。

餐具哪里买 | 昆庭

材料 | 杏鲍菇、白芝麻、咖哩粉、蚝油、白糖、太白粉、咖哩酱汁等。

做法 | 将杏鲍菇切为块状以热水煮 5 分钟后浸入冷水增加其口感，捞起挤干多余水分，加入咖哩粉、蚝油、白糖、太白粉等调味料腌渍一天；约三个一串放入油锅炸至定形，再加咖哩酱汁烘烤入味即可。

摆盘方法

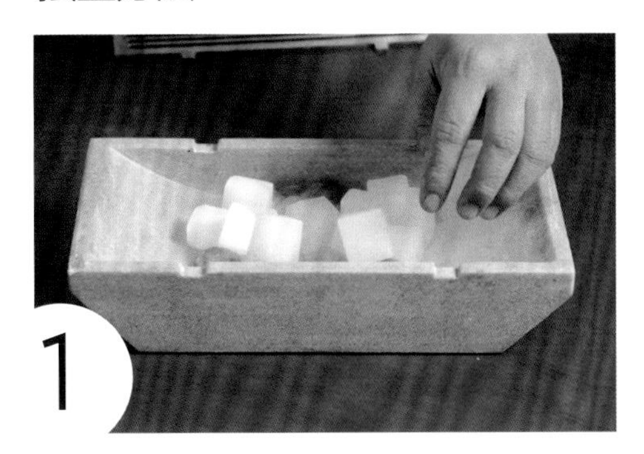

烤盘内放入些许小石头与干冰至九分满。

加入热水使烟雾弥漫，干冰的效果呼应了烤肉的烟雾。

烤盘上方放置 5 ~ 6 根烤制完毕的咖哩烧若串，以金字塔造型堆叠出立体摆放。

于咖哩烧若串顶端撒适量白芝麻，完成此道摆盘。

除了食器本身以烤盘为造型外，干冰为此道摆盘技法的一大要点，放入烤盘内加入热水才会使烟雾尽显，而烤盘上头的烧若串若采平铺摆放，气势上就会感觉稍弱了。

透明食器显鲜爽，保持水分不风干

主厨 林凯
汉来大饭店 东方楼

和风亲子鲑鱼沙拉

食器特色：

1. 以纯白瓷器映衬出生菜与鲑鱼的翠绿和粉嫩，而透明食器亦可赋予前菜清爽感，两者创造出一加一大过二的视觉效果。
2. 将红酒杯作为盖碗使用，能直接看见生菜的新鲜与质地，并且具有锁住水分，不让其与空气接触，保持生菜爽脆的重要功用。
3. 不需额外选购，利用原有餐具相互搭配，可做出多样性的丰富组合。

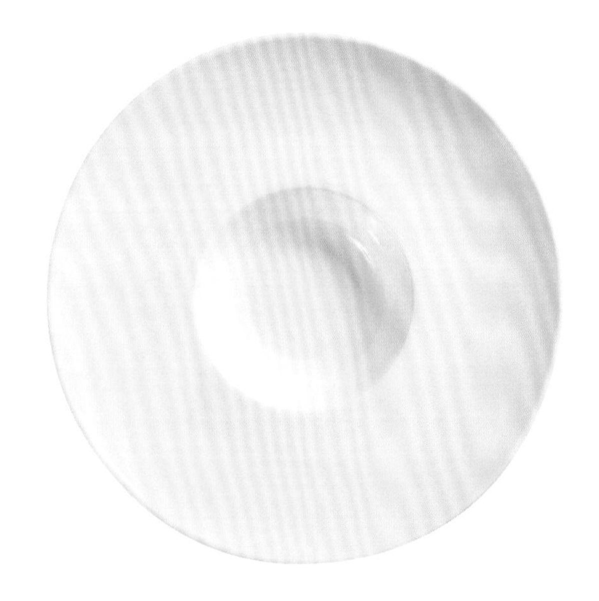

餐具哪里买 | 一般餐具商行

材料｜鲑鱼片、酸豆、巴萨米克黑醋、综合生菜、和风沙拉酱、鲑鱼卵。

做法｜将鲑鱼片以卷曲的方式卷成鲑鱼卷，收口处留些空间摆放鲑鱼卵，即可进行摆盘。

摆盘方法

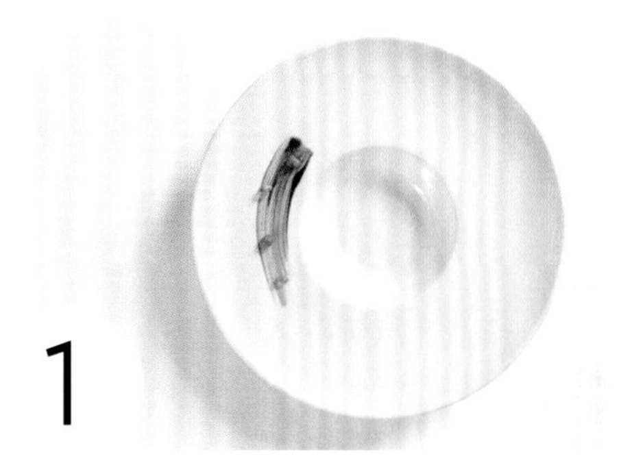

1

在圆形汤盘的盘边使用巴萨米克黑醋以刷子画盘，再交错放上酸豆及鲑鱼卵。

2

盘中铺上生菜，以顺时针螺旋状，层层叠叠的方式摆放，表面尽可能保持平整，以利后续铺放操作。

3

将卷曲的鲑鱼卷放在生菜正中间，点出视觉的亮点。

4

鲑鱼卷收口处堆放鲑鱼卵，浇淋上和风沙拉酱，最后盖上红酒杯摆盘即告完成。

融会大小食器，创造盘景立体感

主厨　许汉家
台北喜来登大饭店 安东厅

海洋之舞

食器特色：

1. 小高粱酒杯适合装盛小分量的轻食或酱汁，应用于多食器组合的变化，可轻易带来立体感。
2. 镶金圈玻璃小杯呈现较为宽幅的口径，玻璃材质适合搭配剔透的冻酱类食材，表现透光的视觉效果。
3. 正四方造型的白盘，具有利落工整的视觉效果，利于呈现对称的盘景构图。

餐具哪里买 | 俊欣行

材料｜牡丹虾、红鲋鱼卷、烟熏鲑鱼卷、生蚝、干贝、夏季松露、洋葱碎、松露橄榄油、松露酱汁、柴鱼冻、鱼子酱、乌龙茶末、巴萨米克黑醋、柠檬冰沙、柠檬皮、菠菜、香柚酱等。

做法｜干贝塔塔的做法，是以干贝切细丁加夏季松露、洋葱碎、松露橄榄油及松露酱汁，带出干贝的鲜甜，口感富有嚼劲。

摆盘方法

以方盘四边的中点为起点，以巴萨米克黑醋画出旋涡状的十字曲线。

将红鲋鱼卷以菠菜铺底排放于方盘一角；将干贝塔塔放入高粱酒杯，置于另一角；镶金圈玻璃杯中摆放柴鱼冻铺底的生蚝，也置于方盘的一角。

将烟熏鲑鱼卷对称摆放于方盘最后一个角，并于方盘中心摆放十字交叠的牡丹虾。

在红鲋鱼卷顶端放上鱼子酱，镶金圈玻璃杯上方加入柠檬冰沙与柠檬皮，松露刨丝轻撒于干贝塔塔上，轻撒乌龙茶末，放上生菜、红酸模等，淋上主厨招牌特制香柚酱加强色彩层次即告完成。

Tips

结合多种食器的技法，通常具有一定的立体高度，故让鲑鱼卷站立，并对称摆放两个杯器，维持盘景高度的平衡。

活泼奔放的
多食器混搭表现

主厨 詹升霖
养心茶楼

脆笛金丝卷

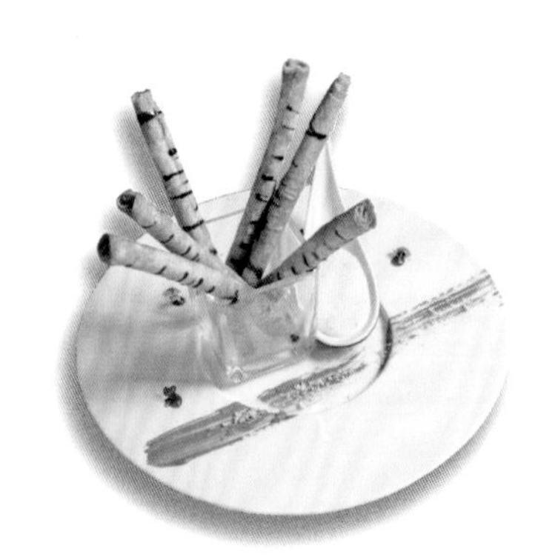

食器特色：

1. 中间下凹的白色圆盘，可集中食材摆放位置，并带出细微的高低落差的层次变化。
2. 水滴状中式汤勺，也可当作味碟使用，其流线造型能轻易在摆盘中加入现代感。
3. 小透明方杯，由于其深度浅，一般常用于装盛酱汁或其他小菜。

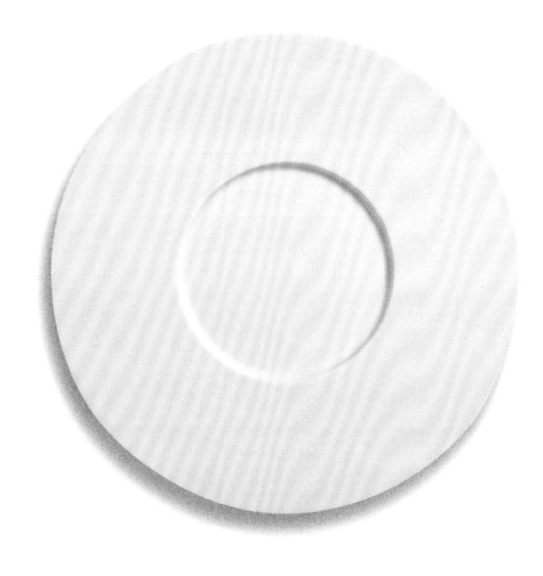

餐具哪里买 | 昆庭

材料｜春卷皮、金针菇、胡萝卜丝、笋丝、香菇丝、蚝油、巴萨米克黑醋、竹炭粉美乃滋、杏仁粉、草莓酱、紫高丽菜苗、蜂蜜芥末酱等。

做法｜金针菇、胡萝卜丝、笋丝与香菇丝一同以蚝油炒熟，冷却后用春卷皮卷起，油炸成金黄色即为脆笛金丝卷。

摆盘方法

脆笛金丝卷淋上巴萨米克黑醋，以树枝状为概念摆入小方杯。

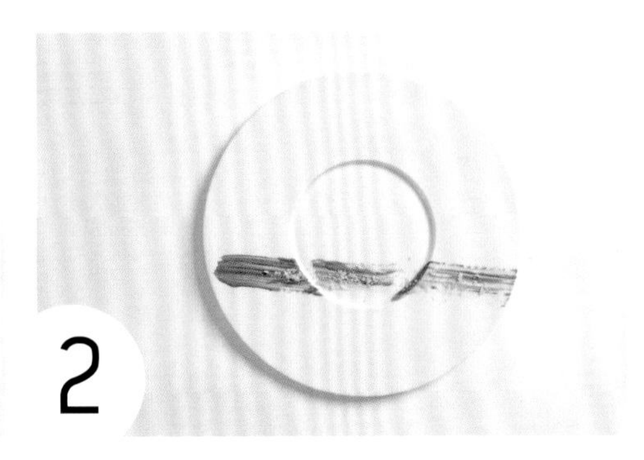

用刷子于白色圆盘下半部画出一道竹炭粉美乃滋画盘，并轻撒少许杏仁粉点缀。

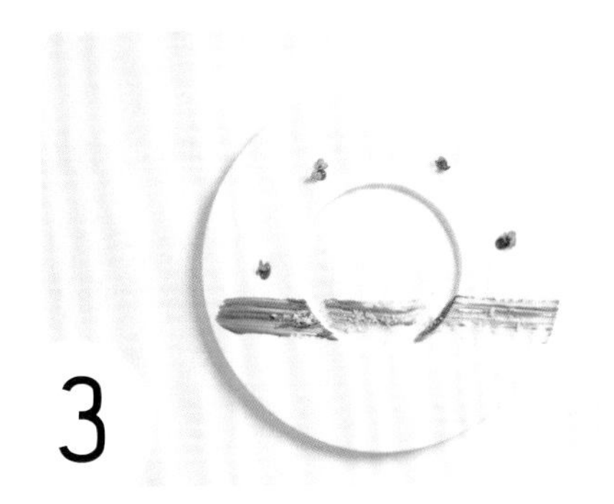

围绕着白色圆盘上半部挤出四堆点状草莓酱，放上紫高丽菜苗，仿造完整的草莓形象。

将蜂蜜芥末酱放入水滴状汤勺，以白色圆盘为底盘，将脆笛金丝卷和蜂蜜芥末酱并肩排列放入白盘的竹炭粉美乃滋上方。结合多元食器以及摆盘技法，一道点心也能展现无限趣味。

Tips

除了应用三件不同的食器，脆笛金丝卷摆放的位置，亦会影响摆盘的效果；大角度的展开摆放，则可让整体摆盘看起来更有活力。

不同食器搭配，联映中西风采

主厨 Angelo Agliano
Angelo Agliano Restaurant

酥脆鼠尾草香料羊肩与热炒高丽菜

食器特色：

1. 螺旋盘纹的墨黑色食器，存在感强烈，亦带有些许东方气质。
2. 光滑亮白的小白瓷锅，视觉较为轻盈。
3. 同时应用较大的黑色锅具与小巧瓷锅，区隔主菜与配菜之分别。
4. 两锅器置于同一托盘上，可以互有先后的角度为摆盘带来变化。

材料｜奶油、杏仁粉、鼠尾草、面包粉、盐、黑胡椒、炒高丽菜、羊肩肉、起司、茄泥、葱碎等。

做法｜将奶油、杏仁粉、鼠尾草、面包粉、盐和黑胡椒倒入果汁机中打匀，倒于一平盘中压平，用圆形模具压出圆片，即可制成鼠尾草酥皮。将羊肩肉、起司与酥皮放入烤箱烤至酥皮浓绿后即告完成。

摆盘方法

将茄泥铺排于黑锅底部。

放上软嫩羊肩肉。

在羊肩肉上覆盖起司，白瓷锅中放入炒高丽菜。

将鼠尾草酥皮覆盖于羊肩肉与起司上后，放入烤箱，将酥皮烤至浓绿上色。

高丽菜上撒入些许葱碎，亦可呼应鼠尾草酥皮的绿色。

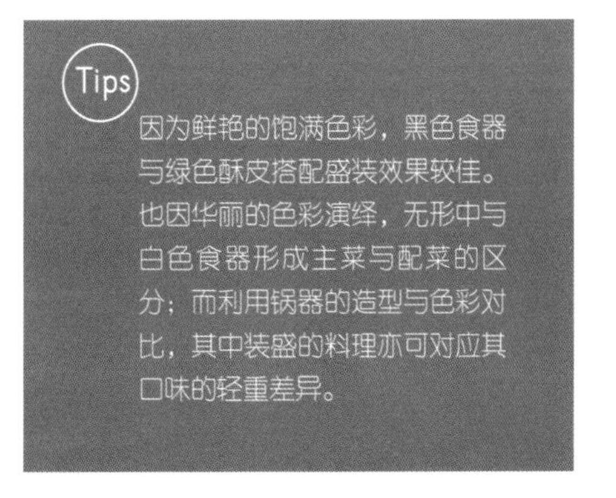
Tips

因为鲜艳的饱满色彩，黑色食器与绿色酥皮搭配盛装效果较佳。也因华丽的色彩演绎，无形中与白色食器形成主菜与配菜的区分；而利用锅器的造型与色彩对比，其中装盛的料理亦可对应其口味的轻重差异。

食器所含空间寓意，将摆盘分为三个区域

主厨 Angelo Agliano
Angelo Agliano Restaurant

嫩煎小卷佐鹰嘴豆泥与墨鱼酱汁

食器特色：

1. 瓷盘以人字分割，将白瓷盘写意地划分为三个区块，其造型仿若学生时期令人怀念的营养午餐盘。
2. 分割的主要作用是可将主食材与不同佐料、配菜隔开，方便食客选用。
3. 区块之间的摆盘虽可各自区别，但仍需注意整合彼此调性，可运用色彩或食材相互连接。

材料｜小卷、胡椒、盐、墨鱼酱汁、鹰嘴豆、奶油、鹰嘴豆泥、芝麻叶、番茄粉末等。

做法｜将煎锅加热，放入小卷将其煎至上色，撒上胡椒和盐调味，用长镊子夹取章鱼脚部，以拆解组构方式放至小管内，外部留有韧质软须，在视觉上仍保有小卷的完整。完整的鹰嘴豆加入适量奶油和水，佐以胡椒及盐调味。

摆盘方法

用不同汤勺取鹰嘴豆、墨鱼酱汁与鹰嘴豆泥，在三个不同的区块以拖曳拉放式围塑出长条形状。

把小卷放入盘中。

加上略带苦味的芝麻叶。

撒上橘黄色泽的番茄粉末，突显增色之余，亦与嫩煎小卷的酥黄口感相得益彰。

Tips

此类食器，除了可以用于前菜或开胃菜，也可以用于主菜与配菜的摆盘。不过由于各区块的空间大体相同，某种程度上摆放的位置已被限制，等于是在单一盘面里思考三种变化！

食材分开摆放，突显料理本身特质

主厨 许雪莉
台北喜来登大饭店 Sukhothai

绿咖哩米线

食器特色：

1. 温润绿的食器色系，不论深色或浅色料理，皆可简单搭配，并替料理注入浓郁的传统泰式气息。
2. 带有把手的汤锅，其温绿色与素雅简单的造型，自然传达出温暖的意象。食器为亮眼的配角，但不抢汤品本身的焦点。
3. 芭蕉叶小长盘，具有泰国民俗意象，芭蕉叶为泰国常见食器，适合盛装配菜或小点心。

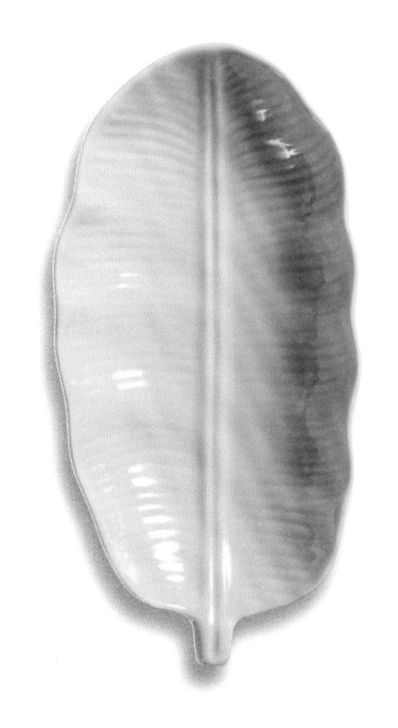

餐具哪里买 | 泰国进口食器

材料 | 辣椒、香茅、南姜、红葱头、大蒜、虾酱、椰浆、泰国茄子、九层塔、鱼露、鸡肉或牛肉、泰式米线、香菜等。

做法 | 先将辣椒、香茅、南姜、红葱头、大蒜等打碎，加入些许虾酱拌炒，再与椰浆以小火同煮，放入泰国茄子、九层塔、鱼露等，最后放入鸡肉或牛肉一同熬煮即为泰式绿咖哩。泰式米线汆烫后置于旁，待食用时淋上咖哩酱即可。

摆盘方法

将炖煮完成的泰式绿咖哩放入绿锅中，黄绿色调形成一股温润的意象。

在绿咖哩中心表面以椰浆淋画出一圈白色，并在其中轻放九层塔及辣椒，制造出轻重色彩的变化。

将烫熟后的泰式米线卷成三球，独立摆放于垫上芭蕉叶的叶形盘上，米线上点缀香菜及辣椒跳色，待食用时淋上咖哩酱即可。

Tips

因咖哩本身缺乏视觉重心，故采取食材的分开放置，并以椰浆、九层塔与辣椒突显焦点，简单点缀即可带来料理的精致感。

以粗糙质地
烘托细嫩食材

料理长　羽村敏哉
羽村创意怀石料理

伊势龙虾

食器特色：

1. 日本食器的新风格，带有浓厚现代感，为视觉营造崭新氛围。
2. 深色陶盘表面具有粗糙温和的质感，搭配浅色质地细致的食材，更能衬托料理之美。
3. 盘上线条能让视觉聚焦，表现料理的立体感及魅力。
4. 中间略凹的盘形设计，装盛有勾芡高汤的料理时，不易流淌晃动，有助于呈现汤汁透明纯净的琉璃质感。

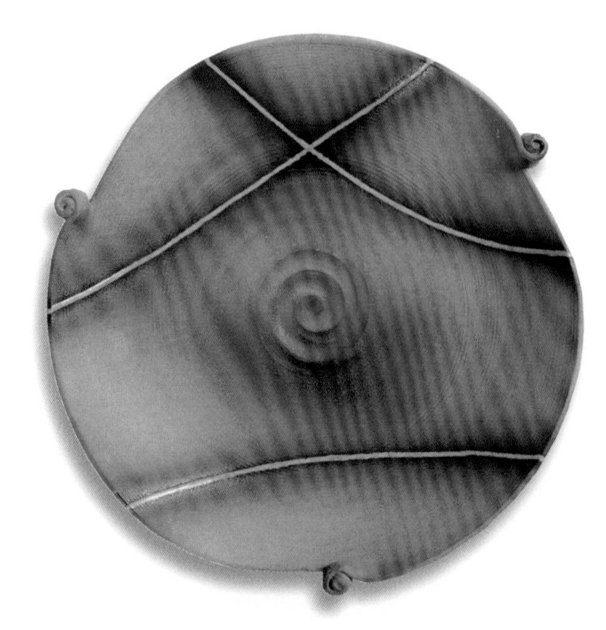

餐具哪里买 | 日本进口

材料｜龙虾、颜色较浅的高汤、山葵、蟹味噌、柚子皮等。

做法｜将龙虾去壳切块后，放入颜色较浅的勾芡高汤中烫至全熟（约三分钟）。

摆盘方法

在盘中央以堆叠的方式放入烫熟的龙虾肉。

缓缓浇淋上勾芡高汤后，顶端放上一小团山葵跳色，并撒上柚子皮。

在顶部放上蟹味噌，即完成摆盘。

Tips

搭配颜色较浅的勾芡高汤，以免改变龙虾本身原色，且勾芡可抓住凹凸纹理，让龙虾口感更软嫩滑顺。

木器提升
料理田园气息

行政主厨　陈温仁
三二行馆

芦笋蟹肉佐鱼子酱

食器特色：

1. 木器天然的纹理与色泽赋予食物温润自然的心理印象。
2. 此类食器能在上菜时带来不同的气氛，尤其适合盛装分量小、摆盘精细简约的前菜或蔬食。
3. 此款食器不规则的形状，具有原始粗犷的豪迈感，因为造型较小，在摆盘的应用上较为困难。

餐具哪里买 | 日本进口

材料｜绿芦笋、蟹肉、鱼子酱、番红花酱、海藻胶、莳萝、紫苏、食用花等。

做法｜绿芦笋切成两段，上段的芦笋尖氽烫后冰镇，下段的芦笋以刨刀刨成薄片，氽烫冰镇后，包裹已蒸熟放凉的蟹肉，制成蟹肉卷。另使用晶球模具，用海藻胶、番红花酱等制作番红花晶球。把紫苏切成大小不同的圆片。

摆盘方法

摆放是紫苏圆片。

在紫苏上放上番红花晶球和莳萝。

在蟹肉卷上点缀食用花瓣，摆放在中间。

在芦笋尖上放上鱼子酱，并以莳萝、食用花瓣点缀，摆放在边上。

原始年轮盛盘，满溢自然野味感

主厨 詹升霖
养心茶楼

咖哩烧若串

食器特色：

1. 年轮圆盘其粗犷原始的质感无须过多装饰，轻易就能表现天然野味感。
2. 圆盘于一般构图上较不受局限，烧若串与竹叶仅需交叉堆叠即呈现摆盘的完整性。
3. 适合运用于烧烤类的深色料理。

餐具哪里买 | 昆庭

材料｜杏鲍菇、白芝麻、咖哩粉、蚝油、白糖、太白粉、咖哩酱汁、梅汁萝卜等。

做法｜将杏鲍菇切为块状以热水煮 5 分钟后浸入冷水增加其口感，捞起挤干多余水分再度加入咖哩粉、蚝油、白糖、太白粉等调味料腌渍一天；约三个一串放入油锅炸至定形，再以咖哩酱汁烘烤入味即可。

摆盘方法

1

将长度约为圆盘直径的竹叶横摆于中间。

2

取两支咖哩烧若串与竹叶交叉摆放，呈现立体高度。

3

在咖哩烧若串上撒上白芝麻。

4

以竹签串起两颗梅汁萝卜摆在边上。

Tips

取树木横切面的年轮造型作为盘面纹饰，在料理下方，再加入一片竹叶，不仅可以加强料理的自然气质，亦有画龙点睛的效果。

木质食器融会蛋糕，创造森林系情景

主厨 Clément Pellerin
亚都丽致大饭店巴黎厅 1930

主厨特制黑森林

食器特色：

1. 使用天然的树皮作为食器，深色且凹凸不平的表面，让料理充满了树木的况味。
2. 食器表面凹凸，不适合进行画盘的表现，但有助于固定食材，运用凹凸位置进行堆叠摆放。
3. 表面充满树木的自然纹理，少分量的摆盘，盘面亦不会显得太过空洞。

餐具哪里买 | 特别订制

材料｜70% 黑巧克力、樱桃果冻、樱桃酒冰淇淋、杏仁枫糖、巧克力薄片、巧克力海绵蛋糕、樱桃酱、红酸模等。

做法｜以 70% 黑巧克力制作成巧克力慕斯后，外层以樱桃果冻包覆，即为仿制樱桃。

摆盘方法

将以巧克力慕斯与樱桃果冻仿制的樱桃摆放于木盘左侧。

手撕巧克力海绵蛋糕三块，以三角形构图。挤入樱桃酱。

在海绵蛋糕周围撒入杏仁枫糖，放入三片红酸模点缀。

在木盘中放入一个卵形的樱桃酒冰淇淋，并将巧克力薄片同样以三角构图的方式摆入，带入不同造型的食材，且呼应树皮质感，即完成摆盘。

漆器衬出光泽，打造艺术品料理

料理长　羽村敏哉
羽村创意怀石料理

柚子豆腐

食器特色：

1. 漆器带有光泽，可映衬食材轮廓。
2. 装盛汤品时，可恰如其分地赋予料理自然暖意。
3. 搭配浅色食材更添其色泽，色彩对比可带出宛如艺术品般的半透明光感。

餐具哪里买 | 日本进口

材料 | 柚子豆腐（水、葛粉、柚子皮）、马头鱼、芦笋、鲣鱼高汤等。

做法 | 柚子皮放入以五比一调和而成的水与葛粉中搅拌，约略成形后，以保鲜膜包裹，入锅内蒸透备用。搭配汆烫后的马头鱼，放上芦笋丝后淋上高汤即可。

特殊材质的食器搭配法 | 技法 64 竹篮的摆盘

瓷竹共室，新旧交揉的餐桌风景

主厨 许雪莉
台北喜来登大饭店 Sukhothai

椰香糯米球

食器特色：

1. 竹篮常用于盛装小点心或传统料理，能够有效地使料理带有朴素与复古的气质。
2. 竹篮下方可再搭配一个稍大的有色瓷盘，透过两种食器的组合，让上桌时摆盘的分量感显得更为饱满。
3. 淡黄色的瓷盘同样具有传统民俗气息，并可简单适合搭配多色的料理，让摆盘整体表现出淡雅清新的形象。

餐具哪里买 | 泰国进口

材料 | 糯米粉、南瓜、白芋头、芭蕉叶、椰糖、椰子肉、椰子粉等。

做法 | 糯米球的外皮有三种颜色，分为三种口味：黄色是以糯米粉揉入蒸熟的南瓜肉，白色是将蒸熟的白芋头揉入糯米粉中，绿色是以打成汁的芭蕉叶上色。包入以椰糖及椰子肉煮滚制成的内馅，滚上白椰子粉即可。

富有大地意象，轻松跳色的食器应用

行政主厨 陈温仁
三二行馆

地瓜乳酪佐抹茶冰淇淋

食器特色：

1. 由于此料理主题为地瓜，搭配呼应大地纹理的岩盘，在意象上颇为契合。
2. 不规则的食器表面，带有粗犷感。
3. 黑色可与食材互为对比，跳色容易。

材料｜台湾黄地瓜、白糖、奶油、奇异果泥、面粉、抹茶粉、覆盆子酱、话梅、奶油起司酱、抹茶冰淇淋、草莓、巧克力饼干粉等。

做法｜将台湾黄地瓜烤熟后加入白糖与奶油调奶油搅拌为泥状，再以手捏塑成球状。将加入奇异果泥、抹茶粉、覆盆子酱与话梅的面糊烤干后塑形，即制成叶片脆饼。

摆盘方法

在岩盘中央取对角线，以八字法顺着对角线在岩盘上挤出奶油起司酱。

将地瓜泥球放在奶油起司酱的左右侧，对切的草莓亦以同样方式交错摆放。

红、绿叶片脆饼交错插入奶油起司酱或地瓜泥球，让叶片脆饼的摆放，表现出“向上长”的自然态势。将巧克力饼干粉集中撒在岩盘右上方，并放入 2 ~ 3 块叶片脆饼平衡盘内构图。

在巧克力饼干粉上放入抹茶冰淇淋，即大功告成！

Tips

以八字法挤出的奶油起司酱，是为了增加面积，以稳固黏着地瓜泥球、草莓、脆饼等食材；此外也可以增加摆盘中的线条变化！

突显岩盘材质，对比色彩、质地与造型

主厨 詹升霖
养心茶楼

翡翠炒饭

食器特色：

1. 不规则造型的灰白岩盘食器，具有细腻温润的日式和风气质，能够简单改换料理面貌。
2. 食器以灰色为主要色调，冷热料理皆可搭配应用。
3. 如料理主体的色彩不够强烈，与灰色相衬时，摆盘容易没有焦点，因此色彩的跳色即是应用此食器时需考量的重要因素。

餐具哪里买 | 昆庭

材料｜高丽菜丝、青江菜丝、胡萝卜丁、香菇丁、玉米笋丁、素火腿丁、白饭、枸杞、竹叶、蛋白等。

做法｜将胡萝卜丁、香菇丁、玉米笋丁、素火腿丁、白饭放入锅里拌炒。将蛋白炒好。将青江菜丝油炸。

摆盘方法

利用圆筒模具将炒饭塑为圆柱状。

共做两份，一横一竖摆放于不规则岩盘中央。

将炒好的蛋白置入炒饭上方，稍做堆高处理。

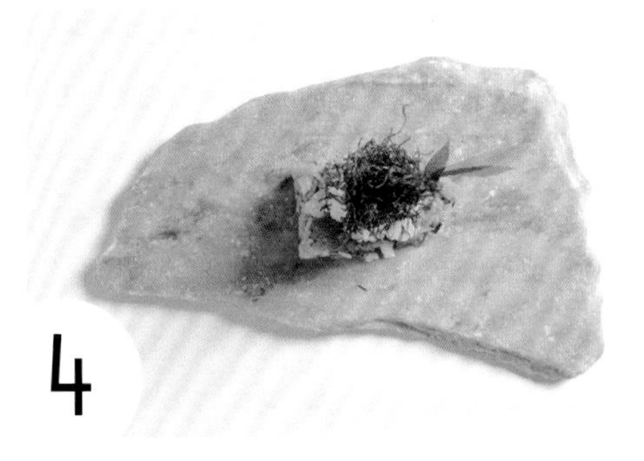

将油炸后蓬松的青江菜丝堆放于蛋白上方，借由青绿色创造视觉焦点，最后点缀枸杞与竹叶，强化东方气质的同时跳色。

Tips

岩盘食器为不规则状，故将炒饭塑形，对比圆滑与粗犷，青江菜切丝经过油炸烹调为蓬松样，同样对比滑嫩的蛋白，最后则是应用枸杞的红与竹叶的绿，在色彩上进行对比。

黑底衬鲑鱼，造型与色调的对比意趣

副教授 屠国城
高雄餐旅大学餐饮厨艺科

鲜烤鲑鱼佐咖啡乳酪酱

食器特色：

1. 深色食器特别适合用于需要展现鲜明色泽的食材。
2. 岩盘的质地不仅增添整体摆盘的精致度，更能提升整体主题情境。
3. 岩盘的粗犷质感，能够映衬或是对比食材特质，彩度高的料理能够更显清晰。

餐具哪里买 | 金如意餐具

材料｜鲜鲑鱼、拿铁咖啡、切达乳酪片、鲜奶油、蜂蜜、干贝、盐、胡椒、柠檬汁、白酒、食用花、香叶芹、秋葵、胡萝卜、玉米笋、鹰嘴豆、红椒粉等。

做法｜将鲑鱼、干贝撒上盐、胡椒、柠檬汁、白酒，煎烤上色备用。把拿铁咖啡加鲜奶油、切达乳酪片隔水加热至融化，最后加入蜂蜜做成酱汁。

摆盘方法

1

将鱼形的烤鲑鱼放在黑色圆形岩盘的中央，并堆叠上一颗干贝。

2

将香叶芹放在干贝上，增加主食材的虚实变化。

3

依序将秋葵、胡萝卜、玉米笋、鹰嘴豆等配菜对称摆放在烤鲑鱼周围的空间，并放上食用花装饰。干贝旁斜靠切达乳酪片，营造出立体结构。烤鲑鱼周围淋上酱汁。

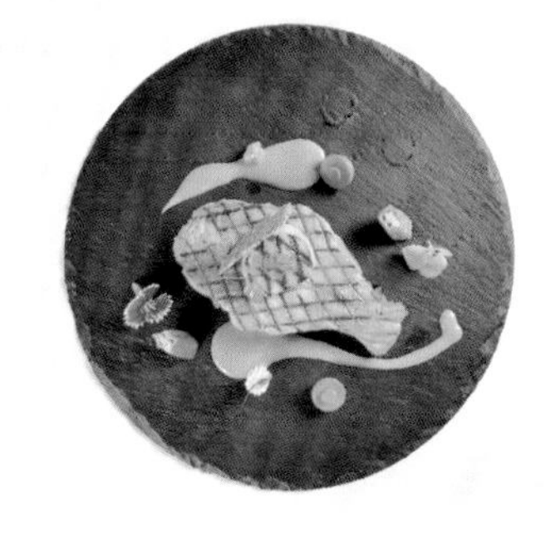

4

在岩盘上方的空白处，加入两块环状的红椒粉画盘，以鲜艳红色带出变化，摆盘即告完成。

摆盘创意的灵感泉源

Angelo Agliano Restaurant

主厨 Angelo Agliano

台北市大安区忠孝东路四段 170 巷 6 弄 22 号
02-2751-0790

L' ATELIER de Joël Robuchon

主厨 Olivier JEAN

台北市信义区松仁路 28 号 5 楼
02-8729-2628

La Cocotte

主厨 Fabien Vergé

台北市大安区金山南路二段 13 巷 20 号
02-3322-3289

MUME

主厨　Long Xiong、Richie Lin、Kai Ward（图左至右）

台北市大安区四维路 28 号
02-2700-0901

三二行馆

行政主厨 陈温仁

台北市北投区中山路 32 号
02-6611-8888

台北威斯汀六福皇宫
颐园北京料理

主厨 李湘华

台北市中山区南京东路三段 133 号 B2 楼
02-8770-6565

台北喜来登大饭店
Sukhothai

主厨 许雪莉

台北市中正区忠孝东路一段 12 号
02-2321-1818

台北喜来登大饭店
安东厅

主厨 许汉家

台北市中正区忠孝东路一段 12 号
02–2321–1818

草莓卡士达千层 P.56 / 巧克力珠宝盒、香草冰淇淋 P.164 / 小龙虾酪梨沙拉佐核桃酱汁 P.206 / 南瓜黄金炖饭、慢炖杏鲍菇、海苔酥 P.286 / 香煎澳洲和牛肋眼牛排 P.294 / 烤西班牙伊比利猪菲力、清炒野菇、法国芥末子酱汁 P.296 / 春季鲜蔬海鲜交响曲 P.330 / 主厨特制海鲜盘佐柴鱼冻 P.378 / 海鲜派佐龙虾酱汁配胡麻风味鲜蔬 P.384 / 海洋之舞 P.398

羽村创意怀石料理

料理长 羽村敏哉

台北市南港区经贸二路 66 号 b 室
02–2785–2228

牛肉 P.84 / 鲜虾可乐球 P.98 / 干贝真丈汤 P.184 / 玉笋莴苣明虾 P.212 / 拼盘 P.230 / 剥皮鲭鱼 P.266 / 鲔鱼明虾 P.339 / 红喉 P.349 / 伊势龙虾 P.408 / 柚子豆腐 P.416

西华饭店
TOSCANA 意大利餐厅

主厨 徐正育

台北市松山区民生东路三段 111 号
02–2718–1188

巴罗洛酒桶木烟熏美国干式熟成老饕牛排 P.32、P.390 / 水牛乳酪衬樱桃番茄及腌渍节瓜 P.90 / 嫩煎北海道鲜干贝衬鸭肝及南瓜 P.148 / 顶级美国生牛肉薄片 P.220 / 舒肥澳洲小牛菲力佐鲔鱼酱 P.262、272 / 炉烤长臂虾衬西班牙腊肠白花椰菜 P.306、P.362 / 波士顿龙虾衬乌鱼子及酪梨 P.324

君品酒店
云轩西餐厅

西餐行政主厨 王辅立

台北市大同区承德路一段 3 号 6 楼
02–2181–9999

脆皮乳猪佐腌渍香草苹果 P.28 / 炭烤无骨牛小排 P.40 / 北海道干贝与龙虾泡沫 P.72 / 奶油起司甜菜饺 P.76 / 紫苏巨峰夏隆鸭 P.248 / 绿芦笋冷汤佐帝王蟹沙拉 P.254 / 香煎海鲈、鲜虾衬珍珠洋葱 P.310 / 比目鱼甘蓝慕斯 P.334 / 鸡肉慕斯衬缤纷五彩酱 P.356 / 水牛乳酪慢烤番茄衬中东鹰嘴豆 P.364

亚都丽致集团
丽致天香楼

主厨 林秉宏

台北市中山区民权东路二段 41 号
02-2597-1234

西湖醋鱼 P.44、P.274 / 龙井虾仁 P.198

亚都丽致大饭店
巴黎厅 1930

主厨 Clément Pellerin

台北市中山区民权东路二段 41 号
02-2597-1234

小麦草羔羊菲力搭新鲜羊乳酪 P.78 / 北海道鲜贝冷盘 P.256 / 洛神花、松露鸭肝 P.308 / 特制鸭肝酱佐龙眼糖衣 P.389 /

南木町

主厨 杨佑圣

桃园县桃园市中宁街 17 号
03-346-5280

低温分子樱桃鸭 P.38 / 季节水果盘 P.48 / 低温熟成羔羊排 P.94 / 优格干贝水果塔 P.136 / 低温分子蒜盐骰子牛 P.146 / 鲑鱼亲子散寿司 P.158 / 造身 P.168 / 熔岩胡麻巧克力 P.180 / 日式盆栽胡麻豆腐 P.244 / 焰烧鲑鱼握寿司 P.320

宸料理

行政主厨 蔡明谷

台北市信义区基隆路一段 159 号
02-2765-7688

樱花和牛 P.60 / 酥炸鳕场蟹佐芒果酱汁 P.100 / 慢火烤伊比利猪 P.112 / 海胆矶昆布山药抹茶面 P.174 / 软丝涓流 P.188 / 三色细面 P.190 / 麒麟甘雕 P.210 / 四季甜品 P.360 / 鲜虾采食樱花香气 P.368 / 霜烫奶油龙虾 P.388

高雄餐旅大学
餐饮厨艺科

专任副教授 屠国城

乡村猪肉冻 P.50、348 / 西洋梨牛肉腐皮包 P.178 / 番红花洋芋佐帕尔玛火腿干 P.186 / 威灵顿猪菲力佐红酒酱汁 P.194 / 炭烤菲力牛排佐红酒田螺 P.276 / 红酒西洋梨佐鸭胸 P.290 / 葡萄干贝冷汤 P.302 / 脆皮菠菜霜降猪佐椰奶酱汁 P.332 / 无花果佐鸭胸 P.355 美食家华丽冷盘 P.380 / 蟹肉蔬菜塔 P.30、P.392 / 鲜烤鲑鱼佐咖啡乳酪酱 P.422

寒舍艾丽酒店
La Farfalla 意式餐厅

主厨 蔡世上

台北市信义区松高路 18 号
02-6631-8000

清蒸黄金龙虾搭配意式手工面饺海鲜清汤 P.68 / 栗子熏鸭浓汤佐帕玛森起司脆片 P.70 / 低温炉烤鸭胸搭鸭肝衬洋梨佐开心果酱 P.118 / 炉烤特级菲力佐蜂蜜鹅肝酱、油封胭脂虾佐罗勒米形面 P.142 / 鲑鱼卵蒸蛋佐杏桃鸡肉卷 P.160 / 栗子蒙布朗巧克力慕斯佐香草柑橙酱 P.176 / 经典意式开胃菜 P.298 / 意大利乳酪拼盘 P.326 / 焗烤波士顿龙虾衬费特西尼宽扁面 P.336 / 海胆干贝佐茴香百香果醋 P.352

晶华酒店
azie grand cafe

主厨 林显威

台北市中山北路 2 段 39 巷 3 号
02-2523-8000 #3157

农场番茄、番茄汤、罗勒油、干贝 P.36 / 鲔鱼、鲜蔬生菜、鳕场蟹肉、核桃雪 P.214 / 烤猪里脊 P.246 / 牛菲力 P.270 / 明虾、羊肚蕈、龙松菜、黑松露 P.312 / 鸭胸、高丽菜苗、青蒜 P.344

满穗台菜

主厨 连武德

台北市松江路 128 号
02-2541-2020

芭乐虾松 P.26 / 水果斑鱼排 P.46 / 奇异果生蚝 P.108 / 玉环干贝盅 P.132 / 莲雾鲜虾球 P.140 / 百香果蟹肉塔 P.162 / 乌鱼子拼软丝 P.182 / 姜葱大卷 P.268 / 干贝芥蓝 P.280 / 丝瓜野百菇 P.370

汉来大饭店
弁庆日本料理

料理长 五味泽和实

高雄市前金区成功一路 266 号 10 楼
07-213-5731

汉来大饭店
东方楼

主厨 林凯

高雄市前金区成功一路 266 号 12 楼
07-213-5732

汉来大饭店
国际宴会厅

品牌长 罗嵘

高雄市左营区博爱二路 767 号 9 楼
07-555-9188

养心茶楼

主厨 詹升霖

台北市松江路 128 号 2 楼
02-2542-8828

《超详解实用料理摆盘大全》
中文简体字版 © 2016 由河南科学技术出版社发行

豫著许可备字 -2016-A-0139

图书在版编目（CIP）数据

超详解实用料理摆盘大全/La Vie编辑部著.—郑州：河南科学技术出版社，2016.10（2020.6重印）
ISBN 978-7-5349-8202-6

Ⅰ. ①超… Ⅱ. ①L… Ⅲ. ①拼盘－菜谱 Ⅳ. ①TS972.114

中国版本图书馆CIP数据核字(2016)第133162号

出版发行： 河南科学技术出版社
地址：郑州市经五路66号　　邮编：450002
电话：（0371）65737028　65788613
网址：www.hnstp.cn
责任编辑： 冯　英
责任校对： 李晓娅
责任印制： 朱　飞
印　　刷： 河南新达彩印有限公司
经　　销： 全国新华书店
幅面尺寸： 170mm×230mm　**印张：** 27　**字数：** 430千字
版　　次： 2016年10月第1版　2020年6月第4次印刷
定　　价： 108.00元

如发现印、装质量问题，影响阅读，请与出版社联系。

20位日本料理名厨
20种料理摆盘风格

从盛装基础概念、实用摆盘技巧到食器选用，日本料理摆盘技艺完全掌握！

日本料理摆盘基础事典

32种基础技法

200道摆盘示范

1 048张分解步骤图

基础から学ぶ日本料理盛り付け事典

La Vie 编辑部 著

中原出版传媒集团
大地传媒

河南科学技术出版社

日本料理摆盘基础事典

32种基础技法 200道摆盘示范 1 048张分解步骤图

基础から学ぶ日本料理盛り付け事典

La Vie 编辑部 著

河南科学技术出版社

研习日本料理案头必备
彻底掌握日本料理摆盘原则

20位名厨亲自示范

特邀20位日本料理名厨共同参与，每位主厨也特别针对此一邀请设计发想菜单，并轮番上阵亲自示范。书中邀请到的日本料理长分别来自：汉来大饭店弁庆日本料理、料村明鑫怀石料理、日胜生加贺屋天翔厅、Ibuki by TAKAGI KAZUO、伊万里日本料理、台北福华大饭店海山厅、千杯季月与秦乃井铁板怀石、台湾主厨明阿罗新都里、嶽料理、三花、顺园、柢园、鱼道生、宙料亭、椿子、间28、大正浪漫等，阵容强大。

200道精彩实例完全收录

共收录200道日本料理，实例最丰富，自学与参考价值最高。依据各种菜色编排分类，翻查参考快速省力，马上就能找到你需要的摆盘案例。

1 048张分解步骤图

以完全图解的分步骤方式，详加示范每一品料理的摆盘方式。1 048张完整步骤图，搭配摆盘操作重点提示，学摆盘不用再凭空想象与从旁偷学。

分类建议：生活 / 美食

定价：128.00 元

料理摆盘

超简明技法图解事典

20种基本食器运用示范·6大基本技法大拆解

La Via编辑部 著

河南科学技术出版社